現代基礎数学 ·· **16**
新井仁之・小島定吉・清水勇二・渡辺　治 編集

圏と加群

清水勇二 著

朝倉書店

編 集 委 員

新井仁之　東京大学大学院数理科学研究科

小島定吉　東京工業大学大学院情報理工学研究科

清水勇二　国際基督教大学教養学部

渡辺　治　東京工業大学大学院情報理工学研究科

まえがき

　本書は，環と加群の入門と基礎，そして圏論の初歩を紹介する教科書である．
　圏論は，現代数学で広くみられるパターン，あるいは構造に共通の言葉を与える分野であり，たとえば集合と写像というパターンを対象と射，圏と関手に一般化する．
　代数学では伝統的に，群・環・体の言葉をマスターして，より高度で専門的な話題に進むのが通常とされてきた．また圏論は，環上の加群の理論や代数的位相幾何学，代数的整数論，代数幾何学などでの必要に応じて学ばれるのが常であった．
　しかし，近年のいろいろな進展には，環の表現論，計算機科学，あるいは弦理論など圏論抜きでは考えられないものが多く，圏論を前面に据えた教科書の必要性があると筆者は感じている．本書では試みに，環と加群の理論を圏論の観点から展開してみた．また，21世紀のさまざまな要求に応える現代の基礎数学を目指す，という本シリーズの理念にも合致するのではないかと考えた．
　圏の概念は，集合の概念と似た趣があるが，その登場は半世紀遅れている．集合が本格的に登場したのは，19世紀末にカントールが無限集合を扱い出したころだが，関数の収束や位相概念の精密化，代数学の現代化が始まった後，位相幾何の進展に伴い，サミュエル・アイレンバーグ，ソーンダース・マックレーンにより1940年代前半に圏・関手・自然変換が導入された．
　他方，環については，ガウス整数，ガロア体(有限体)，ハミルトン四元数などの先駆的な研究の後，クンマーの理想数，多元環の理論，あるいは有限群の表現論などを経て，エミー・ネーターを中心とした数学者により環の研究が本格化した．可換環とその上の加群の研究は，代数幾何学の基礎付けにも刺激されて20世紀中葉にホモロジー代数の手法も加えて進展している．近年では，量子群，非可換幾何学，超弦理論の研究の進展に伴い，非可換環の研究もさらに活発になっている．

このように，圏と関手は，集合と写像に加えて，数学のさまざまな分野における研究対象のもっとも基本的な枠組みを記述する言葉である．これからもますますその機能性，汎用性が役立っていくと考えられる．また，環と加群は数と対称性を扱ううえで基本的な構造であり，幾何学や数理物理への応用でも重要である．近年は，計算代数の進展により実際の応用にも大きな役割を果たすようになっている．

各章の内容を簡単に説明しよう．

第 1 章は，環・加群・圏の定義と動機付けのための序章である．大学 1，2 年の知識から抽象的な枠組みへの橋渡しをするために，数，多項式，群，集合と写像の定義を集めてある．第 2 章以降へのウォームアップとなるように，書き方もややゆったりとさせた．

第 2 章以降は，定義・命題・定理という演繹的な教科書のスタイルで進む．

第 2 章は，環と加群の定義，可換環での素元分解，主イデアル環上の加群，半単純環についての概説をする．

第 3 章は，圏・関手・自然変換の定義，表現可能関手，極限による構成，加法圏・アーベル圏，そして圏における積構造を扱う．

第 4 章は，加群の圏にとって基本概念である準同型加群，テンソル積をまず扱う．加えて，次数付け・フィルター，加群の圏の間の圏同値についての基本を述べる．

第 5 章は，圏の局所化を紹介し，その応用としてアーベル圏の加群の圏への埋め込み定理を示す．その途中で，アーベル圏の加法関手の圏の局所化を調べる．

読者にお願いしたいことは，登場する例で述べられていることを (鵜呑みにせずに) 確認してもらいたいということである．

最後に，本書が企画後に出版にこぎつけるのに相当時間がかかってしまい，編集部には大変ご迷惑をかけてしまったことをお詫びします．大変お世話になりました．ここに感謝の意を表します．

2018 年 2 月

清 水 勇 二

目　　　次

1. **集合と群の言葉** ··· 1

　1.1　数と多項式 ··· 1

　　1.1.1　数の世界：整数，有理数，… ························· 1

　　1.1.2　多　項　式 ··· 8

　1.2　集合と写像 ··· 10

　　1.2.1　集　　　合 ··· 10

　　1.2.2　対応と写像 ··· 12

　　1.2.3　添数付けられた族，直積 ······························· 17

　　1.2.4　同　値　関　係 ··· 18

　1.3　群　の　概　念 ··· 22

　　1.3.1　群 ··· 23

　　1.3.2　準同型写像 ··· 26

　　1.3.3　群　の　作　用 ··· 32

　1.4　集合の扱いについての補足 ··································· 35

　　1.4.1　順序集合とツォルンの補題 ······························· 35

　　1.4.2　集合への圏論的アプローチと公理系 ····················· 39

　　　　　　Tea Break　集合とトポスの始まり ····················· 44

2. **環　と　加　群** ··· 45

　2.1　環：定義と例 ··· 45

　　2.1.1　環 ··· 45

　　2.1.2　環の準同型 ··· 51

　　2.1.3　素イデアル ··· 53

　　2.1.4　代　　　数 ··· 55

iv 目　　次

　　　Tea Break　代数から出発するトポロジーの問題 ･････････････････ 59

2.2　環上の加群 ･･ 60

　2.2.1　加群：定義と例 ･･････････････････････････････････････ 60

　2.2.2　加群の準同型 ･･ 63

　2.2.3　組　成　列 ･･･ 76

　2.2.4　ネーター加群，アルチン加群 ･･･････････････････････････ 79

　　　Tea Break　環と加群の起源 ･･･････････････････････････････ 84

2.3　可換環の初等的性質 ･･････････････････････････････････････ 86

　2.3.1　素　元　分　解 ･･････････････････････････････････････ 86

　2.3.2　主イデアル環上の加群 ･････････････････････････････････ 92

2.4　半単純加群と半単純環 ････････････････････････････････････ 99

　2.4.1　半単純加群 ･･ 99

　2.4.2　半単純環の構造 ･･････････････････････････････････････ 102

　　　Tea Break　デデキントとネーター ･････････････････････････ 106

3.　圏 と 関 手 ･･･ 109

3.1　圏，関手，自然変換 ･･････････････････････････････････････ 109

　3.1.1　圏 ･･･ 109

　　　Tea Break　圏 (カテゴリー) の語源 ･････････････････････････ 114

　3.1.2　関　　手 ･･ 115

　3.1.3　自　然　変　換 ･･････････････････････････････････････ 119

　　　Tea Break　圏論の始まり ･････････････････････････････････ 122

3.2　表現可能関手と極限 ･･････････････････････････････････････ 123

　3.2.1　表現可能関手 ･･ 123

　3.2.2　極限・余極限 ･･ 126

　3.2.3　随　伴　関　手 ･･････････････････････････････････････ 137

　　　Tea Break　アイレンバーグとマックレーン ･･･････････････････ 145

3.3　加法圏とアーベル圏 ･･････････････････････････････････････ 146

　3.3.1　加　法　圏 ･･ 146

　3.3.2　アーベル圏 ･･ 151

3.4　圏における積構造 ･･ 159

目　　次　　v

  3.4.1　モノイド圏 ･･ 160

  3.4.2　モノイド対象 ･･ 168

  　　　Tea Break　グロタンディーク ･･････････････････････････ 172

4.　加群の圏と環 ･･ 173

  4.1　準同型加群 ･･･ 173

  4.1.1　準同型加群，双対 ･･････････････････････････････････ 173

  4.1.2　射影加群，移入加群 ･･････････････････････････････ 180

  4.2　テンソル積，係数変更 ･･････････････････････････････････ 184

  4.2.1　テンソル積 ･･･ 184

  4.2.2　係 数 変 更 ･･･ 194

  4.3　環と加群の局所化 ･･･････････････････････････････････････ 197

  4.4　次数付け，フィルター ･･････････････････････････････････ 203

  4.4.1　次 数 付 け ･･･ 203

  4.4.2　フィルター ･･･ 209

  4.5　加群の圏と関手 ･･･ 212

  　　　Tea Break　圏論，数学の基礎と情報科学 ･･････････････ 219

5.　圏の局所化と応用 ･･ 220

  5.1　圏の局所化 ･･･ 220

  5.2　アーベル圏の左完全関手 ･･･････････････････････････････ 232

  5.3　アーベル圏の埋め込み ･･････････････････････････････････ 239

  　　　Tea Break　ホモロジー代数から高次圏論へ ･･････････････ 243

文献紹介 ･･ 245

索　　引 ･･ 249

よく使われる記号

数の集合 $\mathbb{N}$: 自然数全体の集合 $\{1, 2, 3, \dots\}$

$\mathbb{Z}$: 整数全体の集合 $\qquad$ $\mathbb{Q}$: 有理数全体の集合

$\mathbb{R}$: 実数全体の集合 $\qquad$ $\mathbb{C}$: 複素数全体の集合

論理記号 $\forall$: すべての，任意の (全称記号)

$\exists\,(X)$: ある (X) が存在して (存在記号)

$\exists!\,(X)$: 唯一つの (X) が存在して

$P \Rightarrow Q$: P ならば Q

$P \overset{\text{def}}{\Leftrightarrow} Q$: P を Q と定義する (あるいは Q を P と定義する)

$P \; s.t. \; Q$: Q が成立する P ($P[Q]$ とも記す)

圏の記号 Set : 集合のなす圏 $\qquad$ Top : 位相空間のなす圏

$SemiGp$: 半群のなす圏 $\qquad$ $Monoid$: モノイドのなす圏

Gp : (非可換) 群のなす圏 $\qquad$ Ab : アーベル群のなす圏

$A\text{-}Mod$: 左 A 加群のなす圏 $\qquad$ $Mod\text{-}A$: 右 A 加群のなす圏

$A\text{-}mod$: 有限生成左 A 加群のなす圏

$mod\text{-}A$: 有限生成右 A 加群のなす圏

$Fct(\mathcal{C}, \mathcal{D})$: 圏 $\mathcal{C}$ から圏 $\mathcal{D}$ への関手と自然変換のなす圏

第1章
集合と群の言葉

CHAPTER 1

　この章では，代数学でもっとも基本的な群の概念を導入する．2項演算を使う環の概念の定義は次の章に委ねて，数の世界や多項式をその動機付けとして触れる．また，群の概念の導入に必要な，集合と写像の言葉を用意する．群を導入した後で，圏論と密接な関係にある集合論の公理について簡単に説明する．集合と群について既知の方は，本章を飛ばして必要に応じて参照するので構わない．

1.1 　数 と 多 項 式

　数の概念は自然発生的なものだが，ゼロの発明と10進法の位取りによる自然数の表示は大きな進歩であった．

　代数 (algebra) は，アル・フワーリズミー (al-Khwarizmi) をはじめとする中世アラビアでの研究において，変数や移項の概念や，2次方程式，3次方程式の解法が与えられたのが始まりである．その後，16世紀のフランソワ・ヴィエト (François Viète) による文字式の使用が，代数の発展の大きな転換点だといえよう．

　まずは，数の世界とその拡張，そして多項式の世界を説明しよう．

1.1.1 　数の世界：整数，有理数，⋯

　大学1年までの数の世界は，自然数，整数，有理数，実数 (小数)，複素数あたりまでであろう．それぞれの集合の記号は，$\mathbb{N}, \mathbb{Z}, \mathbb{Q}, \mathbb{R}, \mathbb{C}$ である．例えば，

$$\mathbb{N} = \{自然数\} = \{1, 2, 3, \dots\}$$

である．すると，無理数をすべて集めた集合は集合の差 $\mathbb{R} \setminus \mathbb{Q}$ として表せる．

　これらを整理すると，2種類の演算 (加法と乗法) をもつという共通の特徴が浮

かび上がる．また，0 以外の元の乗法的逆元が存在する性質で $\mathbb{Z}$ とそれ以外に分けられる．

自然数 $\mathbb{N} = \{1, 2, 3, \ldots\}$ ものの個数を考える必要から，自然数は生まれたといってよいだろう．まず数字が，それから位取りによる自然数の表記が発明された．

最初から 10 進法のみが考えられていたわけでなく，今でも 60 進法を使う時間の表現がある．ところで，$\mathbb{N}$ は natural number の頭文字から付けられている．

$S(n) = n + 1$ なる関数を考えるとき，(i) n が自然数なら $S(n)$ も自然数である．(ii) $n \neq n'$ なら $S(n) \neq S(n')$ である．(iii) $S(n) = 1$ となる自然数 n は存在しない．この (ペアノによる) 特徴を自然数の定義とすることができる．

有理整数環 $\mathbb{Z}$ 自然数の集合 $\mathbb{N}$ に，インドで発見 (発明) されたゼロ (零) 0 と，自然数にマイナス $(-)$ をつけた負の整数を加えて，整数 (integer) の集合 $\mathbb{Z}$ ができる．$\mathbb{Z}$ はドイツ語の Zahlen (数の意) の頭文字から付けられている．

0 は加法の単位元，1 は乗法の単位元と呼ばれることを聞いたことがあるだろうか．それぞれ加法，乗法において

$$n + 0 = 0 + n = n, \quad n \times 1 = 1 \times n = n \qquad (n \in \mathbb{N})$$

のように中立的な働きをする．また，マイナス $(-)$ 記号を自然数につけることは，加法に関する $n \in \mathbb{N}$ の逆元，すなわち

$$n + m = m + n = 0$$

をみたす m，すなわち $-n$ を考えることである．

さて，整数 $n \, (\neq 0)$ の逆数は，$n = \pm 1$ 以外には $\mathbb{Z}$ の中にはない．それゆえ，整数の整除関係，約数，倍数が考えられる．

整数 m と自然数 n に対して，m を n で割った商を q，余りを r とすると，

$$m = qn + r, \qquad 0 \leqq r < n$$

が成り立つ．特に，余り r が 0 のとき，m は n で割り切れるという．より一般に，整数 m, n に対して，整数 q が存在して $m = qn$ となるとき，

$$n \,|\, m$$

と記し，m は n で割り切れるという．また，n は m の約数であり，m は n の倍数である，という．$n|m$ の否定は，$n \nmid m$ と記す．

$m_1, m_2 \in \mathbb{Z}$ に対して，$n|m_1$, $n|m_2$ なる最大の自然数を m_1, m_2 の最大公約数 (GCD, greatest common divisor) といい，$GCD(m_1, m_2)$ あるいは (m_1, m_2) と記す．$GCD(m_1, m_2) = 1$ のとき，m_1, m_2 は互いに素 (relatively prime) であるという．

$d = GCD(m_1, m_2)$ とおくとき，$m_1 m_2 / d$ は $m_1|n$, $m_2|n$ なる自然数 n のうち最小であり，m_1, m_2 の最小公倍数 (LCM, least common multiple) といい，$LCM(m_1, m_2)$ と記す．

最大公約数を求める方法に，ユークリッド (**Euclid**) の互除法がある．

命題 1.1.1 整数 m, n の最大公約数を d とする．このとき，適当な整数 a, b をとり $d = am + bn$ と表すことができる．

特に，m, n が互いに素であるとき，適当な整数 a, b が存在して $1 = mx + ny$ と表せる．

証明 m, n のどちらか一方が 0 なら $d = 0$ であり明らかである．そして $m, n > 0$ としてよい．

$am + bn$ という形の正の整数全体の中の最小元を $d_0 = a_0 m + b_0 n$ とする．すると，どの $am + bn$ も d_0 で割り切れる．なぜなら，もし $am + bn = qd_0 + r$, $0 < r < d_0$ とすると，$r = am + bn - qd_0$ も $a'm + b'n$ という形の正の整数であり，d_0 より小さい．これは矛盾であるから，$d_0|am + bn$ である．

特に，$d_0|m$ かつ $d_0|n$ ゆえ，d_0 は m, n の公約数である．ゆえに $d_0|d$ である．一方，$d|m$ かつ $d|n$ ゆえ，$d|d_0 = a_0 m + b_0 n$ である．$d, d_0 > 0$ ゆえ $d = d_0$ となる． $\square$

素因数分解 2 以上の整数で，1 またはそれ自身 (の -1 倍) のみを約数とする整数を素数 (prime number) という．

定理 1.1.2 (素因数分解の一意性) $\forall n \in \mathbb{Z} - \{0\}$ に対して，(重複を許して) 素数 $p_1, \ldots, p_r$ が存在して，$n = \pm p_1 \times \cdots \times p_r$ と (順番の入れ替えを除き) 一意的に表せる ($\pm$ の符号も $n > 0$ または $n < 0$ に応じて決まる).

有理数体 $\mathbb{Q}$　有理数 (rational numbers) とは分数 (fraction) のことに他ならない．整数から有理数をつくる操作は局所化と呼ばれ，第 3 章で一般化されるがとても基本的な操作である．

$\mathbb{Q}$ の元は $q = \dfrac{m}{n}$, $m, n \in \mathbb{Z}$, $n \neq 0$ と表せる．$n > 0$ と選ぶことが多い．$\mathbb{Q}$ においては，$q = \dfrac{m}{n} \neq 0$ に対して，$q' = \dfrac{n}{m}$ が乗法に関する逆元の条件

$$qq' = q'q = 1$$

をみたす．

有理数 $\mathbb{Q}$ の次に実数 $\mathbb{R}$ を考えるのが自然であるが，その操作には純代数的ではない極限概念が必要となる．

実数体 $\mathbb{R}$　実数は数直線上の点と対応する数として理解される．実数には連続性が伴っている．歴史的には，ギリシャの時代から，線分の長さとして連続量は考えられていたが，ペルシャのアル・カーシー (15 世紀)，オランダのシモン・ステヴィン (1585 年ごろ) が小数の概念をつくったときに連続量を表現し，計算上も扱えるようになったといえる．小数の現在の記法は，スコットランドのジョン・ネイピアが初めて使った．

実数を有理数からつくる操作は，(分離) 完備化と呼ばれる位相的な概念である．自然数の 10 進法による表記を使うと，区間 $[0,1]$ の実数は，$0, 1, \ldots, 8, 9$ のどれかを項とする数列の全体，あるいは $\mathbb{N}$ から $\{0, 1, \ldots, 8, 9\}$ への写像の全体 $Map(\mathbb{N}, \{0, 1, \ldots, 8, 9\})$ に適当な同値関係を入れて構成される．例えば，

$$0.\dot{9} = 0.999\cdots = 1.\dot{0} \ (= 1)$$

という同一視をする．

複素数体 $\mathbb{C}$　複素数とは実数と虚数単位 i を組み合わせた

$$\alpha = a + bi = a + ib \quad (a, b \in \mathbb{R})$$

という形の数である．i は $\zeta^2 = -1$ となる数 ζ で，通常 i と記す．imaginary (想像上の) の i を意味するが，複素数は実在する数であることを強調しておこう．a を実部 (real part)，b を虚部 (imaginary part) と呼び，それぞれ Re α, Im α と記す．

複素数の和はベクトルの和と本質的に同じである．

$$(a + bi) + (a' + b'i) \quad \longleftrightarrow \quad (a, b) + (a', b')$$
$$= (a + a') + (b + b')i \quad \longleftrightarrow \quad = (a + a', b + b')$$

複素数の積は $\alpha\beta = (a + bi)(a' + b'i) = (aa' - bb') + (ab' + ba')i$ となるが，複素数の極表示により幾何的に説明できる．

複素数 α の絶対値は $|\alpha| := \sqrt{a^2 + b^2}$ $(\geqq 0)$ と定義され，**偏角**は $\arg\alpha :=$ 線分 0α が実軸となす角として定義される．偏角には 2π の整数倍の不定性がある．

実数から複素数をつくる操作は，方程式 $x^2 + 1 = 0$ の解を実数の全体 $\mathbb{R}$ に添加する操作であるが，体論において代数拡大として一般化される．次の節で簡単に触れ，後でより一般の枠組みで説明する．

複素数の幾何的表示は，1800 年ごろデンマークのカスパー・ヴェッセル (Casper Wessel)，スイスのロベール・アルガン (Jean-Robert Argand) がはじめ，複素数が想像上のものでなく実在として認識されるようになった．複素数を表示する平面は，複素 (数) 平面，あるいはガウス平面と呼ばれている．

数の世界の拡張　平面 $\mathbb{R}^2$ に複素数が対応し，特に積が定義できて，数の世界とみることができたように，3 次元空間 $\mathbb{R}^3$ に数の世界が見出せるかは自然な問いであった．10 年以上もの間探し続けた末に，1843 年には，アイルランドのウィリアム・ハミルトン (William Rowan Hamilton) は四元数を発見した．

$$\mathbb{H} := \mathbb{R}e \oplus \mathbb{R}i \oplus \mathbb{R}j \oplus \mathbb{R}k$$

なる 4 次元ベクトル空間の基底 $\{e, i, j, k\}$ の積の関係を次で与える．

$$i^2 = j^2 = k^2 = ijk = -e \ (= -1)$$

ただし，e は単位元として，通常 1 と書く．

四元数はその後の多元環の理論へとつながっている．多元環については第 2 章で扱う．

整数の合同と初等整数論　カレンダーでは周期 7 で曜日が繰り返し，同一月の縦に並んだ数字は 7 の倍数だけ異なっている．これは，整数の自然数 n で割った余り r による類別の一例である．$n|m - m'$，すなわちある $q \in \mathbb{Z}$ について $m - m' = qn$ であるとき，

$$m \equiv m' \pmod{n}$$

6　　　　　　　　　　　　1.　集合と群の言葉

と記す．m と m' は n を法として合同である，という．例えば，$13 \equiv 6 \pmod 7$ である．

　すると，$m = qn + r$，$0 \le r < n$ のとき，$m \equiv r \pmod n$ である．

　このとき，次の補題が成り立つ．

補題 1.1.3

$$m \equiv m' \pmod n,\ \ell \equiv \ell' \pmod n \quad \Rightarrow \quad \begin{cases} m + \ell \equiv m' + \ell' \pmod n \\ m\ell \equiv m'\ell' \pmod n \end{cases}$$

　そこで，n による割算で類別したものを $m \pmod n$ または $\overline{m}$ と記すことにする．すると，整数を自然数 n で類別した $m \pmod n$ の全体

$$\mathbb{Z}/n\mathbb{Z} := \{\overline{0}, \overline{1}, \ldots, \overline{n-1}\}$$

も，加法と乗法で閉じた一つの数の世界をなしている．$\mathbb{Z}/n\mathbb{Z}$ は後に定義される商環の特別な場合で，その記号法に従っている．特に n が素数であるときは，$\mathbb{Z}/n\mathbb{Z}$ の 0 でない元は逆元をもち，有限体と呼ばれる．ガロアは有限体上の一般線形群も考察している．

　有限体は，実数体上の多元環とは別の方向への数の世界の拡張である．

　$\mathbb{Z}/n\mathbb{Z}$ の世界で，1 次方程式 $ax \equiv b \pmod n$ を考えてみる．

命題 1.1.4　$(a, n) = 1$ のとき，合同式 $ax \equiv b \pmod n$ を $x \pmod n$ について解くと，唯一つの解をもつ．

証明　実際，$(a, n) = 1$ ゆえ $a \not\equiv 0 \pmod n$ であって，$ax \equiv ay \pmod n$ から $x \equiv y \pmod n$ が導かれることに注意する．したがって，$\mathbb{Z}/n\mathbb{Z} = \{\overline{0}, \overline{1}, \ldots, \overline{n-1}\}$ の各元（同値類）に $\overline{a}$ を掛けた $\{\overline{0}, \overline{a}, \ldots, \overline{(n-1)a}\}$ はやはり $\mathbb{Z}/n\mathbb{Z}$ と一致する．したがって，$\overline{ax}$ という形の元の中に $\overline{b}$ がちょうど一つだけ含まれている．□

　$(a, n) = d > 1$ の場合は，$d|b$ のときのみ解をもち，そのとき $\mathbb{Z}/n\mathbb{Z}$ の中にちょうど d 個の解をもつことが示せる．

問 1.1.5　これを証明せよ．

　上の命題から次の命題が示せる．

1.1 数と多項式　　　　　7

命題 1.1.6 (中国式剰余定理) $(m, n) = 1$ のとき，任意の整数 a, b に対して適当な整数 x を選んで $x \equiv a \pmod{m}$, $x \equiv b \pmod{n}$ とできる．このような x は mn の倍数の差を除き一意的である．つまり $\mathbb{Z}/mn\mathbb{Z}$ の元として一意的である．

証明 $x \equiv a \pmod{m}$ の解は $x = a + tm$ の形だから，もう一つの方程式 $x \equiv b \pmod{n}$ に代入すると，$a + mt \equiv b \pmod{n}$ すなわち $mt \equiv b - a \pmod{n}$ を解くことに帰着する．$(m, n) = 1$ だから，上の命題によりこの合同式は唯一つの解 $t \equiv r \pmod{n}$ をもつ．ゆえに $t = r + sn$ の形の解を $x = a + tm$ に代入して，$x = a + rm + smn$ となり，mn を法として唯一つの解をもつことが示された．□

命題 1.1.7 (フェルマー (Fermat) の小定理) p を素数とする．$(a, p) = 1$ なる $a \in \mathbb{Z}$ に対して，次が成り立つ．

$$a^{p-1} \equiv 1 \pmod{p}$$

証明 まず，$(a, p) = 1$ ゆえ $a \not\equiv 0 \pmod{p}$ であって，$ax \equiv ay \pmod{p}$ から $x \equiv y \pmod{p}$ が導かれる，すなわち

$$\overline{a} \cdot \overline{x} = \overline{a} \cdot \overline{y} \quad \Rightarrow \quad \overline{x} = \overline{y}$$

であることに注意する．

すると，上の注意から $\mathbb{Z}/p\mathbb{Z} - \{\overline{0}\} = \{\overline{1}, \overline{2}, \ldots, \overline{p-1}\}$ に $\overline{a}$ を掛けた集合 $\{\overline{a}, \overline{2a}, \ldots, \overline{(p-1)a}\}$ は $\mathbb{Z}/p\mathbb{Z} - \{\overline{0}\}$ と一致する．

ゆえに $\overline{1} \cdot \overline{2} \cdots \overline{p-1} = \overline{a} \cdot \overline{2a} \cdots \overline{(p-1)a} = \overline{a}^{p-1} \cdot \overline{1} \cdot \overline{2} \cdots \overline{p-1}$ となり，$\overline{1} \cdot \overline{2} \cdots \overline{p-1} \neq \overline{0}$ ゆえ，$\overline{a}^{p-1} = \overline{1}$ を得る．□

これから，(両辺に a を掛けて，$p|a$ の場合も含め) $a \in \mathbb{Z}$ に対して，次が成り立つことがいえる．

$$a^p \equiv a \pmod{p}$$

整数 a に対して 2 次の合同方程式 $x^2 \equiv a \pmod{m}$ が整数解 x をもつとき，a を m を法とする平方剰余 (quadratic residue) という．そうでないとき a を m を法とする平方非剰余 (quadratic non-residue) という．

p を奇素数とする．p で割れない整数 a に対して

$$\left(\frac{a}{p}\right) = \begin{cases} 1 & (a \text{ が } p \text{ を法として平方剰余}) \\ -1 & (a \text{ が } p \text{ を法として平方非剰余}) \end{cases}$$

と定めた記号をルジャンドルの記号 (Legendre's symbol) または平方剰余記号という. 次の平方剰余の相互法則はガウスにより証明され, 2 次体の整数論, 代数的整数論へと発展していく出発点である.

$$\left(\frac{p}{q}\right)\left(\frac{q}{p}\right) = (-1)^{((p-1)/2)((q-1)/2)}$$

$$\left(\frac{-1}{p}\right) = (-1)^{(p-1)/2}, \qquad \left(\frac{2}{p}\right) = (-1)^{(p^2-1)/8}$$

$$(p, q \ (p \neq q) \text{ は奇素数})$$

1.1.2 多 項 式

3 世紀のディオファントス以来, 未知数は記号で表されてきたが, 既知の量も文字で表すことは, 16 世紀のフランスのヴィエト (François Viète) によりはじめられたようである. 今日では, 文字式を扱うことは中学校以降では当然のこととなっているが, その概念的な飛躍は計り知れない.

x を文字 (未知数) とする整式

$$f(x) = a_0 + a_1 x + a_2 x^2 + \cdots + a_n x^n$$

を高々 n 次の多項式という. 係数 $a_0, a_1, a_2, \ldots, a_n$ は実数, あるいは複素数とする (あるいはより一般に環の元でよい). $a_n \neq 0$ のとき, $f(x)$ を n 次多項式と呼び, 次数 n を $\deg f(x)$ と記す. $f(x) = 0$ の場合は定義しない (あるいは $\deg f(x) = -\infty$ とする流儀もある).

x を文字 (未知数) とする実数係数の多項式の集合を $\mathbb{R}[x]$ と記す. 同様に, 複素数係数の多項式の集合を $\mathbb{C}[x]$ と記す.

多項式 $f(x)$ に定数 a を代入したものを通常通り $f(a)$ と表す.

多項式の計算で, 和は単に x のべきが等しい項の係数同士の和をとることである. また積は, 分配法則を前提として, 単項式同士の積は係数同士を掛け, x のべきは指数法則で計算する: $x^n x^m = x^{n+m}$.

一応, 形式的な定義を書いておく. 多項式 $p(x) = a_0 + a_1 x + a_2 x^2 + \cdots + a_m x^m$, $q(x) = b_0 + b_1 x + b_2 x^2 + \cdots + b_n x^n$ について, 和を

$$p(x)+q(x) = (a_0 + a_1 x + a_2 x^2 + \cdots + a_n x^n)+(b_0 + b_1 x + b_2 x^2 + \cdots + b_m x^m)$$
$$:= (a_0 + b_0) + (a_1 + b_1)x + (a_2 + b_2)x^2 + \cdots + (a_N + b_N)x^N$$

と定める．ただし，$N = \max\{m,n\}$，$a_i = 0 \ (i > n)$ または $b_j = 0 \ (j > m)$ とした．また，積を

$$p(x)q(x) = (a_0 + a_1 x + a_2 x^2 + \cdots + a_n x^n)(b_0 + b_1 x + b_2 x^2 + \cdots + b_m x^m)$$
$$:= a_0 b_0 + (a_0 b_1 + a_1 b_0)x + (a_0 b_2 + a_1 b_1 + a_2 b_0)x^2 + \cdots + a_n b_m x^{n+m}$$

とする．ただし，この x^k の係数は $\displaystyle\sum_{i+j=k} a_i b_j$ である．

さて，多項式でも公約数，公倍数に相当する公約式あるいは共通因子，公倍式が考えられる．

命題 1.1.8 (剰余定理) 多項式 $f(x)$ と $g(x) \neq 0$ に対して，次の条件が成り立つ多項式の組 $q(x), r(x)$ が唯一つ存在する．

$$f(x) = q(x)g(x) + r(x), \qquad r(x) = 0 \text{ または } 0 \leqq \deg r(x) < \deg g(x)$$

系 1.1.9 (因数定理) a を定数とする．多項式 $f(x)$ が $x - a$ で割り切れるための必要十分条件は，$f(a) = 0$ である．

剰余定理により，$f(x) = (x-a)q(x) + r(x)$, $r(x) = 0$ または $0 \leqq \deg r(x) < \deg(x-a) = 1$ だが，$r(x) = 0$ または $\deg r(x) = 0$ ゆえ，$r(x)$ は定数 r である．x に a を代入して $f(a) = r$ を得る．これより因数定理は明らかである．

多項式の類別 整数の類別と同じように，多項式を 0 でない多項式 $g(x)$ で類別したものの全体を考えたい．$g(x)|f_1(x) - f_2(x)$，すなわちある $q(x)$ について $f_1(x) - f_2(x) = q(x)g(x)$ であるとき，

$$f_1(x) \equiv f_2(x) \pmod{g(x)}$$

と記す．$f(x) = q(x)g(x) + r(x)$，$r(x) = 0$ または $0 \leqq \deg r(x) < \deg g(x)$ のとき，

$$f(x) \equiv r(x) \pmod{g(x)}$$

である．例えば $x^2 \equiv -1 \pmod{x^2 + 1}$ である．すると，

$$f_1(x) \equiv f_2(x) \pmod{g(x)}, \qquad h_1(x) \equiv h_2(x) \pmod{g(x)}$$

$$\Rightarrow \begin{cases} f_1(x) + h_1(x) \equiv f_2(x) + h_2(x) \pmod{g(x)} \\ f_1(x)h_1(x) \equiv f_2(x)h_2(x) \pmod{g(x)} \end{cases}$$

が成り立つ．そこで，$f(x) \pmod{g(x)}$ を $\overline{f(x)}$ と記し，

$$\overline{f(x)} + \overline{h(x)} := \overline{f(x) + h(x)}, \qquad \overline{f(x)} \cdot \overline{h(x)} := \overline{f(x)h(x)}$$

と考えることにする．

$g(x) = x^2 + 1$ の場合，$x^2 + 1$ で割った余りは 1 次以下の多項式であり，実数係数の多項式を $x^2 + 1$ で類別した集合

$$\mathbb{R}[x]/(x^2 + 1)\mathbb{R}[x] := \{\overline{f(x)} \mid f(x) \in \mathbb{R}[x]\}$$

は，$\{\overline{ax + b} \mid a, b \in \mathbb{R}\}$ と同定できる．実数 a を $x^2 + 1$ で割った余りは a 自身なので $\bar{a} = a$ と記すことにして差し支えない．すると $\overline{ax + b} = a\bar{x} + b$ であるから $\mathbb{R}[x]/(x^2+1)\mathbb{R}[x]$ は $\mathbb{R}$ の元および $\bar{x}$ とで表示でき，$\{1, \bar{x}\}$ を基底とする 2 次元実ベクトル空間である．

また，$x^2 \equiv -1 \pmod{x^2 + 1}$ であり，言い換えると $\bar{x}^2 = \overline{x^2} = -1$ となるので，$\bar{x}$ を $\sqrt{-1}$ と同定できる．したがって，$\mathbb{R}[x]/(x^2+1)\mathbb{R}[x]$ は複素数の集合 $\mathbb{C}$ と同一視できる．

多項式の全体 $\mathbb{R}[x]$，$\mathbb{C}[x]$ では，数の世界と同様に和と積という 2 種類の操作が存在した．こうした操作は 2 項演算と呼ばれ，集合と写像の言葉で扱われる．

1.2 集 合 と 写 像

20 世紀以降の現代数学に特徴的な，抽象的な概念や扱いは，集合の使用をもとにして可能となった．また集合は関数の一般化である写像の使用と結びついている．この集合と写像についての規則を簡単に説明・復習しよう．より圏論的な見方については，1.4 節を参照されたい．

1.2.1 集　　　　合

素朴には，集合 (set) はものの集まりということがある．ここでは，まず集合の扱い方について復習し説明を加える．

集合 X は，その元または要素 (element) の集まりであり，x が集合 X の元であることを

$$x \in X \quad または \quad X \ni x$$

と表す．$x \in X$ を x が X に属する (belong to) ともいう．また，$x \in X$ の否定を $x \notin X$ と記す．

有限個の元しかもたない集合を有限集合という．X を有限集合として，その元の個数を $|X|$，$\mathrm{Card}\,X$ あるいは $\#X$ と表す．

例えば，10 までの自然数の集合を X とすると，外延的 (extrinsic) に

$$X = \{1, 2, 3, 4, 5, 6, 7, 8, 9, 10\}$$

と記すことができる．自然数全体の集合は $\mathbb{N}$ と記した．そこで

$$X = \{x \in \mathbb{N} \mid x \leqq 10\}$$

と内包的 (intrinsic) に記すこともできる．

複数の集合 X, Y について，その包含関係が次のように定められる．

$$Y \subset X \ \Leftrightarrow\ X \supset Y \ \overset{\mathrm{def}}{\Leftrightarrow}\ [\forall\, y \in Y \ \Rightarrow\ y \in X]$$

このとき，Y は X の部分集合 (subset) であるという．$Y \subset X$, $Y \neq X$ を $Y \subsetneq X$ または $Y \subsetneqq X$ と記す．特に，集合が等しいことを

$$A = B \ \overset{\mathrm{def}}{\Leftrightarrow}\ A \subset B \ かつ\ B \subset A$$

と定める．

一つ固定した集合 X の部分集合 A, B について，合併 (union) $A \cup B$ と共通部分 (intersection) $A \cap B$ を次のように定義する．

$$A \cup B := \{x \in X \mid x \in A \ または\ x \in B\}$$
$$A \cap B := \{x \in X \mid x \in A \ かつ\ x \in B\}$$

合併と共通部分については結合則

$$A \cup (B \cup C) = (A \cup B) \cup C, \qquad A \cap (B \cap C) = (A \cap B) \cap C$$

と分配則

$$(A \cup B) \cap C = (A \cap C) \cup (B \cap C), \qquad (A \cap B) \cup C = (A \cup C) \cap (B \cup C)$$

が成り立つ.

集合 X の部分集合 A について，**補集合** (complement) A^c を次のように定義する.

$$A^c := \{x \in X \mid x \notin A\}$$

A^c を $\overline{A}$ と記すこともある. X^c を $\emptyset$ または ϕ と記し，**空集合**と呼ぶ. 空集合はすべての集合の部分集合と考える.

補集合については**ド・モルガン (de Morgan)** の法則

$$(A \cup B)^c = A^c \cap B^c, \qquad (A \cap B)^c = A^c \cup B^c$$

が成り立つ. また，$A \cap B^c$ を $A \setminus B$ または $A - B$ と記す.

例 1.2.1 (直積集合) 集合 X, Y について，元の順序対 (ordered pair) (x, y) を考える. 順序対の全体を X, Y の**直積** (product) または**直積集合**といい，$X \times Y$ と記す.

実数の集合 $\mathbb{R}$ のそれ自身との直積 $\mathbb{R} \times \mathbb{R}$ を $\mathbb{R}^2$ とも記す. これは平面の集合に他ならない. 帰納的に $\mathbb{R}^n = \mathbb{R}^{n-1} \times \mathbb{R}$ と定める. n 次元実ベクトル空間に他ならない.

例 1.2.2 (べき集合) 集合 X が与えられたとき，X のすべての部分集合がなす集合を X の**べき (冪) 集合** (power set) といい，2^X ないし $\mathfrak{P}(X)$ と記す.

有限集合 $X = \{1, 2, \ldots, n\}$ に対してべき集合 $\mathfrak{P}(X)$ はやはり有限であり，2^n 個の元をもつので，2^X という記号を使う心がわかる.

問 1.2.3 包含関係 $A \subset B$, $B \subset C$ が成り立つとき，$A \subset C$ を示せ.

1.2.2 対 応 と 写 像

定義 1.2.4 集合 X から集合 Y への**対応** (correspondence) $\Gamma : X \to Y$ とは，各 $x \in X$ に対して Y の部分集合 $\Gamma(x)$ が指定されている働きである ($\Gamma(x) = \phi$ のこともある). このとき，X を**始集合** (source), Y を**終集合** (target) という.

また，$D(\Gamma) = \{x \in X \mid \Gamma(x) \neq \phi\}$ を**定義域** (domain), $V(\Gamma) = \{y \in Y \mid \exists x \in X \ [y \in \Gamma(x)]\}$ を**値域** (range, codomain) という.

対応 $\Gamma : X \to Y$ について，任意の $x \in X$ で $\Gamma(x)$ が 1 つの元のみからなるとき，この対応を**写像** (map, mapping) という．Γ が写像なら，$D(\Gamma) = X$ となる．また，$V(\Gamma)$ を $R(\Gamma)$ と記すこともある．Y を値域ということもある．

値域が $\mathbb{R}$ である写像を特に**関数** (function) という．写像は関数の一般化であるので，たいてい写像を表すのに $f : X \to Y$ という文字を使う．

定義 1.2.5 対応 $\Gamma : X \to Y$ に対して，次のようにおき，Γ の**グラフ** (graph) という．

$$G(\Gamma) := \{(x, y) \in X \times Y \mid y \in \Gamma(x)\}$$

逆に，直積 $X \times Y$ の部分集合 $G(\subset X \times Y)$ が与えられたとき

$$\Gamma(x) := \{y \in Y \mid (x, y) \in G\}$$

とおくと，対応 $\Gamma = \Gamma(G)$ が定まる．

例 1.2.6 (実数値関数・複素数値関数) n 実変数の実数値関数は，写像 $f : \mathbb{R}^n \to \mathbb{R}$ のことである．同様に n 複素変数の複素数値関数は写像 $f : \mathbb{C}^n \to \mathbb{C}$ に他ならない．

例 1.2.7 実数の数列 a_n $(n = 1, 2, 3, \dots)$ に対して，$a(n) = a_n$ により写像 $a : \mathbb{N} \to \mathbb{R}$ を対応させる．逆に，写像 $a : \mathbb{N} \to \mathbb{R}$ に対して実数列を対応させることができる．

例 1.2.8 対応 $\Gamma : X \to Y$ とは，写像 $\Gamma : X \to 2^Y$ に他ならない．

例 1.2.9 (逆対応) 対応 $\Gamma : X \to Y$ に対してグラフ $G = G(\Gamma) \subset X \times Y$ が定まる．これに対して，$Y \times X$ の部分集合

$$^t G = \{(y, x) \in Y \times X \mid (x, y) \in G\}$$

から定まる対応を Γ^{-1} と記し，Γ の**逆対応**という．

定義 1.2.10 (単射・全射・全単射) $f : X \to Y$ を写像とする．$x, x' \in X$ について $x \neq x'$ ならば $f(x) \neq f(x')$ であるとき，写像 $f : X \to Y$ は**単射** (injection) である，あるいは **1 対 1** (one-to-one) であるという．

任意の $y \in Y$ について，ある $x \in X$ が存在して $y = f(x)$ となるとき，写像

f は全射 (surjection) である，あるいは上への (onto) 写像であるという．

写像 f が単射かつ全射であるとき，f は全単射 (bijection) であるという．f が全単射であることを $f: X \xrightarrow{\sim} Y$ と記し，全単射が存在することを $X \xrightarrow{\sim} Y$ と書くことがある．

例 1.2.11 集合 X について $f(x) = x$ と定めて決まる写像を恒等写像といい，id_X あるいは 1_X と記す．恒等写像は全単射である．

例 1.2.12 単調増加関数 $f(x)$ は単射である．例えば $f(x) = 2x + 1$ ．

座標関数 $\mathbb{R}^n \to \mathbb{R}$; $(x_1, \ldots, x_n) \mapsto x_i$ $(i = 1, \ldots, n)$ は，全射であるが，$(n \geqq 2$ のとき$)$ 単射でない．

定義 1.2.13 (写像の合成) 写像 $f: X \to Y$, $g: Y \to Z$ について，

$$g \circ f(x) := g(f(x)) \quad (x \in X)$$

とおくと，写像 $g \circ f: X \to Z$ が定まり，f と g の合成 (composition) という．

命題 1.2.14 写像 $f: X \to Y, g: Y \to Z$ に対して，次が成り立つ．

a) f, g が全射ならば $g \circ f$ も全射である．

b) $g \circ f$ が全射ならば g は全射である．

c) f, g が単射ならば $g \circ f$ も単射である．

d) $g \circ f$ が単射ならば f は単射である．

e) f が全単射であるために，写像 $g: Y \to X$ であって $g \circ f = id_X$, $f \circ g = id_Y$ であるものが存在することは必要十分である．

証明 a) 任意の $z \in Z$ に対して仮定より $z = g(y)$ となる $y \in Y$ が存在し，また $y = f(x)$ となる $x \in X$ が存在して，$z = g(f(x))$ となる．

b) 仮定より，$z \in Z$ に対して $z = g(f(x))$ をみたす $x \in X$ が存在するから，$y = g(x) \in Y$ について $z = g(y)$ であるので，g は全射である．

c) $x, x' \in X$ について $g(f(x)) = g(f(x'))$ ならば，g の単射性により $f(x) = f(x')$ であり，f の単射性により $x = x'$ となるので，$g \circ f$ は単射である．

d) $x, x' \in X$ について $f(x) = f(x')$ とすると，もちろん $g(f(x)) = g(f(x'))$ であるから，$g \circ f$ の単射性により $x = x'$ となり，f は単射である．

e)　f が全単射であるとき, $y \in Y$ に対して $y = f(x)$ となる $x \in X$ が唯一つ存在するから, $g(y) = x$ と写像 $g : Y \to X$ を定めると, $g \circ f = id_X, f \circ g = id_Y$ が成り立つことが直ちにわかる. 逆は b), d) より明らか. □

定義 1.2.15 (逆写像)　写像 $f : X \to Y$ が全単射であるとき, 上の命題 1.2.14, e) の $g : Y \to X$ を f の g の逆写像 (inverse map) という. これを f^{-1} と記す.

　逆写像は逆対応の特別な場合である.

定義 1.2.16 (像・逆像)　写像 $f : X \to Y$ と部分集合 $A \subset X$, $B \subset Y$ について,

$$f(A) := \{ f(x) \mid x \in A \}, \qquad f^{-1}(B) := \{ x \in X \mid f(x) \in B \}$$

とおき, $f(A)$ を A の像 (image), $f^{-1}(B)$ を B の逆像 (inverse image) という.

　$f(A)$, $f^{-1}(B)$ はそれぞれ X, Y の部分集合である.

　逆像 $f^{-1}(B)$ は f が全単射でなくても定義できる. これを逆写像 f^{-1} と混同してはならない. 逆写像が存在するときは, 逆像 $f^{-1}(\{y\})$ と逆写像の値 $f^{-1}(y)$ とは一致する: 　$f^{-1}(\{y\}) = \{ f^{-1}(y) \}$.

補題 1.2.17　写像 $f : X \to Y$ について, 次が成り立つ.

　a)　f が単射であるために, $x, x' \in X$ について $f(x) = f(x')$ ならば $x = x'$ であることは必要十分である.

　b)　f が全射であるために, $f(X) = Y$ であることは必要十分である.

証明　a) の条件は, f が単射であることの定義の条件の対偶だから必要十分である. f が全射であることの定義の条件は, $f(X) \supset Y$ であることと同値だが, これは b) の条件に他ならない. □

命題 1.2.18　写像 $f : X \to Y$ と 部分集合 $A, A_1, A_2 \subset X$, $B, B_1, B_2 \subset Y$ について, 次が成り立つ.

　1)　$A_1 \subset A_2 \Rightarrow f(A_1) \subset f(A_2)$　　1')　$B_1 \subset B_2 \Rightarrow f^{-1}(B_1) \subset f^{-1}(B_2)$

　2)　$f(A_1 \cup A_2) = f(A_1) \cup f(A_2)$　　2')　$f^{-1}(B_1 \cup B_2) = f^{-1}(B_1) \cup f^{-1}(B_2)$

　3)　$f(A_1 \cap A_2) \subset f(A_1) \cap f(A_2)$　　3')　$f^{-1}(B_1 \cap B_2) = f^{-1}(B_1) \cap f^{-1}(B_2)$

　4)　$f(X) - f(A) \subset f(X - A)$　　4')　$f^{-1}(Y - B) = X - f^{-1}(B)$

5) $A \subset f^{-1}(f(A))$ 5') $f(f^{-1}(B)) \subset B$

証明 1)〜2') と 5') は読者に委ねる.

3) $A_1 \cap A_2 \subset A_1, A_2$ ゆえ，1) より $f(A_1 \cap A_2) \subset f(A_1), f(A_2)$ がいえて 3) は直ちに従う.

3') 3) の証明と同様に，1') より $f^{-1}(B_1 \cap B_2) \subset f^{-1}(B_1) \cap f^{-1}(B_2)$ がわかる. 一方，$f^{-1}(B_1) \cap f^{-1}(B_2) \ni a$ をとると，$f(a) \in B_1, B_2$ だから，$f(a) \in B_1 \cap B_2$ がいえて 3') は直ちに従う.

4) $f(x) \in f(X) - f(A)$ をとると，$x \notin A$ でなければならない. ゆえに $x \in X - A$ だから $f(x) \in f(X - A)$ となる.

4') $x \in f^{-1}(Y - B)$ であることは，$f(x) \notin B$ と同値であり，それは $x \notin f^{-1}(B)$ と同値である. したがって 4) の等式がわかる.

5) $x \in f^{-1}(f(A))$ は $f(x) = f(a)$ となる $a \in A$ が存在することを意味する. $x \in A$ なら $a = x$ ととれるので 5) は明らか. $\square$

例 1.2.19 上の命題の 3), 4), 5), 5') について，次の例が示す通り等号は成り立たない. $f : \mathbb{R} \to \mathbb{R}; f(x) = x^2$ を考える.

3) $A_1 = [-1, 0], A_2 = [0, 1]$ ととると，$f(A_1 \cap A_2) = \{0\} \neq f(A_1) \cap f(A_2) = [0, 1]$ となる.

4), 5) $A = (0, \infty)$ ととると，$f(X) - f(A) = \{0\} \neq f(X - A) = [0, \infty)$, $A \neq f^{-1}(f(A)) = (-\infty, 0) \cup (0, \infty)$ となる.

5') $B = [-1, 1]$ ととると，$f(f^{-1}(B)) = [0, 1] \neq B$ となる.

定義 1.2.20 (写像と直積) 1)   写像 $f_1 : X \to Y_1, f_2 : X \to Y_2$ に対して，$(f_1, f_2)(x) = (f_1(x), f_2(x))$ とおいて，写像 $(f_1, f_2) : X \to Y_1 \times Y_2$ を定める.

2)   写像 $g_1 : X_1 \to Y_1, g_2 : X_2 \to Y_2$ に対して，$(g_1 \times g_2)(x_1, x_2) = (g_1(x_1), g_2(x_2))$ とおいて，写像 $g_1 \times g_2 : X_1 \times X_2 \to Y_1 \times Y_2$ を定める.

問 1.2.21 1) $p_i : Y_1 \times Y_2 \to Y_i$ を射影とする: $p_i(y_1, y_2) = y_i$. 写像 $f : X \to Y_1 \times Y_2$ が $p_i \circ f = f_i$ $(i = 1, 2)$ をみたすならば，$f = (f_1, f_2)$ であることを確かめよ.

2) $\Delta : X \to X \times X$ を対角写像とする: $\Delta(x) = (x, x)$. このとき，

$\Delta = (id_X, id_X)$, $(f_1, f_2) = (f_1 \times f_2) \circ \Delta$ が成り立つことを確かめよ. ここで, f_1, f_2 は上の定義 1) の写像とする.

1.2.3 添数付けられた族, 直積

定義 1.2.22 (添数付けられた族) 集合 A, Λ に対して 写像 $a : \Lambda \to A$ を Λ で添数付けられた A の元の列という.

集合 Λ の各元 $\lambda \in \Lambda$ に対して, 集合 A_λ が与えられたとき, $\{A_\lambda\}_{\lambda \in \Lambda}$ を Λ で添数付けられた集合の族という.

すべての A_λ がある集合 X の部分集合であるとき, Λ で添数付けられた集合の族を X の部分集合族という. これは Λ で添数付けられたべき集合 $\mathfrak{P}(X)$ の元の列に他ならない.

定義 1.2.23 (和集合・共通部分) X の部分集合族 $\{A_\lambda\}_{\lambda \in \Lambda}$ に対して,

$$\bigcup_{\lambda \in \Lambda} A_\lambda = \{x \mid \exists \lambda \in \Lambda [x \in A_\lambda]\}$$

$$\bigcap_{\lambda \in \Lambda} A_\lambda = \{x \mid \forall \lambda \in \Lambda [x \in A_\lambda]\}$$

とおき, それぞれ和集合・共通部分という.

定義 1.2.24 (素な和集合) Λ で添数付けられた集合の族が, 共通の集合の部分集合でない場合にも, 素な (共通部分のない) 和集合 (disjoint union) を

$$\bigcup_{\lambda \in \Lambda} A_\lambda = \{x \mid \exists \lambda \in \Lambda [x \in A_\lambda]\}$$

と定義する. 共通部分のないことを強調して, それを $\coprod_{\lambda \in \Lambda} A_\lambda$ あるいは $\displaystyle\coprod_{\lambda \in \Lambda} A_\lambda$ と記す.

定義 1.2.25 (直積) $\{A_\lambda\}_{\lambda \in \Lambda}$ を Λ で添数付けられた集合の族とするとき, 各元 $\lambda \in \Lambda$ に対して, 集合 A_λ が与えられたとき, Λ で添数付けられた元の列 $a : \Lambda \to \coprod_{\lambda \in \Lambda} A_\lambda$ で, $a(\lambda) \in A_\lambda$ となるものの全体を $\prod_{\lambda \in \Lambda} A_\lambda$ と記し, $\{A_\lambda\}_{\lambda \in \Lambda}$ の直積 (集合) という. A_λ を $\prod_{\lambda \in \Lambda} A_\lambda$ の直積因子という. $\prod_{\lambda \in \Lambda} A_\lambda$ の元を $(a_\lambda)_{\lambda \in \Lambda}$ と記すことが多い.

対応 $(a_\mu)_{\mu \in \Lambda} \mapsto a_\lambda$ により定義される写像を $pr_\lambda : \prod_{\mu \in \Lambda} A_\mu \to A_\lambda$ と記し,

λ 成分への射影という.

例 1.2.26 $\Lambda = \{1, 2, \ldots, n\}$ のときは有限直積 $A_1 \times A_2 \times \cdots \times A_n$ に他ならない. $\mathbb{R}^n$ の i 番目の座標 x_i は座標関数 $p_i : \mathbb{R}^n \to \mathbb{R}$ とみられるが, これは i 成分への射影である.

例 1.2.27 $\{A_\lambda\}_{\lambda \in \Lambda}$ が X の部分集合族のとき, その素な和集合は, $X \times \Lambda$ の部分集合 $A_\lambda \times \{\lambda\}$ としての和集合とも理解することができる. $A_\lambda \times \{\lambda\} \simeq A_\lambda$ であり, $\lambda \neq \mu$ のとき $A_\lambda \times \{\lambda\} \cap A_\mu \times \{\mu\} \neq \phi$ だからである.

注意 1.2.28 (選択公理 (選出公理)) $\prod_{\lambda \in \Lambda} A_\lambda \neq \phi$ であることは, 各元 $\lambda \in \Lambda$ に対して A_λ の元を一つ選んだことになる.

Λ が無限集合のとき, 直積の元を選ぶことが可能であることは, 自明ではない. どんな Λ に対しても選出が可能であることを保証する公理

$$\forall \lambda \in \Lambda \, [A_\lambda \neq \phi] \quad \Rightarrow \quad \prod_{\lambda \in \Lambda} A_\lambda \neq \phi$$

を選択公理または選出公理 (axiom of choice) という.

選択公理の逆の対偶「$\exists \lambda_0 \in \Lambda \, [A_{\lambda_0} = \phi] \Rightarrow \prod_{\lambda \in \Lambda} A_\lambda = \phi$」は容易に証明できる.

命題 1.2.29 a) 写像 $f : A \to B$ が全射であるための必要十分条件は, $f \circ s = id_B$ となる写像 $s : B \to A$ が存在することである.

b) 写像 $f : A \to B$ が単射であるための必要十分条件は, $r \circ f = id_A$ となる写像 $r : B \to A$ が存在することである.

証明 a) 十分性は, id_B が全射ゆえ命題 1.2.14 b) より従う. 必要性だが, f が全射なら, $b \in B$ に対して適当な $a \in A$ について $b = f(a)$ が成り立つので, $a = s(b)$ とおくと, 写像 $s : B \to A$ は $f \circ s = id_B$ をみたす.

b) 十分性は, id_A が単射ゆえ命題 1.2.14 d) より従う. f が単射のとき, $a_0 \in A$ を適当に選んでおいて, $b \in f(A)$ のとき $f(b) = b$, $b \notin f(A)$ のとき $f(b) = a_0$ とおくと, 写像 $f : B \to A$ は $r \circ f = id_A$ をみたす. □

a) の十分性の証明に選択公理を用いていることに注意しておく.

1.2.4 同 値 関 係

集合 A の 2 つの元 a, b について, a と b との間に関係があることをどう表現

するか，と問いをする．関係がある組 (a, b) を特定することで，関係を記述するのが一つの答えである．そこで次の定義に達する．

定義 1.2.30 (関係) 集合 A について，部分集合 $R \subset A \times A$ を A の関係 (relation) という．

関係 R に対して $(a, b) \in R$ のことを $a \sim_R b$ あるいは単に $a \sim b$ と記す．また，aRb と記すこともある．$(a, b) \notin R$ のことを $a \not\sim_R b$ あるいは $a \not\sim b$ と記す．

例 1.2.31 1) 等号 (イコール) "=" は一つの関係である．

2) $A = \mathbb{R}$ での大小関係 $a \leq b$ も一つの関係である．

3) 不等号 "$\neq$" も一つの関係である．

定義 1.2.32 (同値関係) 関係 $\sim_R$ が次の 3 条件をみたすとき，$\sim_R$ (あるいは R) を同値関係 (equivalence relation) という．

1) (反射律) $\forall a \in A$ について $a \sim_R a$ が成り立つ．

2) (対称律) $a \sim_R b \;\Rightarrow\; b \sim_R a$

3) (推移律) $a \sim_R b, \; b \sim_R c \;\Rightarrow\; a \sim_R c$

例 1.2.33 $A = \mathbb{Z}$ と $n \in \mathbb{Z}$ について，

$$R = \{(m, m') \in \mathbb{Z} \times \mathbb{Z} \mid \exists\, k \in \mathbb{Z} \;\; s.t. \;\; m - m' = kn\}$$

とおく．すると R は同値関係であり，$a \sim_R b$ は $m \equiv m' \pmod{n}$ を意味する．

定義 1.2.32 の 3 条件をみたす関係 $\sim_R$ に対して，

$$G(R) := \{(a, b) \in A \times A \mid a \sim_R b\}$$

を関係 R のグラフという．$A \times A$ の部分集合として与えられた同値関係 $\sim_R$ のグラフ $G(R)$ について $G(R) = R$ となる．

例 1.2.34 例 1.2.31 の関係のグラフ $G(R)$ は次の通りである．

1) 対角線集合 $\Delta := \{(a, a) \mid a \in A\}$

2) xy 平面 $\mathbb{R}^2$ の領域 $\{(x, y) \in \mathbb{R}^2 \mid x \leq y\}$

3) 対角線集合の補集合 $\Delta^c = A \times A - \Delta$

関係 $R, S \subset A \times A$ に対して，転置 ${}^t R$ と合成 $R \circ S$ を次のように定める．

$$ {}^t R := \{(a,b) \mid (b,a) \in R\} $$

$$ R \circ S := \{(a,b) \mid \exists\, c \in A \ s.t. \ (a,c) \in R,\ (c,b) \in S\} $$

問 1.2.35 関係 $\sim_R$ が A の同値関係であるために，$\sim_R$ のグラフ R が次の 3 条件をみたすことが必要かつ十分であることを示せ．

$$ \text{i)} \ \ R \supset \Delta \qquad \text{ii)} \ \ R = {}^t R \qquad \text{iii)} \ \ R \circ R \subset R $$

定義 1.2.36 (同値類・商集合) 集合 A の同値関係 R が与えられたとき，

$$ C_R(a) := \{b \in A \mid (b,a) \in R\} = \{b \in A \mid b \sim_R a\} $$

を $x \in A$ が属する同値類 (equivalence class) という．

同値類の全体

$$ A/R := \{C_R(a) \mid a \in A\}(\subset \mathcal{P}(A)) $$

を A を R で類別した集合，あるいは A の R による商集合 (quotient) という．

例 1.2.37 $A = \{$平面の三角形$\}$，$\sim$ を三角形の合同とするとき，

三角形 X に対して，$C(X)$ は X に合同な三角形の集合となる．

例えば O(0,0), A(1,0), B(0,1) として，$X = \triangle\mathrm{OAB}$ を考えると，$C(\triangle\mathrm{OAB})$ は 斜辺の長さが $\sqrt{2}$ の直角二等辺三角形の集合である．

例 1.2.38 $A = \mathbb{Z}$ の同値関係 $\equiv \pmod 7$ について，$C(0) = \{7$ の倍数$\}$，$C(1) = \{7$ で割って余り 1 の整数$\}$ などとなり，次が成り立つ．

1) $C(0) = C(7) = C(-14),\ C(1) = C(8) = C(-6)$ など．
2) $C(0) \cap C(1) = \emptyset,\ C(0) \cap C(2) = \emptyset$

命題 1.2.39 集合 A の同値関係 R が与えられたとき，$C_R(a) = p_1(p_2^{-1}(a) \cap R)$ が成り立つ．ただし，射影 $p_i : A \times A \to A \ (i=1,2)$ を $p_i(a_1,a_2) = a_i$ で定義する．

証明 (逆) 像の定義により $p_1(p_2^{-1}(a) \cap R) = \{b \in A \mid (b,x) \in p_2^{-1}(a) \cap R\}$ $= \{b \in A \mid (b,a) \in R\}$ である． $\square$

命題 1.2.40 集合 A の同値関係 R が与えられたとき，次が成り立つ．

1) $a \in C_R(a)$

1.2 集 合 と 写 像　　　21

2) $a \sim_R b \quad \Leftrightarrow \quad C_R(a) = C_R(b)$

3) $C_R(a) \neq C_R(b) \quad \Rightarrow \quad C_R(a) \cap C_R(b) = \phi$

証明　1) 反射律により $a \sim a$ ゆえ，$a \in C(a)$ は明らか.

2) $a \sim b$ と仮定する. $c \in C(b)$ すなわち $b \sim c$ とすると，推移律により $a \sim c$ だから $c \in C(a)$ となり，$C(b) \subset C(a)$ がいえた. また，対称律により $b \sim a$ だから，直前の議論により $C(a) \subset C(b)$ となる. したがって，$C(a) = C(b)$ となり，$a \sim b \Rightarrow C(a) = C(b)$ が示せた.

逆に，$C(a) = C(b)$ とすると，1) により $b \in C(b)$ ゆえ，$b \in C(a)$ となり，$a \sim b$ が導けた.

3) $C(a) \cap C(b) \neq \phi$ ならば，ある元 $c \in A$ について $c \in C(a) \cap C(b)$ である. すると，$a \sim c, b \sim c$ がいえる. 対称律により $c \sim b$ だから，推移律により $a \sim b$ がいえて，2) により $C(a) = C(b)$ となる. これで，3) の対偶が示せた. $\square$

例 1.2.41　1) $A = \mathbb{Z}$ と $n \in \mathbb{Z}$ について，同値関係 $m \equiv m' \pmod{n}$ を考えると，$C_R(m) = m + n\mathbb{Z}$ となる.

$A/R = \mathbb{Z}/n\mathbb{Z} = \{C_R(0), C_R(1), \ldots, C_R(n-1)\}$ である. $C_R(m)$ を $\overline{m}$ と記すことがある. この記号を使うと，$A/R = \mathbb{Z}/n\mathbb{Z} = \{\overline{0}, \overline{1}, \ldots, \overline{n-1}\}$ である. $\overline{n-1} = \overline{-1}$ である.

2) 写像 $f : A \to B$ に対して $a \sim_R b \Leftrightarrow f(a) = f(b)$ とおくと同値関係であり，$C_R(a) = f^{-1}(f(a))$ となる. この同値関係を $R(f)$ と記そう. $A/R(f) \simeq f(A)$ である.

全射 $f_1 : A \to B_1, f_2 : A \to B_2$ に対して，全単射 $g : B_1 \to B_2$ が存在して $f_2 = g \circ f_1$ であるとき，f_1 と f_2 は同値だと定義する. このとき，$R(f_1) = R(f_2)$ が示せる.

対応 $f \mapsto R(f)$ により，A を定義域とする全射の同値類と，集合 A 上の同値関係が 1 対 1 に対応する.

3) A の互いに素な (mutually disjoint) 部分集合への分割 (直和分割) $A = \bigsqcup_{C \in \mathcal{M}} C$ が与えられたとするとき，$a \sim_R b \Leftrightarrow \exists C_0 \in \mathcal{M} \, [a, b \in C_0]$ とおくと同値関係である. $a \in A$ に対して，唯一つの $C \in \mathcal{M}$ について $C_R(a) = C$ となる. $A/R \simeq \mathcal{M}$ である.

22 　　　　　　　　　　　　　　1. 集合と群の言葉

定義 1.2.42 (集合の対等・濃度) 　集合 A, B が対等 (equipotent) であるとは，A から B への全単射が存在することをいう．

A, B が対等であるとき，$A \sim B$ と記す．このとき，A と B の濃度 (cardinality) は等しいといい，$\operatorname{Card} A = \operatorname{Card} B$ と記す．

定理 1.2.43 　集合の対等について，次の性質が成り立つ．A, B, C は集合とする．

1) $A \sim A$
2) $A \sim B$ ならば $B \sim A$
3) $A \sim B,\ B \sim C$ ならば $A \sim C$

1) は恒等写像 $I_A = id_A$ を使って，2) は全単射 $f : A \to B$ の逆写像 $f^{-1} : B \to A$ を使って，3) は全単射 $f : A \to B,\ g : B \to C$ の合成 $g \circ f : A \to C$ を使って証明される．

この定理は，集合の対等が実質的に同値関係であることを示している．

濃度の代わりに，基数ということもある．$\operatorname{Card} A$ を $|A|$ と記すこともあり，ドイツ文字 (フラクトゥール) $\mathfrak{a}$ で表すこともある．

例 1.2.44 　1) 有限集合 A, B について，$A \sim B$ である必要十分条件は，A, B の元の個数が同じであること．

2) $\mathbb{N} \sim \mathbb{N}_{even} = \{2n \mid n \in \mathbb{N}\}$
3) $f : \mathbb{N} \times \mathbb{N} \xrightarrow{\sim} \mathbb{N}$; $f(i, j) = 2^{i-1}(2j - 1)$
4) $f : [a, b] \xrightarrow{\sim} [c, d]$; $f(x) = \dfrac{d - b}{c - a}(x - a) + c$. 同様に，$(a, b) \sim (c, d)$.
5) $f : (-1, 1) \xrightarrow{\sim} \mathbb{R}$; $f(x) = \dfrac{x}{1 - x^2}$

4), 5) より $(a, b) \sim \mathbb{R}$ となる．実は，$(a, b) \sim (c, d]$ であることもわかる．

1.3　群　の　概　念

群の概念は，1830 年ごろのガロアによる代数方程式の四則演算とべき根による解法の中で生まれた．そこでは解を入れ替える操作による対称性として群の元が現れた．

元来，対称性は，幾何的図形について左右対称性・回転対称性などとしてみら

1.3 群 の 概 念　　　23

れるものである．さらに回転，鏡映といった個々の対称性のみでなく，図形が許
容する対称性の全体 (群) に注目する．このように，群は対称性の記述に用いられ
る．代数方程式では解のなす有限集合に関連する対称群が登場する．また，ユー
クリッド空間での等長変換や運動のなす群をはじめとする連続群は，物理学でも
重要である．さらに群は数の世界を記述する演算の概念と結びついている．ベク
トル (空間) も群の重要な例となっている．

　しかし今日的な群の概念の定義が与えられたのは 19 世紀後半になってからで
あり，幾何学に群という対称性の言葉が適用されるのにも時間がかかった．

　19 世紀末までには，非ユークリッド幾何学も群の観点から整理されて理解され
るようになった．ゲオルク・カントール (Georg Cantor) らの集合概念の導入に
続き，20 世紀の最初の四半世紀に，数学の公理的な扱いが本格化して，エミー・
ネーター (Emmy Noether) の抽象代数学が生まれ，群・環・体，そして加群・表
現の概念が導入された．

1.3.1　群

集合 G に対して，写像 $\mu : G \times G \to G$ を 2 項演算 (binary operation) という．

定義 1.3.1 (群)　集合 G と 2 項演算 $\mu : G \times G \to G$ の組 (G, μ) が，以下の条
件をみたすとき，組 (G, μ) または単に G は群 (group) であるという．

m1)　$\mu(\mu(x, y), z) = \mu(x, \mu(y, z))$　$(\forall x, y, z \in G)$

m2)　$\mu(x, e) = \mu(e, x) = x$ $(\forall x \in G)$ をみたす G の元 e が唯一つ存在する．

m3)　$\forall x \in G$ に対して $\mu(x, y) = \mu(y, x) = e$ をみたす G の元 y が唯一つ
　　　存在する．

　$m2)$ の元 e を群の単位元 (identity element) という (可換群で演算を加法的
に記す場合はゼロ元 (zero) という)．また，$m3)$ の元 y を元 x の逆元 (inverse
element) といい，(μ を乗法的に書く場合は) x^{-1}，または (μ を加法的に書く場
合は) $-x$ と記す．

　さらに次の条件をみたすとき，群 G は可換 (commutative)，またはアーベル的
(abelian) であるという．

m4)　$\mu(x, y) = \mu(y, x)$　$(\forall x, y \in G)$

24   1. 集合と群の言葉

可換な群の演算を加法として表すものを加法群あるいは加群ということがある.
その場合, 演算を $\mu(x, y) = x + y$ と記すことが多い.

上記の (2項) 演算 $\mu : G \times G \to G$ を積 (または和) と呼ぶことが多い.

定義 1.3.2 (半群・モノイド)　集合 G と写像 $\mu : G \times G \to G$ の組 (G, μ) が,
結合法則 m1) のみをみたすとき, G を半群 (semi-group) という.

半群 G がさらに条件 m2) もみたすとき, G をモノイド (monoid) という.

可換でない群の演算 $\mu(x, y)$ を 単に xy と記すことが多い.

注意 1.3.3　1) m2) の元 e は存在すれば唯一つであることが容易にわかる. 実際, e' をそ
のようなもう一つの元とすれば, m2) で $x = e'$ として $\mu(e', e) = \mu(e, e') = e'$ であり, 立
場を入れ替えた m2) 式 $\mu(x, e') = \mu(e', x) = x$ で同様に議論して $\mu(e, e') = \mu(e', e) = e$
を得るから, $e = e'$ が得られる.

2) m3) の元 y は存在すれば唯一つであることが容易にわかる. 証明を試みよ.

例 1.3.4 (数のなす加法群)　整数の全体 $\mathbb{Z}$, 有理数の全体 $\mathbb{Q}$, 実数の全体 $\mathbb{R}$, 複
素数の全体 $\mathbb{C}$ に加法を考えると, 可換群である.

しかし, 自然数の全体 $\mathbb{N}$ は, 加法に関して半群であるが, 群ではない.

例 1.3.5 (数のなす乗法群)　0 でない有理数の全体 $\mathbb{Q}^* = \mathbb{Q} - \{0\}$, 0 でない実
数の全体 $\mathbb{R}^* = \mathbb{R} - \{0\}$, 0 でない複素数の全体 $\mathbb{C}^* = \mathbb{C} - \{0\}$ に乗法を考える
と, 可換群である.

しかし, 自然数の全体 $\mathbb{N}$ は, 乗法に関して半群であるが, 群ではない.

例 1.3.6 (ベクトル空間)　実ベクトル空間はベクトルの加法に関して, 可換群で
ある. 同様に, 複素ベクトル空間はベクトルの加法に関して, 可換群である.

定義 1.3.7 (有限群・位数)　群 G が有限集合であるとき, G を有限群 (finite
group) という. 有限群でない群を無限群 (infinite group) という. 有限群 G の
元の個数 (濃度) を G の位数 (order) といい, $|G|$ と記す.

群 G の元 g に対して, $g^n = e$ となる自然数 n が存在するとき, 元 g は有限
位数であるといい, そのような n の最小のものを g の位数 (order) という. これ
を $ord(g)$ と記すことがある.

1.3 群 の 概 念　　　　　25

例 1.3.8 (整数 n を法とする数 (同値類) のなす群)　同値関係

$$a \equiv b \pmod{n} \quad \Leftrightarrow \quad \exists\, m \ \ s.t. \ a - b = nm$$

による $\mathbb{Z}$ の商集合 $\mathbb{Z}/n\mathbb{Z}$ には,

$$\overline{a} + \overline{b} := \overline{a + b}$$

により演算が定義される. ただし, a の属する同値類を $\overline{a}$ と記した. この演算に関して $\mathbb{Z}/n\mathbb{Z}$ は可換群である. この群を $\mathbb{Z}/n$ とも記す.

例 1.3.9 (1 の n 乗根のなす乗法群)　集合

$$\mu_n := \{z \in \mathbb{C} \mid z^n = 1\}$$

は, 複素数の乗法を演算として可換群になる.

　非可換な群の例もみよう. $\mathrm{M}_n(\mathbb{R}), \mathrm{M}_n(\mathbb{C})$ で実数および複素数を成分とする n 次正方行列全部の集合を表す.

例 1.3.10 (一般線型群・特殊線型群)　正方行列同士の行列の積を考えることにより次の集合は群となる.

$$GL_n(\mathbb{R}) := \{A \in \mathrm{M}_n(\mathbb{R}) \mid \det A \neq 0\}, \ GL_n(\mathbb{C}) := \{A \in \mathrm{M}_n(\mathbb{C}) \mid \det A \neq 0\}$$
$$SL_n(\mathbb{R}) := \{A \in \mathrm{M}_n(\mathbb{R}) \mid \det A = 1\}, \ SL_n(\mathbb{C}) := \{A \in \mathrm{M}_n(\mathbb{C}) \mid \det A = 1\}$$

$n \geqq 2$ のとき, これらは非可換群である. $GL_n(\mathbb{R}), SL_n(\mathbb{R})$ をそれぞれ実一般線型群, 実特殊線型群と, $GL_n(\mathbb{C}), SL_n(\mathbb{C})$ をそれぞれ複素一般線型群, 複素特殊線型群という.

例 1.3.11 (自己同型群)　集合 X から X 自身への全単射の全体は, 写像の合成に関して群をなす. これを X の自己同型群といい, $\mathrm{Aut}(X)$ と記す.

　単位元は恒等写像 $id_X = 1_X$ であり, 写像 f の逆元は逆写像 f^{-1} である.

例 1.3.12 (対称群・交代群・置換群)　集合 $X = \{1, \ldots, n\}$ の場合の自己同型群 $\mathrm{Aut}(X)$ を S_n と記し, n 次対称群という. S_n の元, すなわち $\{1, \ldots, n\}$ からそれ自身への全単射を置換 (permutation) という.

　置換 σ に対して, $\{i_1, \ldots, i_m\} \subset X$ が存在して

$$\sigma(i_k) = i_{k+1} \ (1 \leqq k < m), \qquad \sigma(i_m) = i_1$$

となるとき，σ は長さ m の巡回置換であるといい，$\sigma = (i_1 i_2 \ldots i_m)$ と記す．特に長さ 2 の巡回置換を互換 (transposition) という．

任意の置換は互換の積に書き表せる．その積表示に必要な互換の数の偶奇は，積表示の選び方によらない．その偶奇に応じて，偶置換・奇置換と呼ぶ．

偶置換の全体の集合を A_n と記し，交代群という．

S_1, S_2, A_2, A_3 を除き，対称群，交代群は非可換群である ($|S_1| = |A_2| = 1, |S_2| = 2, |A_3| = 3$)．一般に，置換の集合で群となるものを，置換群という．

例 1.3.13 (正多面体群)　原点に重心がある正 n 面体 ($n = 4, 8, 6, 20, 12$) をそれ自身の上に移す線形変換のなす群が，同型を除き 3 種類ある．

正 4 面体，正 8 面体，正 20 面体に対応する変換群を $\mathcal{T}$, $\mathcal{O}$, $\mathcal{I}$ と記し，群の位数はそれぞれ 12, 24, 60 である．実は，それぞれ A_4, S_4, A_5 に同型であることがわかる．

正多面体群には，他に正 n 角形を不変にする回転と裏返しの全体のなす正 2 面体群 (dihedral group) D_n (位数 $2n$) と巡回群 $\mathbb{Z}/n$ (位数 n) を含める．

例 1.3.14 (群の直積)　G_1, G_2 を群とする．G_1, G_2 の直積集合 $G_1 \times G_2$ に

$$(x_1, x_2)(x_1', x_2') = (x_1 x_1', x_2 x_2') \quad (x_1, x_1' \in G_1, \ x_2, x_2' \in G_2)$$

と演算を定めると，$G_1 \times G_2$ は群となる．これを G_1, G_2 の直積群あるいは単に直積 (direct product) という．

e_i を G_i の単位元とすると ($i = 1, 2$)，(e_1, e_2) が G_1, G_2 の単位元である．

2 つの群の直積を一般化して，有限個の群の直積を定義することができる．

1.3.2　準 同 型 写 像

2 つの群を比較したり，群を表現するときに必要なのが，群から群への準同型写像の概念である．

定義 1.3.15 (群の準同型写像)　G, G' を群とする．写像 $f : G \to G'$ が

$$f(xy) = f(x)f(y) \quad (\forall \, x, y \in G)$$

をみたすとき，f を G から G' への準同型写像 (homomorphism)，あるいは単に

準同型という．また，準同型 f が全単射であるとき，f を同型写像 (isomorphism) または同型という．群 G から G' に同型写像が存在するとき，$G \xrightarrow{\sim} G'$ あるいは $G \simeq G'$ と記す．

準同型 f は，G の単位元 e を G' の単位元 e' に移し $f(e) = e'$，また $g \in G$ の逆元を $f(g)$ の G' での逆元に移すこと $f(g^{-1}) = f(g)^{-1}$ がわかる．実際，$f(e) = f(e \cdot e) = f(e) \cdot f(e)$ から最初の等式がわかり，$e' = f(e) = f(g \cdot g^{-1}) = f(g) \cdot f(g^{-1})$ より二つ目の等式が導かれる．

例 1.3.16 $L : V_1 \to V_2$ を実ベクトル空間の間の線形写像とすると，L は加法群の準同型である．

また，ベクトル空間 V から V への線形写像の全体 $GL(V)$ は，線形写像の合成を積として群をなす．$V \simeq \mathbb{R}^n$ のとき，$GL(V) \simeq GL_n(\mathbb{R})$ である．

実際，V の基底を選んで $L \in GL(V)$ のその基底に関する表現行列を対応させることにより，一般線形群との同型が得られる．基底を取り替えると，別の同型に変わる．

例 1.3.17 n を法とする加法群 $\mathbb{Z}/n\mathbb{Z}$ と 1 の n 乗根のなす乗法群 $\mu_n = \{z \in \mathbb{C} \mid z^n = 1\}$ の間の写像 $\varphi : \mathbb{Z}/n\mathbb{Z} \to \mu_n$; $\varphi(\bar{k}) = \exp(2k\pi i/n)$ は同型である．ここで，i は虚数単位 $\sqrt{-1}$ である．

例 1.3.18 直積群からの射影 $p_1 : G_1 \times G_2 \to G_1$; $p_1(g_1, g_2) = g_1$ は準同型である．同様に $p_2 : G_1 \times G_2 \to G_2$ も準同型である．

問 1.3.19 1) 射影を並べてできる準同型 $(p_1, p_2) : G_1 \times G_2 \to G_1 \times G_2$ は恒等写像であることを確かめよ．

2) アーベル群 G_1, G_2 に対して，$i_1 = (id_{G_1}, 0) : G_1 \to G_1 \times G_2, i_2 = (0, id_{G_2}) : G_2 \to G_1 \times G_2$ とおく (0 は単位元)．このとき，$i_1 + i_2 := i_1 \circ p_1 + i_2 \circ p_2 : G_1 \times G_2 \to G_1 \times G_2$ は恒等写像であることを確かめよ．

定義 1.3.20 (部分群・生成系) 群 G の部分集合 H が，条件

sub) $xy^{-1} \in H \ (\forall \, x, y \in H)$

をみたすとき，H は G の部分群であるという．

28   1. 集合と群の言葉

部分群 H は，G の演算を H に制限した演算により群であり，包含写像 $i : H \hookrightarrow G$ は準同型である.

群 G とその部分集合 S に対して，S を含む最小の部分群を S が生成する部分群 (subgroup generated by S) といい，$\langle S \rangle$ と記す. $G = \langle S \rangle$ であるとき，S を G の生成系 (system of generators) という.

特に，1 元集合 (生成元) で生成される群を巡回群 (cyclic group) という.

例 1.3.21 (直交群・特殊直交群・ユニタリ群・特殊ユニタリ群)

$$O(n, \mathbb{R}) = \{A \in \mathrm{M}_n(\mathbb{R}) \mid {}^t\!AA = I \}$$
$$SO(n, \mathbb{R}) = \{A \in \mathrm{M}_n(\mathbb{R}) \mid {}^t\!AA = I, \ \det A = 1\}$$

はそれぞれ $GL_n(\mathbb{R}), SL_n(\mathbb{R})$ の部分群である.

$$U(n) = \{A \in \mathrm{M}_n(\mathbb{C}) \mid {}^t\overline{A}A = I \}$$
$$SU(n) = \{A \in \mathrm{M}_n(\mathbb{C}) \mid {}^t\overline{A}A = I, \ \det A = 1\}$$

はそれぞれ $GL_n(\mathbb{C}), SL_n(\mathbb{C})$ の部分群である.

例 1.3.22 $\mathbb{Z}$ は巡回群である. 実際，$\mathbb{Z} = \langle 1 \rangle = \langle -1 \rangle$ である.

また，$\mathbb{Z}$ の部分群 H は，ある唯一つの非負整数 n で生成される巡回群である. 実際，$H = \{0\} = 0$ の場合は明らかである. $H \neq 0$ のとき，H に属する最小の自然数を n とすると，$H = \langle n \rangle$ である. なぜなら，$H \ni m$ を n で割り算すると $m = qn + r \ (0 \leqq r < n)$ として，$m, n \in H$ より $r \in H$ となる. しかし $r > 0$ なら n の最小性に矛盾するから $r = 0$ すなわち $m = qn$ となる.

定義 1.3.23 (有限生成アーベル群) アーベル群 M が有限個の元からなる生成系をもつとき，M を有限生成 (finitely generated) という.

言い換えると，任意の M の元が有限個の元の (重複を許した) 和で必ず表せるとき，M は有限生成であるという.

定理 1.3.24 (有限生成アーベル群の基本定理 (弱い形)) 有限生成アーベル群は，有限個の巡回群の直和に同型である.

強い形は，巡回群の位数についての制約を与える. その形は主イデアル環上の有限生成加群の構造定理の特別な場合であり，証明はそこで与える.

1.3 群 の 概 念　　29

定義 1.3.25 (部分群が定める剰余類)　1)　群 G の部分群 H が与えられたとき，$gH := \{\, gh \mid h \in H \,\}$ の形の G の部分集合を G の左剰余類 (left coset) という．同様に右剰余類 Hg も定まる．

左剰余類について

$$gH = g'H \quad \Leftrightarrow \quad \exists\, h \in H \text{ について } g' = gh$$

に注意すると，関係 $gH = g'H$ は元 g, g' の間の同値関係を定める．そして，左剰余類 gH はこの同値関係の同値類に他ならない．また，左剰余類の全体のなす集合を G/H と記す．右剰余類全体のなす集合は $H \backslash G$ と記す．

2)　群 G の部分群 H について，条件

$$gH = Hg \ (\forall\, g \in G) \text{ すなわち } gHg^{-1} = H \ (\forall\, g \in G)$$

をみたすとき，H を G の正規部分群 (normal subgroup) といい，$H \triangleleft G$ と記す．

例 1.3.26　1)　アーベル群 G の部分群はすべて正規部分群である．

2)　対称群 S_3 の部分群 $\langle (123) \rangle$ は正規部分群である．一方，$\langle (12) \rangle$ は正規部分群でない．

3)　群 G の位数 2 の部分群 H は必ず正規部分群である．

実際，$g^{-1}Hg \cap H \ni e$ だから，同値類の性質から $g^{-1}Hg = H \ (\forall\, g \in G)$ が従う．

これから，$A_n \triangleleft S_n$, $SO(n) \triangleleft O(n)$ がわかる．

命題 1.3.27　群 G とその正規部分群 H に対して，G/H 上の演算を

$$(gH)(g'H) := (gg')H$$

と定めると，G/H はこの演算で群となる．

また，標準写像 $\pi : G \to G/H$; $\pi(g) = gH$ は準同型である．

証明　最初にこの演算が代表元のとり方によらずに定まっていることを示す．$g_1 H = g_1' H, g_2 H = g_2' H$ とするとき，$h_1, h_2 \in H$ により $g_1' = g_1 h_1, g_2' = g_2 h_2$ となるので，$g_1' g_2' = g_1 h_1 g_2 h_2$ である．ところで，H が正規部分群ゆえ $Hg_2 = g_2 H$ であるので，$h_1 g_2 = g_2 h$ となる $h \in H$ が存在する．ゆえに，$g_1' g_2' = g_1 g_2 h h_2$ と書けるから，$g_1' g_2' H = g_1 g_2 H$ である．

G/H での結合法則は，G での結合法則より従う．H が単位元であることは明らかである．$g^{-1}H$ が gH の逆元であることは直ちにわかる．

$\pi(g)\pi(g') = (gH)(g'H) = (gg')H = \pi(gg')$ ゆえ，π は準同型である．□

定義 1.3.28 (商群) 群 G とその正規部分群 H に対して，左剰余類の全体のなす集合 G/H に上の命題 1.3.27 の演算を入れた群を G の H による商群 (quotient group) という．

定義 1.3.29 (準同型の核・像) $f : G \to G'$ を準同型とする．このとき，

$$\operatorname{Ker} f := \{x \in G \mid f(x) = e'\}$$
$$\operatorname{Im} f := \{x' \in G' \mid x' = f(x) \,(\exists x \in G)\}$$

は，それぞれ G, G' の部分群である．さらに，$\operatorname{Ker} f \triangleleft G$ である．$\operatorname{Ker} f$ を準同型 f の核 (kernel)，$\operatorname{Im} f$ を f の像 (image) という．

証明 ($\operatorname{Ker} f$ が (正規部分) 群であること) e' を G' の単位元として，$g, g' \in \operatorname{Ker} f$ に対して $f(g) = f(g') = e'$ だから，$f(gg') = f(g)f(g') = e'$ ゆえ，$gg' \in \operatorname{Ker} f$. $f(e) = e'$ ゆえ $e \in \operatorname{Ker} f$ であり，$f(g) = e$ なら $f(g^{-1}) = f(g)^{-1} = e'$ ゆえ，$g^{-1} \in \operatorname{Ker} f$ である．

$h \in \operatorname{Ker} f, g \in G$ について，$f(ghg^{-1}) = f(g)f(h)f(g^{-1}) = f(g)f(g^{-1}) = f(e) = e'$ ゆえ，$ghg^{-1} \in \operatorname{Ker} f$ となる．

($\operatorname{Im} f$ が群であること) G' の元は $f(g)\,(g \in G)$ という形だから，$f(g)f(g') = f(gg')$ より $\operatorname{Im} f$ は群演算で閉じていて，$f(e) = e'$ ゆえ $e' \in \operatorname{Im} f$ であり，$f(g)^{-1} = f(g^{-1})$ ゆえ，$f(g)^{-1} \in \operatorname{Im} f$ である．

命題 1.3.30 (準同型定理) 準同型 $f : G \to G'$ に対して，

$$\overline{f}(g \operatorname{Ker} f) := f(g)$$

とおいて，準同型 $\overline{f} : G/\operatorname{Ker} f \to \operatorname{Im} f$ が定まる．準同型 $\overline{f}$ は同型であり，$f = i \circ \overline{f} \circ \pi$ が成り立つ．ここで，$\pi : G \to G/\operatorname{Ker} f$，$i : \operatorname{Im} f \hookrightarrow G'$ は標準写像である．

また，準同型 f が単射であるために，$\operatorname{Ker} f = \{e\}$ であることは必要十分条件である．

証明　$g \operatorname{Ker} f = g' \operatorname{Ker} f$ とするとき，$g' = gk \ (k \in \operatorname{Ker} f)$ と書ける．すると，$f(g') = f(gk) = f(g)f(k) = f(g)e' = f(g)$ ゆえ，$\overline{f}$ は矛盾なく定まる．$\overline{f}$ が準同型であることは，商群の演算の定義から明らかである．

$\overline{f}$ が全射であることは明らかで，

$$\overline{f}(g \operatorname{Ker} f) = e' \ \Leftrightarrow \ f(g) = e' \ \Leftrightarrow \ g \in \operatorname{Ker} f \ \Leftrightarrow \ g \operatorname{Ker} f = \operatorname{Ker} f$$

ゆえ，$\overline{f}$ の単射性も明らかである．また

$$f(g) = f(g') \ \Leftrightarrow \ f(g)^{-1}(g') = e' \ \Leftrightarrow \ f(g^{-1}g') = e' \ \Leftrightarrow \ g^{-1}g' \in \operatorname{Ker} f$$

から，f の単射性と $\operatorname{Ker} f = \{e\}$ が同値であることもわかる．□

例 1.3.31　A を $m \times n$ 実行列として，線形写像 $T_A : \mathbb{R}^n \to \mathbb{R}^m \ ; \ T_A(v) = Av$ を考える．核 $\operatorname{Ker}(T_A)$ は連立 1 次方程式 $Av = 0$ の解空間に他ならない．また，像 $\operatorname{Im}(T_A)$ は行列 A の列ベクトルの張るベクトル空間に他ならない．

この状況で準同型定理は，$\mathbb{R}^n / \operatorname{Ker} T_A \ \overset{\sim}{\longrightarrow} \ \operatorname{Im} T_A$ となり，次元をとると $n - \dim \operatorname{Ker} T_A = \dim \operatorname{Im} T_A$ となり，$\dim \operatorname{Im} T_A$ は行列 A の階数 $\operatorname{rank} A$ に等しいので次元定理 $\dim \operatorname{Ker} T_A = n - \operatorname{rank}(A)$ が得られる．

命題 1.3.32　巡回群 G は，$\mathbb{Z}$ または $\mathbb{Z}/n\mathbb{Z}$ に同型である．群 G の元 g が生成する部分群 $\langle g \rangle$ が有限群であるとき，$ord(g) = |\langle g \rangle|$ が成り立つ．

証明　巡回群 G の生成元を g とするとき，準同型写像 $f : \mathbb{Z} \to G$ を $f(k) = g^k \ (k \in \mathbb{Z})$ と定めると，$G = \langle g \rangle$ ゆえ f は全射準同型である．すると準同型定理により $\mathbb{Z}/\operatorname{Ker} f \simeq G$ である．

$\operatorname{Ker} f$ は $\mathbb{Z}$ の部分群だから，例 1.3.22 により $\operatorname{Ker} f = \langle n \rangle = n\mathbb{Z}$ という形である．$n = 0$ のときは $\mathbb{Z} \simeq G$ となる．

群 G の部分群 $\langle g \rangle$ は巡回群だから，もし有限であれば $\mathbb{Z}/n\mathbb{Z}$ に同型である．$ord(g) = ord(1 \ (\mathrm{mod} \ n)) = n$ であり $n = |\mathbb{Z}/n\mathbb{Z}|$ ゆえ $ord(g) = |\langle g \rangle|$ がわかった．□

定義 1.3.33 (準同型の余核・余像)　$f : G \to G'$ を準同型とする．このとき，G, G' の商群

$$\mathrm{Coker}\, f := G'/\mathrm{Im}\, f$$

$$\mathrm{Coim}\, f := G/\mathrm{Ker}\, f$$

をそれぞれ準同型 f の余核 (cokernel), f の余像 (coimage) といい, $\mathrm{Coker}\, f$, $\mathrm{Coim}\, f$ と記す.

準同型定理により, $\mathrm{Coim}\, f \simeq \mathrm{Im}\, f$ であることに注意する.

1.3.3 群 の 作 用

抽象的な群を具体的に理解するために, 適当な集合に群が作用している状況は有益である.

定義 1.3.34 (群の作用) G を群, X を集合とする. 群の準同型 $\rho : G \to \mathrm{Aut}(X)$ が与えられたとき, 群 G が集合 X に**作用する** (G acts on X) といい,

$$g \cdot x = gx := \rho(g)(x) \quad (g \in G,\ x \in X)$$

とおいて, $\mu : G \times X \to X$; $\mu(g,x) = g \cdot x$ が定まる. このとき, 次の規則が成り立つ.

1)　$g(hx) = (gh)x \quad (g, h \in G,\ x \in X)$

2)　$ex = x \quad (x \in X)$

逆に, この規則をみたすとき, 上の式を逆にみて群の準同型 $\rho : G \to \mathrm{Aut}(X)$ が定まる.

群 G が作用する集合を G **集合** (G-set) という.

群 G の X への作用 $\mu : G \times X \to X$ に対して, $G \cdot x = (Gx =)\{gx \mid g \in G\}$ とおき, x の**軌道** (orbit) という. また $G_x := \{g \in G \mid gx = x\}$ とおき, x の**固定化部分群** (stabilizer) という. このとき, 自然な全単射 $G/G_x \simeq Gx$ が存在する.

$Gx = X$ となる元 $x \in X$ が存在するとき, この作用は**推移的** (transitive) である, という. さらに $G_x = \{e\}$ であるとき, この作用は**単一推移的** (simply transitive) である, という.

群 G が作用する集合 X があるとき,

$$x \sim x' \quad \Leftrightarrow \quad G \cdot x = G \cdot x'$$

は同値関係を定める. $\sim$ の剰余類は軌道に他ならない. 剰余類の集合 $X/\sim$ の完全代表系を $\{x_i\ (i \in I = X/\sim)\}$ とすると, 分割

$$X = \bigsqcup_{i \in I} G \cdot x_i$$

が得られる. 特に, X が有限集合で G も有限群であるとき元の個数を考えると, 類等式 (class equation)

$$|X| = \sum_{i \in I} |G \cdot x_i| = \sum_{i \in I} |G|/|G_{x_i}|$$

が得られる.

例 1.3.35　自己同型群 $\mathrm{Aut}(X)$ の部分群 G が与えられると, G は自然に X に作用する. 包含写像 $i : G \to \mathrm{Aut}(X)$ が ρ にあたる.

　$X = \{1, 2, \ldots, n\}$ の場合の自己同型群が n 次対称群 S_n であった. その部分群が置換群と呼ばれた. 置換群 G は集合 $\{1, 2, \ldots, n\}$ に作用する.

　例えば, 巡回置換の生成する $G = \langle (12 \cdots n) \rangle$ は, $\{1, 2, \ldots, n\}$ に推移的に作用する.

例 1.3.36　1) 群 G は自分自身に共役で作用する. すなわち, $\mu(g)(h) = ghg^{-1}$ $(g, h \in G)$ とおいて, 作用 $\mu : G \times G \to G$ が定まる. このとき $h \in G$ の軌道は h の共役全体のなす共役類 $\{ghg^{-1} \mid g \in G\}$ であり, その固定化部分群は h の中心化群 $C_G(h) = \{g \in G \mid ghg^{-1} = h\}$ である.

　2) 群 G とその部分群 H に対して, 積 $G \times G \to G$ を $H \times G$ に制限したものを μ とすると, H の G への作用が定まる. このとき $g \in G$ の軌道は右剰余類 Hg に他ならない.

　3) 群 G とその部分群 H に対して, 左剰余類の全体のなす集合 G/H には, G が

$$G \times G/H \to G/H\ ;\ (g, hH) \mapsto (gh)H = g(hH)$$

により左から推移的に作用する. gH の固定化部分群は gHg^{-1} である.

定理 1.3.37 (ラグランジュの定理)　有限群 G とその部分群 H が与えられたとき, H の位数 $|H|$ は G の位数 $|G|$ を割り切り, $|G| = |G/H| \cdot |H|$ が成り立つ.

34　　　　　　　　　　　1.　集合と群の言葉

証明　群 H の集合 G への右からの作用を考える．軌道は左剰余類 gH である．$H \to gH$; $h \mapsto gh$ は，H と左剰余類 gH との間に全単射を与える．ゆえに $|H| = |gH|$ である．この作用に関する類等式を考えると，$|G| = \sum_{gH \in G/H} |gH| = |G/H| \cdot |H|$ となる．□

系 1.3.38　有限群 G の元 g の位数 $ord(g)$ は G の位数 $|G|$ の約数である．

証明　g の生成する部分群 $H = \langle g \rangle$ について $|H| = ord(g)$ であることから明らかである．□

例 1.3.39　素数 p に対して，位数 p^n ($n \geq 2$) のアーベル群は，同型を除き複数個存在する．実際，$\mathbb{Z}/p^n$ には位数 p^n の元があり，$(\mathbb{Z}/p)^n$ には位数 p の元しかないので，この二つは同型でない．

問 1.3.40　素数 p に対して，位数 p^n ($n \geq 2$) のアーベル群は，同型を除き何個存在するか．

　有限群 G の自分自身への共役作用を考える．h の属する共役類の固定化部分群は中心化群 $C_G(h) = \{g \in G \mid ghg^{-1} = h\}$ であった．共役類の完全代表系を $\{g_i\}_{i \in I}$ として，類等式は

$$|G| = \sum_{i \in I} |C_G(g_i)| = |Z(G)| + \sum_{i \in I'} |C_G(g_i)|$$

となる．二つ目の等式の右辺で，$I' = \{i \in I \mid |C_G(g_i)| > 1\}$，$Z(G) = \{g \in G \mid hg = gh \ (\forall \, h \in G)\}$ (G の中心) であり，$|C_G(g_i)| = 1$ と > 1 で分けた式となっている．

問 1.3.41　有限群 G の位数が，$|G| = p^n \cdot m$ (p は素数で $(m, p) = 1$) となっているとき，G の部分群で位数が p^n のものが存在することを示せ．このような部分群を p-シロー (Sylow) 群という．

例 1.3.42　G を一般線形群 $GL_n(\mathbb{R})$ の部分群とする．すると，包含写像 $i : G \hookrightarrow GL_n(\mathbb{R})$ を ρ として群 G が $\mathbb{R}$ ベクトル空間 $\mathbb{R}^n$ に作用する．作用 $g \cdot x$ は行列 $i(g)$ ($g \in G$) のベクトル $x \in \mathbb{R}^n$ への左からの (行列としての) 積である．

例 1.3.43　n 次元単位球面 $S^n \subset \mathbb{R}^{n+1}$ には，特殊直交群 $SO(n + 1)$ が推

移的に作用する．単位ベクトル $\mathbf{e}_1 = {}^t(1, 0, \ldots, 0) \in S^n$ の固定化部分群は $SO(n) \times \{1\} \simeq SO(n)$ であるので，$S^n \simeq SO(n+1)/SO(n)$ なる同一視ができる．

例 1.3.44 (群の半直積) 群 G，可換群 A，群準同型 $\varphi : G \to \mathrm{Aut}(A)$ が与えられたとき，すなわち群 G が可換群 A に作用するとき，直積 $A \times G$ 上に群の演算が次のように定義できる．

$$(a, g) \cdot (b, h) := (a + \varphi(g)(b), gh)$$

これを G の A による半直積 (semi-product) といい，$A \rtimes G$ と記す．一般には，$A \rtimes G$ と $A \times G$ は同型ではない．

$G = \mathbb{Z}/2\mathbb{Z}, A = \mathbb{Z}/m\mathbb{Z}$ として，$\overline{1} = 1 \pmod 2$ が $\varphi(\overline{1})(k \pmod m) = -k \pmod m$ で作用を定めると，$\mathbb{Z}/m\mathbb{Z} \rtimes \mathbb{Z}/2\mathbb{Z} \simeq D_m$ (2 面体群) となる．

問 1.3.45 群 G の部分群 H は，G の演算を H に制限した演算と G の単位元を H の単位元とする群であること，包含写像 $i : H \hookrightarrow G$ は準同型であることを示せ．

1.4 集合の扱いについての補足

ここでは，集合の扱いに関連する基本的な事柄を説明する．一つはツォルンの補題で，選択公理と同値であることが知られ，いろいろな存在証明に必要なものである．もう一つは，数学の基礎にかかわる圏論的アプローチおよび集合論の公理系の話である．どちらも必要最小限に説明するので，より深く理解したい読者は別の書物を参照されるとよい．

1.4.1 順序集合とツォルンの補題

定義 1.4.1 (順序関係) 集合 A の関係 R が次の 3 条件をみたすとき，R を順序関係 (order relation) または単に順序 (order) という．

1) (反射律) $\forall a \in A$ について aRa が成り立つ．
2) (反対称律) aRb, bRa $\Rightarrow$ $a = b$
3) (推移律) aRb, bRc $\Rightarrow$ aRc

集合 A と順序 R の組 (A, R) を順序集合という．しばしば略して A を順序集合という．

また，順序を $\leq$ または $\preccurlyeq$ といった記号で表すことが多い．そして

$$a < b \Leftrightarrow a \leq b,\ a \neq b \quad (a \prec b \Leftrightarrow a \preccurlyeq b,\ a \neq b)$$

と記号 $<, \prec$ を定める．

例 1.4.2 $A = \mathbb{N}$ における大小関係 $\leq$ は順序である．

集合 X のべき集合 $A = 2^X$ における包含関係 $\subset$ は順序である．

$(A, \preccurlyeq)$ を順序集合とし，$M(\subset A)$ を部分集合とする．$a, b \in M$ に対して，$a \preccurlyeq_M b \Leftrightarrow a \preccurlyeq b$ と定めると，$(A, \preccurlyeq_M)$ も順序集合である．

例 1.4.3 濃度の全体は集合ではないが，順序関係の条件をみたすことが，次のベルンシュタインの定理から従う．定理の証明は略す．

定理 1.4.4 (ベルンシュタイン (Bernstein) の定理) 集合 A, B に対して，A から B への単射が存在し，かつ B から A への単射が存在するとき，$A \sim B$ である．

次のように言い換えることができることを注意しておく．

「集合 A, B に対して，A から B への全射が存在し，かつ B から A への全射が存在するとき，$A \sim B$ である．」
「集合 A, B に対して，A から B への単射が存在し，かつ A から B への全射が存在するとき，$A \sim B$ である．」

定義 1.4.5 (全順序) $(A, \preccurlyeq)$ を順序集合とする．任意の $a, b \in A$ に対して必ず $a \preccurlyeq b$，$b \preccurlyeq a$ のいずれかが成り立つとき，$\preccurlyeq$ を全順序 (total order) または線形順序 (linear order) という．

例 1.4.6 $A = \mathbb{N}$ における大小関係 $\leq$ は全順序である．集合 X のべき集合 $A = 2^X$ における包含関係 $\subset$ は，$\mathrm{Card}\, X \geqq 2$ のとき全順序ではない．

$(A, \preccurlyeq)$ を全順序集合とし，$M(\subset A)$ を部分集合とするとき，$(A, \preccurlyeq_M)$ も全順序集合である．

1.4 集合の扱いについての補足 37

定義 1.4.7 (最大元・最小元・極大元・極小元) $(A, \preccurlyeq)$ を順序集合とする.

1) 元 $a \in A$ について, $x \preccurlyeq a \ (\forall \, x \in A)$ が成り立つとき, a を A の最大元 (maximum element) といい, $\max A$ と記す.

$x \succcurlyeq a \ (\forall \, x \in A)$ が成り立つとき, a を A の最小元 (minimum element) といい, $\min A$ と記す.

2) 元 $a \in A$ について, $x \succcurlyeq a$ となる元 $x \in A$ が存在しないとき, a を A の極大元 (maximal element) という.

$x \preccurlyeq a$ となる元 $x \in A$ が存在しないとき, a を A の極小元 (minimal element) という.

例 1.4.8 $A = \mathbb{Z}$ における大小関係 $\leqq$ について, 最大元・最小元も極大元・極小元も存在しない.

$A = \mathbb{N} - \{1\}$ において, $a|b$ すなわち a が b を割り切るとき, $a \preccurlyeq b$ と定める順序を考えると, 最小元は存在しない. 極小元は素数である.

定義 1.4.9 (上界・下界・上限・下限) $(A, \preccurlyeq)$ を順序集合, $M(\subset A)$ を空でない部分集合とする.

元 $a \in A$ について, 任意の $x \in M$ について $x \preccurlyeq a$ となるとき, a を M の上界 (upper bound) という.

M の上界が少なくとも一つ存在するとき, M は (A において) 上に有界 (bounded above) であるという.

上に有界な M の上界の集合を M^{ub} とするとき, 最小元 $\min M^{ub}$ が存在すればそれを上限 (supremum) といい, $\sup M$ と記す.

同様に, M の下界 (lower bound), (A において) 下に有界 (bounded below) であること, 下限 (infimum) $\inf M$ も定義される.

例 1.4.10 $M = (-\infty, 0)$ は ($\mathbb{R}$ において) 上に有界であるが, 最大元は存在しない. そして $\sup M = 0$ である. $N = \{x \in \mathbb{Q} \mid 0 < x, \ x^2 < 2\}$ は ($\mathbb{Q}$ において) 上に有界であるが, 上限 $\sup N$ は存在しない.

次に, さまざまな存在定理の証明に使われるツォルン (Zorn) の補題およびその同値な言い換えを証明なしに紹介する.

38   1. 集合と群の言葉

定義 1.4.11 (帰納的順序集合)　A を順序集合とする．A の任意の全順序部分集合が A 内に上限を有するとき，A は帰納的 (inductive) であるという．

定理 1.4.12 (ツォルンの補題)　帰納的な順序集合は極大元をもつ．

　このツォルンの補題は選択公理を用いて証明される．次はツォルンの補題の応用の一つである．

定理 1.4.13 (ベクトル空間の基底の存在)　F を体とし，V を 0 でない F 上のベクトル空間とする．このとき，V には基底が存在する．

証明のあらすじ　A を V の 1 次独立な部分集合をすべて集めた集合とする (V の部分集合 S が 1 次独立であるとは，その任意の有限部分集合が 1 次独立であることをいう)．

　A が帰納的であることはすぐわかるので，ツォルンの補題により存在するその極大元を S_0 とするとき，S_0 が V を生成することが背理法で示せる．

定義 1.4.14 (整列集合)　A を全順序集合とする．A の任意の空でない部分集合が必ず最小元を有するとき，A を整列集合という．

定理 1.4.15 (ツェルメロの整列定理)　A を任意の集合とするとき，A に適当な順序 $\preccurlyeq$ を定義して，$(A, \preccurlyeq)$ を整列集合にすることができる．

　選択公理については，添え字付けられた集合の直積に関連して触れたが，ここで改めて述べておく．

選択公理 (axiom of choice)　空でない集合の族 $\mathcal{F}$ が条件

$$U, V \in \mathcal{F},\ U \neq V \quad \Rightarrow \quad U \cap V = \emptyset$$

をみたすとき，各集合 $U \in \mathcal{F}$ ごとに一つの要素 $y_U \in U$ を選ぶことができる．

注意 1.4.16　ツォルンの補題は，選出公理，整列定理と互いに同値であることが知られている．位相空間論のチコノフ (Tychonoff) の定理「コンパクトな位相空間の族の直積はコンパクトである」とも同値である．

注意 1.4.17　順序集合を順序同型で類別したものを順序型 (order type) という．特に整列集合を順序同型で類別したものを順序数 (ordinal number) という．

順序数同士は $\leqq$ という順序で比較できる．任意の順序数の集合は，$\leqq$ に関して整列集合となる．

1.4.2　集合への圏論的アプローチと公理系

第3章で圏と関手を導入するとき，集合と写像の言葉を用いて定義する．そのとき，圏論の考え方からみて自然な集合論の公理系 ETCS を紹介しよう．そして，伝統的な公理系 ZFC との関係を簡単に述べる．

また，圏論で登場する「大きな」集合 (クラス) と宇宙 (universe) なる概念に触れる．

数学の日常では集合に属する要素を集合だと考えることはない．しかし，例えば公理系 ZFC では要素を集合と考える．これは数学の日常での感覚とかなり異なっている．この差を解決するのが，1964 年に発表されたローヴィア (F. William Lawvere) の公理系である．その出発点となるのが次の観察である．

「要素 (元) は 1 元集合の像であり，写像の一種と考えられる．」

ここで，1 元集合 $\{*\}$ は言葉の通り，元を唯一つ有する集合である．元 $x \in X$ は，$f(*) = x$ なる写像 $f : \{*\} \to X$ と 1 対 1 に対応する．x に対応する f を i_x と記そう．実は $\{*\}$ は，同型を除いて他の集合との関係で特徴付けられる (例 3.2.3 (終対象))．また，写像 $f : X \to Y$ の $x \in X$ での値 $f(x)$ は，合成 $f \circ i_x$ に対応する．したがって，写像の値は写像の合成の一種と考えられる．

こうして，集合と写像を使うときの出発点として，次のデータを無定義用語として認め，後に記す公理を仮定することができる．

- 集合と呼ばれるもの　$X, Y, \ldots$
- 集合 X, Y に対して X から Y への写像と呼ばれるもの　$f : X \to Y$
- 写像 $f : X \to Y, g : Y \to Z$ に対して (f と g の) 合成と呼ばれる写像 $g \circ f : X \to Z$
- 各集合 X に対して写像 $1_X : X \to X$ (恒等写像と呼ぶ)

写像 $f : X \to Y$ に対して写像 $g : Y \to X$ であって $g \circ f = 1_X, f \circ g = 1_Y$ なるものが存在するとき，f を同型 (写像) あるいは全単射と呼ぶ (今までの使用法と同じである)．

これらが次の ETCS (elementary theory of category of sets) 公理系をみたす

とする.

定義 1.4.18 (ETCS の公理系) 1) (**写像の結合則・恒等則**) 集合 W, X, Y, Z と写像 $f : W \to X, g : X \to Y, h : Y \to Z$ に対して $h \circ (g \circ f) = (h \circ g) \circ f$ が成り立つ. また, $f \circ 1_W = f = 1_X \circ f$ が成り立つ.

2) (**1 元集合**) 集合 T であって, 任意の集合 X に対して, 唯一つの写像 $X \to T$ が存在するような T が存在する (T を 1 元集合または終集合と呼ぶ).

このような T は同型を除いて唯一つである. $T = \{*\}$ と書こう.

そして写像 $x : \{*\} \to X$ を考えることを $x \in X$ と記し, x を X の要素 (あるいは元) と呼ぶ. また, 写像 $f : X \to Y$ と $x \in X$ に対して, $f \circ x : \{*\} \to Y$ を $f(x)$ と記す.

3) (**空集合**) 集合 E であって, 1 元集合 $\{*\}$ からの写像が一つも存在しないような E が存在する (E を空集合ないし始集合と呼ぶ). $T = \emptyset$ と書こう.

4) (**写像の相等**) 集合 X, Y と写像 $f, g : X \to Y$ に対して, 任意の $x \in X$ に対して $f(x) = g(x)$ であるとき, $f = g$ である.

5) (**直積集合**) 集合 X, Y に対して, 集合 P と写像 $X \xleftarrow{p_X} P \xrightarrow{p_Y} Y$ であって, 次の性質をもつものが存在する.

  任意の集合 I と写像 $X \xleftarrow{f_X} I \xrightarrow{f_Y} Y$ に対して, 写像 $f : I \to P$ であって $p_X \circ f = f_X, p_Y \circ f = f_Y$ であるような f が唯一つ存在する (このような f は唯一つ存在するので (f_X, f_Y) と記す).

このような $(P; p_X, p_Y)$ を X と Y の直積集合と呼ぶ.

6) (**写像集合**) 集合 X, Y に対して, 集合 F と写像 $\varepsilon : F \times X \to Y$ であって, 次の性質をもつものが存在する.

  任意の集合 I と写像 $q : I \times X \to Y$ に対して, 写像 $\bar{q} : I \to F$ であって $q = \varepsilon \circ (\bar{q} \times 1_X)$ であるような $\bar{q}$ が唯一つ存在する.

このような (F, q) を X と Y の写像集合と呼ぶ. F をしばしば Y^X と記す.

7) (**逆像**) 写像 $f, g : X \to Y$ と $y \in Y$ に対して, 集合 A と写像 $j : A \to X$ であって $f(j(a)) = y \ (\forall \, a \in A)$ であり, 次の性質をもつものが存在する.

  任意の集合 I と写像 $q : I \to X$ であって $f(q(t)) = y \ (\forall \, t \in I)$ なるものに

対して，写像 $\bar{q} : I \to A$ であって $q = j \circ \bar{q}$ であるような $\bar{q}$ が唯一つ存在する．

このような (A, j) を y の f による逆像と呼び，A を $f^{-1}(y)$ と記す．

次の公理を述べる前に，単射の定義をしておく．写像 $j : A \to X$ について，$a, a' \in A$ について $j(a) = j(a')$ のとき $a = a'$ ならば，j は単射であるという．

8) (部分分類子) 集合 $\mathbf{2}$ と $t \in \mathbf{2}$ であって，次の性質をもつものが存在する．

任意の集合 A, X と単射 $j : A \to X$ に対して，写像 $\chi : X \to \mathbf{2}$ であって $j : A \to X$ が t の χ による逆像であるような χ が唯一つ存在する．

このような $(\mathbf{2}, t)$ を部分分類子 (subset classifier) と呼ぶ．

9) (自然数体系) 集合 N と $0 \in N$ および関数 $s : N \to N$ であって，次の性質をもつものが存在する．

任意の集合 X，$a \in X$ と写像 $r : X \to X$ に対して，写像 $x : N \to X$ であって $x(0) = a$, $x(s(n)) = r(x(n))$ $(\forall\, n \in N)$ であるような x が唯一つ存在する．

このような $(N, 0, s)$ を自然数体系 (natural number system) と呼ぶ．

最後の公理を述べる前に，全射の定義をしておく．写像 $f : X \to Y$ について，任意の $y \in Y$ について $x \in X$ が存在して $y = f(x)$ ならば，f は全射であるという．

10) (断面の存在) 任意の全射 $f : X \to Y$ に対して，$s : Y \to X$ であって $f \circ s = 1_Y$ が成り立つ s が存在する．

この公理系をもとに，通常の数学は展開できる．例えば，要素関係 (membership relation) を写像と終集合 (一元集合) を使って表現できた．また，集合 X の部分集合は，写像 $X \to \mathbf{2}$ (による t の逆像) として定義できる．

明らかに，公理 10) (断面の存在) は選択公理に他ならない．

ETCS の公理系は，ローヴィアらが層の圏を一般化した (幾何学的) トポスの概念を論理学に応用する中で，初等トポスの概念をもとに生まれた．

ZFC の公理系と比較するために，ZFC で許される操作を整理すると次のようになる．

42   1. 集合と群の言葉

1) (**与えられた集合を要素とする集合**)　U, V を与えられた集合とするとき，U, V を要素とする集合 $\{U, V\}$ をつくること．

2) (**順序対**)　U, V を与えられた集合とするとき，順序対 $\langle U, V \rangle$ なる要素をつくること．

3) (**可算無限集合**)　集合 $\omega = \{0, 1, 2, 3, \dots\}$ (または $\mathbb{N}$) を考えること (これは有限順序数 (finite ordinals) のなす集合である．注意 1.4.17 参照).

4) (**直積集合，Cartesian product**)　U, V を与えられた集合とするときの $U \times V = \{\, (x, y) \mid x \in U,\ y \in V \,\}$ なる順序対からなる集合をつくること．

5) (**べき集合，power set**)　与えられた集合 U のあらゆる部分集合の全体 $\mathcal{P}(U) = \{\, V \subset U \,\}$ を考えること．

6) (**合併，union**)　集合を要素とする集合 (すなわち集合の族) X について

$$\cup X = \{\, y \mid \exists\, z \in X\ があって\ y \in z\ となる \,\}$$

を考えること．より通常の記法では $\displaystyle\bigcup_{z \in X} z$ と書く．

7) (**包括原理，comprehension principle**)　記号 x の性質 $P(x)$ と集合 U が与えられたとき，その性質 $P(x)$ をみたすあらゆる要素 x の集まりの集合 $\{\, x \mid x \in U \land P(x) \,\}$ をつくること．ここで，性質 $P(x)$ は論理記号 $\in, \neg, \lor, \land, \forall, \exists$ を用いて記述されるもの (述語) である．

以上の操作をもとに，ツェルメロ–フレンケル (Zermelo-Fraenkel) の公理系では次を要請する．

定義 1.4.19 (ツェルメロ–フレンケルの公理系)

1) (**外延性公理，extensionality**)　U, V を与えられた集合とするとき，

$$U = V \quad \Leftrightarrow \quad U \subset V \land V \subset U$$

2) (**空集合の存在**)　任意の集合 U について，$U \not\subseteq \emptyset$ となる集合 $\emptyset$ が存在する．

3) (**正則性公理，regularity**)　集合 $U \neq \emptyset$ について，ある $x \in U$ が存在して，$U \cap x = \emptyset$ となる．

4) (**置換公理，replacement**)　集合 U と $x, y \in U$ に関する性質 $Q(x, y)$ について，条件

$$\forall\, x \in U\ [\ Q(x, y) = Q(x, y')\ ] \quad \Rightarrow \quad y = y'$$

および条件

$$\forall\, x\, \exists\, y\, [Q(x,y)]$$

が成り立つとき, $\{y \in U \mid \forall\, x\, [Q(x,y)]\}$ は集合である.

ツェルメロ–フレンケルの公理系を仮定した集合論を ZF 集合論といい, ZF 集合論に加えて選択公理を仮定する集合論を ZFC 集合論という. 公理 2), 3) にみるように, ZF 公理系では集合は要素でもあり, またその逆も当然としている. これは通常の数学の感覚とは異なっている. ETCS 公理系ではそのようなことはない.

実は ETCS 公理系は ZFC 公理系よりは弱く, ETCS 公理系に 11 番目の次の置換公理を加えたもの (ETCS+R) が, ZFC 公理系と同等であることが知られている.

11) (**置換公理**) ETCS 公理系の言葉で表現できる (写像 x と集合 Y に関する) 関係 $R(x, Y)$ があったとする. 集合 A の各要素 x に対して集合 S_x が $R(x, S_x)$ をみたすように (同型を除き) 与えられたとき, 集合 S と写像 $f : S \to A$ であって $S_x = f^{-1}(x)$ となるものが存在する.

集合とは呼べない大きな「ものの集まり」をクラス (class) と呼ぶことがある. さまざまな圏を扱うために, 次に定義する宇宙の存在を仮定するアプローチもある. ここでいう宇宙とは, 集合論を展開するのに必要な条件を備えた大きな集合のことである. 必要な条件という意味は, 通常必要となる操作を行ってパラドックス (逆説) が生じないようなものを指す.

定義 1.4.20 (宇宙) 次の性質をみたす集合 $\mathcal{U}$ を宇宙 (universe) という.

(i) $x \in U \in \mathcal{U} \quad \Rightarrow \quad x \in \mathcal{U}$

(ii) $U \in \mathcal{U}, \, V \in \mathcal{U} \quad \Rightarrow \quad \{U, V\}, \, (U, V), \, U \times V \in \mathcal{U}$

(iii) $U \in \mathcal{U} \quad \Rightarrow \quad \mathcal{P}(U), \, \cup U \in \mathcal{U}$

(iv) $\mathbb{N} \in \mathcal{U}$

(v) $U \in \mathcal{U}, \, V \subset \mathcal{U}$ に対して, 全射 $f : U \to V$ が存在すれば, $V \in \mathcal{U}$ である.

宇宙を用いて集合のサイズをコントロールする際に, 与えられた宇宙 $\mathcal{U}$ に対して, それを要素とする宇宙 $\mathcal{V}$ の存在を仮定する必要がある.

定義 1.4.21 (小集合・クラス)　宇宙 $\mathcal{U}$ が固定されたとき，$\mathcal{U}$ の要素を小集合 (small set) といい，$\mathcal{U}$ の部分集合 $C \subset \mathcal{U}$ をクラスという．

宇宙の公理 (i) により，小集合はクラスである．一方 $\mathcal{U}$ 自身のように，クラスであって小集合でないものが存在する．

$\{\mathcal{U}\}$ は 1 元集合であるが，小集合ではない．何故なら，$\{\mathcal{U}\} \in \mathcal{U}$ は，$\mathcal{U} \in \mathcal{U}$ を意味するが，これは正則性公理に反する．

Tea Break　集合とトポスの始まり

本書では，集合と写像の扱いを素朴な形で始めたが，圏論の精神に基づいた ETCS 公理系を紹介した．カントール (Cantor, 図 1.1) が 1870 年代に無限集合の研究を始めて，濃度・順序数の概念を導入し $\operatorname{Card} \mathbb{N} < \operatorname{Card} \mathbb{R}$ を示した．ところがラッセル (Russel, 図 1.2) の逆理などにより，新しい集合を無制限につくると矛盾が生じることが明らかとなり，ツェルメロは 1908 年に集合論の公理系を導入した．その後，フレンケル (Fraenkel)，スコーレム (Skolem) により置換公理が加えられ，公理的集合論が整備されていった．なお，1931 年のゲーデル (Gödel) の不完全性定理により，ZFC 公理系の無矛盾性は ZFC の中では証明できないことが示されている．

宇宙の概念は，グロタンディーク (Grothendieck) によりエタールコホモロジーの基礎付けを行う中で，トポス (topos) の概念と同時期に導入された．ここでのトポスはグロタンディーク位相を備えた圏上の層のなす圏のことであるが，ジロー (Giraud) により内在的な特徴付けがされた．ローヴィア (Lawvere) は，それをゆるめて初等的トポス (elementary topos) を定義した．初等的トポスの中で集合の圏の特徴付けを行って，ETCS 公理系が得られた．

図 1.1　カントール

図 1.2　ラッセル

第2章
環と加群

　この章では，環と加群の定義，基本性質と操作を導入する．これらは第2章以降で登場する概念の源となっている．後半では，環の初等的性質，主イデアル整域上の加群，半単純環を扱う．

　本章以降では，現代の標準となった教科書記述の方法，すなわち基本となる概念を定義して，中心となる例を吟味し，構成の手段を与え，一般的な命題を示すやり方で記述する．

2.1　環：定義と例

　まず，1.1.1項の数の世界で必要となった言葉を導入しよう．

2.1.1　環

定義 2.1.1 (環)　集合 R と2種類の写像(演算) $a : R \times R \to R$, $m : R \times R \to R$ の組 (R, a, m) が，以下の条件をみたすとき，組 (R, a, m) または単に R は (乗法的単位元をもつ) 環 (ring with a unit) であるという．

- a1) $a(a(x, y), z) = a(x, a(y, z))$ 　$(\forall x, y, z \in R)$
- a2) $a(x, \zeta) = a(\zeta, x) = x$ $(\forall x \in R)$ をみたす R の元 ζ が唯一つ存在する．
- a3) $\forall x \in R$ に対して $a(x, y) = a(y, x) = \zeta$ をみたす R の元 y が唯一つ存在する．
- a4) $a(x, y) = a(y, x)$ 　$(\forall x, y, \in R)$
- m1) $m(m(x, y), z) = m(x, m(y, z))$ 　$(\forall x, y, z \in R)$
- m2) $m(x, \epsilon) = m(\epsilon, x) = x$ $(\forall x \in R)$ をみたす R の元 ϵ が唯一つ存在する．

am1) $m(x, a(y, z)) = a(m(x, y), m(x, z))$ $(\forall x, y, z \in R)$

am1') $m(a(x, y), z) = a(m(x, z), m(y, z))$ $(\forall x, y, z \in R)$

注意 2.1.2 1) a2) の元 ζ は存在すれば唯一つであることが容易にわかる．実際，ζ' をそのようなもう一つの元とすれば，a2) で $x = \zeta'$ として $a(\zeta', \zeta) = a(\zeta, \zeta') = \zeta'$ であり，立場を入れ替えた a2) 式 $a(x, \zeta') = a(\zeta', x) = x$ で同様に議論して $a(\zeta, \zeta') = a(\zeta', \zeta) = \zeta$ を得るから，$\zeta = \zeta'$ が得られる．

元 ζ を環の加法の単位元またはゼロ元といい，0_R あるいは単に 0 と記す．

2) m2) の元 ϵ は存在すれば唯一つであることが，1) と同様にわかる．元 ϵ を環の (乗法的) 単位元といい，1_R あるいは単に 1 と記す．

乗法的単位元をもたない環も考察されている．

3) 写像 a, m を 2 項演算という．通常 a を加法，m を乗法という．加法 a により R は加法群の構造をもっている．

以下では，混乱の恐れがない限り，$a(x, y) = x + y$, $m(x, y) = xy$ という記法を用いる．この簡略化された記法で環の条件を書いてみると次の通りである：

a1) $(x + y) + z = x + (y + z)$ $(\forall x, y, z \in R)$

a2) $x + 0_R = 0_R + x = x$ $(\forall x \in R)$ をみたす元 0_R が唯一つ存在する．

a3) $\forall x \in R$ に対して $x + y = y + x = 0_R$ をみたす元 $y \, (= -x)$ が唯一つ存在する．

a4) $x + y = y + x$ $(\forall x, y, \in R)$

m1) $(xy)z = x(yz)$ $(\forall x, y, z \in R)$

m2) $x1_R = 1_R x = x$ $(\forall x \in R)$ をみたす元 1_R が唯一つ存在する．

am1) $x(y + z) = xy + xz$ $(\forall x, y, z \in R)$

am1') $(x + y)z = xz + yz$ $(\forall x, y, z \in R)$

定義 2.1.3 (可換環・体・整域) 環 R が条件

m4) $xy = yx$ $(\forall x, y, \in R)$

をみたすとき，R を可換環 (commutative ring) と呼ぶ．

m4) に加えてさらに，(乗法的単位元をもつ) 環 R が条件

m3) $\forall x \in R, x \neq 0$ に対して $xy = yx = 1_R$ をみたす R の元 y が唯一つ存在する．

をみたすとき，R を可換体あるいは単に体 (field) と呼ぶ．m3) のみをみたす環 R を斜体 (skew field)，または可除環 (division ring) という．

2.1 環：定義と例 47

x に対して m3) の y が存在する元 x を可逆元 (invertible element) という. 環 R の可逆元の全体は，乗法に関して群をなすことが分かり，$R^\times$ と記す.

環 R が次の条件をみたすとき，R を整環 (domain) と呼ぶ.

  dom) $\forall x, y \in R, \ x, y \neq 0 \quad \Rightarrow \quad xy \neq 0$

さらに R が可換であるときは R を整域 (integral domain) と呼ぶ.

例 2.1.4　有理整数環 $\mathbb{Z}$ は整域である.

　有理数体 $\mathbb{Q}$，実数体 $\mathbb{R}$，複素数体 $\mathbb{C}$ は可換体である.

例 2.1.5 (有限体)　自然数 m を法とする剰余類の全体 $\mathbb{Z}/m\mathbb{Z}$ は可換環である. また，p を素数とするとき，$\mathbb{Z}/p\mathbb{Z}$ は可換体である.

　有限集合である可換体を有限体 (finite field) という. 元の個数が q である有限体は同型を除き唯一つであることが示せるので，それを $\mathbb{F}_q$ と記す. $\mathbb{Z}/p\mathbb{Z} = \mathbb{F}_p$ である.

定義 2.1.6 (零因子)　環 R の元 $a \in R, \ a \neq 0$ について，ある $b \in R, \ b \neq 0$ が存在して $ab = 0$ となるとき，a を左零因子 (left zero-divisor) という. 同様に，右零因子も定義される.

　整環とは自明でない左零因子も右零因子ももたない環に他ならない.

定義 2.1.7 (被約な環)　環 R の元 $a \in R$ に対して $N \in \mathbb{N}$ が存在して $a^N = 0$ となるとき，a をべき零 (nilpotent) 元という. 環 R が 0 でないべき零元をもたないとき，R を被約 (reduced) であるという.

問 2.1.8　環 R が被約であるために，条件「$a^2 = 0 \quad \Rightarrow \quad a = 0$」が必要かつ十分であることを示せ.

例 2.1.9 (左零因子であって右零因子でない例)　この章の例 2.2.30 で導入される環を考える. $R = \begin{pmatrix} \mathbb{Z} & \mathbb{Z}/2\mathbb{Z} \\ 0 & \mathbb{Z} \end{pmatrix}$ において，$a = \begin{pmatrix} 2 & 0 \\ 0 & 1 \end{pmatrix}$ は左零因子であって右零因子でない. 実際，$b = \begin{pmatrix} 0 & 1 \\ 0 & 0 \end{pmatrix}$ について $ab = 0$ となり，任意の $R \ni x$

について $xa = 0$ ならば $x = 0$ が示せる. また, $b^2 = 0$ である.

例 2.1.10 (多項式環)　1.1.2 項で, 多項式の集合 $\mathbb{R}[x], \mathbb{C}[x]$ を導入したが, 一般の環 R に対しても同様に R の元を係数とする多項式環 $R[T]$ が定義できる. ここで, R の元と変数 (不定元) T は交換するとする.

$n \geq 2$ についても, 帰納的に n 変数多項式環 $R[T_1, \ldots, T_n]$ を定義することができる: $R[T_1, \ldots, T_n] = R[T_1, \ldots, T_{n-1}][T_n]$

変数は互いに交換可能である: $T_i T_j = T_j T_i \ (\forall \, i, j)$

R が可換なら $R[T_1, \ldots, T_n]$ も可換である.

例 2.1.11 (形式べき級数環)　環 R に対して R の元の列 $(a_n)_{n \in \mathbb{Z}_{\geq 0}}$ の全体を $R[[T]]$ と記す. (a_n) を形式的に和の形 $\sum\limits_{n \geq 0} a_n T^n$ と表す. $R[[T]]$ に和と積を次のように定義する:

$$\sum_{n \geq 0} a_n T^n + \sum_{n \geq 0} b_n T^n = \sum_{n \geq 0} (a_n + b_n) T^n$$

$$\sum_{n \geq 0} a_n T^n \cdot \sum_{n \geq 0} b_n T^n = \sum_{n \geq 0} \Big(\sum_{i=0}^{n} a_i b_{n-i} \Big) T^n$$

$R[[T]]$ は環となり, R 上の形式べき級数環 (formal power series ring) と呼ばれる. R が可換なら, $R[[T]]$ は可換環である.

例 2.1.12 (行列環)　環 R の元を成分にもつ $n \times n$ 行列のなす環 $n \times n$ 行列の全体 $\mathrm{M}_n(R)$ を考えることができる.

$n \geq 2$ で R が体 k のとき, $\mathrm{M}_n(k)$ は可除環である.

例 2.1.13 (環の直積)　環 R_1, R_2 に対し, その直積集合に $R_1 \times R_2$

$$(x_1, x_2) + (y_1, y_2) = (x_1 + y_1, x_2 + y_2)$$

$$(x_1, x_2) \cdot (y_1, y_2) = (x_1 y_1, x_2 y_2)$$

$(\forall \, (x_1, x_2), (y_1, y_2) \in R_1 \times R_2)$ で演算を定義すると, $R_1 \times R_2$ は環となる. これを環 R_1, R_2 の直積 (product) という. ゼロ元は $(0, 0)$ で与えられる.

R_1, R_2 が整環であるとしても $R_1 \times R_2$ は整環ではない. 実際, $(1_{R_1}, 0) \neq (0, 0)$, $(0, 1_{R_2}) \neq (0, 0)$ かつ $(1_{R_1}, 0) \cdot (0, 1_{R_2}) = (0, 0)$ であり, $(1_{R_1}, 0), (0, 1_{R_2})$ は零因子である.

2.1 環：定義と例 49

定義 2.1.14 (部分環) 環 S の加法 a_S に関する部分群 R が，S の乗法 m_S で閉じている，すなわち $m_S(R \times R) \subset R$ であるとき，a_S と m_S を S の加法と乗法として，R は環の構造をもつ．このような環 R を S の部分環 (subring) という．

例 2.1.15 環の直積 $R_1 \times R_2 = S$ の部分群 $R_1 \times \{0\}$ は部分環である．乗法の単位元 1_S は $(1_{R_1}, 1_{R_2})$ であるが，$R_1 \times \{0\}$ の単位元は $(1_{R_1}, 0)$ であることに注意する．

また $R_1 = R_2 = R$ であるとき，対角集合 $\Delta = \{(r, r) \mid r \in R\}$ は S の部分環である．

定義 2.1.16 (整域の商体) A を整域とするとき，$A \times (A - \{0\})$ に関係 $\sim$ を

$$(a, b) \sim (a', b') \quad \Leftrightarrow \quad ab' - ba' = 0$$

と定める．関係 $\sim$ は同値関係であることが確かめられる．(a, b) が代表する剰余類を a/b または $\dfrac{a}{b}$ と記すことにして，

$$\frac{a}{b} + \frac{c}{d} = \frac{ad + bc}{bd}, \qquad \frac{a}{b} \cdot \frac{c}{d} = \frac{ac}{bd}$$

という演算を考える．すると，$A \times (A - \{0\})/\sim$ には $0/1$ をゼロ元，$1/1$ を乗法的単位元とする環の構造が入る．これを A の商体 (field of fractions) と呼び，$Frac(A)$ または $Q(A)$ と記す．実際，$a, b \neq 0$ のとき $\left(\dfrac{a}{b}\right)^{-1} = \dfrac{b}{a}$ となり $Frac(A)$ は体である．

写像 $i : A \to Frac(A); a \mapsto \dfrac{a}{1}$ により A と $i(A)$ を同一視すると，A は $Frac(A)$ の部分環であることがわかる．

問 2.1.17 1) 関係 $\sim$ は同値関係であることを確かめよ．

2) $Frac(A)$ 上の演算が整合的に定義されていること，環の条件をみたすことを示せ．

3) $i : A \to Frac(A)$ が単射であることを示せ．

4) $Frac(\mathbb{Z}) \simeq \mathbb{Q}$ であることを示せ．

例 2.1.18 (環の中心) 環 S に対して，

$$Z(S) := \{\, s \in S \mid st = ts \ (\forall t \subset S)\}$$

とおくと，これは S の加法と乗法で閉じていて，S の部分環をなす．定義から可

換であることがわかる。これを環 S の中心 (center) という。例えば k を体とするとき、行列環 $S = \mathrm{M}_n(k)$ では $Z(\mathrm{M}_n(k)) = kI_n$ となる。

定義 2.1.19 (イデアル) 環 R の加法群としての部分群 I が、条件

$$\text{ideal)} \quad a \in R, x \in I \quad \Rightarrow \quad ax \in I$$

をみたすとき、I を環 R の左イデアル (left ideal) という。また、積の順番を変えた条件 $[a \in R, x \in I \quad \Rightarrow \quad xa \in I]$ をみたすものを右イデアルという。

左イデアル I が同時に右イデアルであるとき、I を両側イデアル (two-sided ideal)、あるいは単にイデアルという。

環 R が可換ならば、左イデアルは同時に右イデアルでもあり、その逆も成り立つから、左イデアルと右イデアルを区別する必要はない。

例 2.1.20 1) 環 $\mathbb{Z}$ の (加法群としての) 部分群 $n\mathbb{Z} = \{nk \mid k \in \mathbb{Z}\}$ はイデアルである (n は自然数)。

2) 体 k 上の多項式環 $k[T]$ において、$p(T)$ を 0 でない多項式とするとき、(加法群としての) 部分群 $(p(T)) = p(T)k[T] = \{p(T)f(T) \mid f(T) \in k[T]\}$ はイデアルである。

3) 体 k のイデアルは自明なもの ($\{0\}$ または k) しかない。

4) 体 k の元を成分とする行列環 $\mathrm{M}_n(k)$ において、$i_1 < \cdots < i_r$ $(1 \leqq r \leqq n)$ について $i_1, \ldots, i_r$ 番目の列以外はすべて成分が 0 である行列の全体は $\mathrm{M}_n(k)$ の左イデアルである。行で同様に考えて $\mathrm{M}_n(k)$ の右イデアルが得られる。

命題 2.1.21 環 R の左イデアル I, J に対して $I \cap J$ も左イデアルである。

また、$I + J = \{x + y \mid x \in I, y \in J\}$ も左イデアルである。

証明 $a \in R, x \in I \cap J$ とする。$x \in I$ かつ $x \in J$ ゆえ $ax \in I$ かつ $ax \in J$ で $ax \in I \cap J$ が示せた。

$I + J$ については証明を略す (読者は考えられよ)。□

定義 2.1.22 (部分集合が生成するイデアル) 環 R の部分集合 S に対して、S を含むすべての左イデアルの共通部分を (S) または $\langle S \rangle$ と記す：$\displaystyle\bigcap_{I \supset S} I$ (I は左イデアル)。

(S) は左イデアルであることが上の命題と同様に示せるので，(S) を部分集合 S が生成するイデアル (ideal generated by S) という．

定義 2.1.23 (剰余環)　I を環 R の両側イデアルとする．部分群 I による商群 R/I には

$$(a + I)(b + I) := ab + I \quad (a, b \in R)$$

により積が定まる．すなわち R/I には環の構造が定まる．この環 R/I を R の I による剰余環，あるいは商環と呼ぶ．

例 2.1.24　1)　n を自然数として，$\mathbb{Z}/n\mathbb{Z}$ は n を法とする合同に関する剰余類の なす環である．

2)　剰余環 $\mathbb{R}[T]/(T^2 + 1)$ は $1, T$ の剰余類 $1, \overline{T}$ を基底とする 2 次元 $\mathbb{R}$ ベク トル空間であるが，$\overline{T}^2 = -1$ をみたす．実はこの環は $\mathbb{C}$ と同一視できる (同型で ある)．

一方，剰余環 $\mathbb{R}[T]/(T^2 - 1)$ は $1, T$ の剰余類 $1, \overline{T}$ を基底とする 2 次元 $\mathbb{R}$ ベ クトル空間であるが，$(\overline{T} - 1)(\overline{T} + 1) = 0$ が成り立つ．

2.1.2　環 の 準 同 型

定義 2.1.25 (環準同型)　R, S を環とする．写像 $\varphi : R \to S$ が

$$\varphi(r + r') = \varphi(r) + \varphi(r'), \quad \varphi(rr') = \varphi(r)\varphi(r') \qquad (\forall r, r' \in R)$$

をみたすとき，φ を R から S への環準同型 (ring homomorphism) という．

定義から，環準同型は加法について群の準同型であり，乗法について半群の準 同型である．

例 2.1.26　1)　環 R から両側イデアル I による剰余環 R/I への標準写像 $\varphi : R \to R/I$; $\varphi(a) = a + I$ は環準同型である．

2)　単位元 1_R をもつ環 R に対して，$\varphi(n) = n1_R$ とおくと，$\varphi : \mathbb{Z} \to R$ は環 準同型である．

3)　環 S とその部分環 R について，包含写像 $i : R \hookrightarrow S$ は単射である環準同 型である．

逆に単射である環準同型 $i : R \hookrightarrow S$ があるとき，$i(R)$ は S の部分環である．R

52   2. 環 と 加 群

を $i(R)$ と同一視して, R を S の部分環とみなす. 例えば, $R \hookrightarrow R[T]; \ a \mapsto aT^0$ は環準同型である. これにより R を多項式環 $R[T]$ の部分環とみなす. 0 次式 $aT^0 \ (a \in R)$ は a と記す.

同様に R を形式べき級数環 $R[[T]]$ の部分環とみなせる.

4) 整域 A について, $i : A \to Frac(A)$ は単射準同型である.

次は定義から明らかであろう.

命題 2.1.27 環準同型 $\varphi : R \to S$ と $\psi : S \to T$ の合成 $\psi \circ \varphi : R \to T$ は環準同型である.

R, S が乗法的単位元をもつ環だとしても, φ は乗法に関する群準同型ではないので, $\varphi(1_R) = 1_S$ とは限らない. しばしば, 乗法的単位元をもつ環の間の環準同型 $\varphi : R \to S$ について $\varphi(1_R) = 1_S$ を仮定することがある.

問 2.1.28 $\varphi(1_R) = 1_S$ でない環準同型 $\varphi : R \to S$ の例をあげよ.

命題 2.1.29 環準同型 $\varphi : R \to R'$ に対して, $\mathrm{Ker}(\varphi)$ は R の両側イデアルである.

証明 $a \in R, x \in \mathrm{Ker}(\varphi)$ について $\varphi(ax) = \varphi(a)\varphi(x) = \varphi(a)0 = 0$ ゆえ, $ax \in \mathrm{Ker}(\varphi)$ であり, 同様に $xa \in \mathrm{Ker}(\varphi)$ が示せる. $\square$

補題 2.1.30 (イデアルの逆像) $f : R \to R'$ を環準同型とする. J を R' の左イデアルとするとき, $f^{-1}(J)$ は R の左イデアルである.
　左イデアルを右イデアルに置き換えても成り立つ.

証明 実際, $r \in R, a \in f^{-1}(J)$ に対して, $f(r) \in R', f(a) \in J$ ゆえ $f(ra) = f(r)f(a) \in J$ となり, $ra \in f^{-1}(J)$ を得る. φ が加法についての準同型ゆえ, 和について閉じていることは明らか. $\square$

注意 2.1.31 I を R の左イデアルとするとき, $f(I)$ は R' の左イデアルであるとは限らない. 例えば, $f : \mathbb{Z} \to \mathbb{R}$ を $f(m) = m$ を包含写像として, $I = \mathbb{Z}$ が反例である.

命題 2.1.32 I を環 R の両側イデアル, $\varphi : R \to R/I$ を剰余環への標準的な写像とする: $\varphi(r) = r + I$. このとき, 次の写像は全単射である.

$$\{J \mid R \text{のイデアル}, J \supset I\} \overset{\sim}{\longrightarrow} \{\overline{J} \mid R/I \text{のイデアル}\}$$
$$J \qquad \mapsto \qquad \overline{J} = \varphi(J)$$

証明 $\overline{J} \mapsto \varphi^{-1}(\overline{J})$ が逆対応を与える. $\square$

定理 2.1.33 (環の準同型定理) 環準同型 $f: R \to R'$ に対して, 自然に誘導される (加法に関する) 群準同型 $\overline{f}: R/\operatorname{Ker}(f) \to R'$; $\overline{f}(r + \operatorname{Ker}(f)) = f(r)$ は R' の部分環 $\operatorname{Im}(f) = f(R)$ への環同型である. ここで商 $R/\operatorname{Ker}(f)$ には, $\operatorname{Ker}(f)$ が R の両側イデアルであることで商環の構造が入っている.

証明 $I = \operatorname{Ker}(f)$ とおく. $\overline{f}$ の定義と剰余環の積の定義により

$$\overline{f}\big((r+I)(s+I)\big) = \overline{f}(rs+I) = f(rs) = f(r)f(s) = \overline{f}(r+I)\overline{f}(s+I)$$

となる. $\overline{f}$ は単射であり, $\operatorname{Im} f$ への準同型として全単射である. $\square$

例 2.1.34 (中国式剰余定理) $m = \displaystyle\prod_{i=1}^{r} m_i$ で, $i \neq j$ のとき $(m_i, m_j) = 1$ なら

$$\mathbb{Z}/m\mathbb{Z} \simeq \mathbb{Z}/m_1\mathbb{Z} \times \cdots \times \mathbb{Z}/m_r\mathbb{Z}$$

が成り立つ. また, 両辺の可逆元のなす群 (単数群) をとれば次の同型となる.

$$(\mathbb{Z}/m\mathbb{Z})^{\times} \simeq (\mathbb{Z}/m_1\mathbb{Z})^{\times} \times \cdots \times (\mathbb{Z}/m_r\mathbb{Z})^{\times}$$

2.1.3 素イデアル

定義 2.1.35 (極大イデアル) 環 R の左イデアルが, R と異なり, すべての左イデアルの中で包含関係について極大であるとき, それを極大左イデアルという. 同様に極大右イデアルが定義される. 極大両側イデアルも同様に定義されるが, 単に極大イデアルという.

定義 2.1.36 (素イデアル) 環 R のイデアル $I(\neq R)$ が次の条件をみたすとき, I を素イデアルという.

$$ab \in I \quad \Rightarrow \quad a \in I \text{ または } b \in I$$

命題 2.1.37 I を環 R の両側イデアルとする. このとき, R/I が可除環であるために, I が極大左イデアルかつ極大右イデアルであることは必要かつ十分であ

る. また, R/I が整環であるために, I が素イデアルであることは必要かつ十分である.

証明 R/I が可除環であることは, $a+I \neq I \Rightarrow \exists b \in R\ [(a+I)(b+I) = (b+I)(a+I) = 1+I]$ を意味するが, これは $a \notin I \Rightarrow \exists b \in R\ [ab-1, ba-1 \in I]$ である. このとき, $J \supsetneq I$ なる左イデアル J が存在するなら, $\exists a \in J\ [a \notin I]$ が存在する. すると, $\exists b \in R\ [ba-1 \in I]$ となるが, $ba \in J$ であるので, $1 \in J$ すなわち $J = R$ となる. したがって, I は極大左イデアルである. 同様に, I は極大右イデアルである.

逆に I が極大左イデアルであるなら, $a \notin I$ に対して $I + Ra = R$ となり $I + Ra$ は 1 を含む. すなわち, $\exists b \in R\ [ba-1 \in I]$ となる. 同様に I が極大右イデアルであることから, $\exists b' \in R\ [ab'-1 \in I]$ がいえる. これで, R/I が可除環であることがいえた (逆元の一意性から $b+I = b'+I$ がいえる).

R/I が整環であることは, $a+I, b+I \neq I \Rightarrow (a+I)(b+I) \neq I$ であるが, これは $a, b \notin I \Rightarrow ab \notin I$ を意味する. すなわち I が素イデアルであることに他ならない. $\square$

例 2.1.38 1) 体 F のイデアルは F または $0 = \{0\}$ のみである.

2) 整環 R のイデアル 0 は素イデアルである.

3) 整数環 $\mathbb{Z}$ のイデアル $n\mathbb{Z} = (n)$ が素イデアルであるための必要十分条件は, n が 0 または素数であることである. $n\ (\neq 0)$ が素数であるとき, (n) は極大イデアルである.

命題 2.1.39 $f : R \to R'$ を環準同型とする. J を R' の素イデアルとするとき, $f^{-1}(J)$ は R の素イデアルである.

証明 f と標準全射 $R' \to R'/J$ の合成を $\tilde{f} : R \to R'/J$ として, 準同型定理を適用すると, 単射準同型 $R/f^{-1}(J) \to R'/J$ が得られる. R'/J が整環ゆえ $R/f^{-1}(J)$ も整環である. $\square$

一方, 整域の商体への埋め込み $i : A \to Frac(A)$ でわかる通り, 極大イデアルの引き戻しは必ずしも極大とは限らない.

定義 2.1.40 (体の標数) F を (可換) 体とする. 環準同型 $\varphi : \mathbb{Z} \to F; \varphi(n) =$

$n1_F$ の核 $\operatorname{Ker}\varphi$ は，$\mathbb{Z}$ の部分群ゆえ $p\mathbb{Z}$ $(p \geqq 0)$ の形である．$\mathbb{Z}/p\mathbb{Z}$ が F の部分環に同型であるので，$p\mathbb{Z}$ は素イデアルであり，$p > 0$ ならば p は素数である．このときの 0 または p を体 F の標数 (characteristic) といい，$\operatorname{char} F$ と記す．

$\operatorname{char} F = p > 0$ のとき，φ より単射 $\mathbb{F}_p = \mathbb{Z}/p\mathbb{Z} \hookrightarrow F$ が得られる．

$\operatorname{char} F = 0$ のとき，φ は単射 $\mathbb{Z} \hookrightarrow F$ であるが，$n \neq 0$ なら F で $\varphi(n) \neq 0$ だから，φ は $\tilde{\varphi} : \mathbb{Q} \to F$; $\tilde{\varphi}(m/n) = \varphi(m)\varphi(n)^{-1}$ に延長し，$\varphi = \tilde{\varphi} \circ i$ と分解する (i は整域の商体への埋め込み $i : \mathbb{Z} \to Frac(\mathbb{Z}) = \mathbb{Q}$).

$\mathbb{F}_p$ と $\mathbb{Q}$ を素体 (prime field) という．

例 2.1.41 体 $\mathbb{Q}, \mathbb{R}, \mathbb{C}, \mathbb{Q}(t)$ の標数は 0 である．

体 $\mathbb{F}_p, \mathbb{F}_p(t)$ の標数は $p > 0$ である．

定理 2.1.42 (極大イデアルの存在) 環 $R(\neq \{0\})$ には極大左イデアルが存在する．

証明 R の真のイデアルのなす集合 $\mathcal{I}$ に包含関係による順序を与える．$\mathcal{I}$ の全順序部分集合 $\mathcal{J}$ に対して $\bigcup_{J \in \mathcal{J}} J$ を I_0 とおく．

I_0 は左イデアルで $I_0 \neq R$ である．実際，$x, y \in I_0$ についてある $J \in \mathcal{J}$ があって $x, y \in J$ となるので，$x + y \in J$ であり，$a \in R$ について $ax \in J$ もいえる．もし $I_0 = R$ とすると，$1 \in I_0$ となるが，これはある $J \in \mathcal{J}$ について $1 \in J$ すなわち $J = R$ を意味する．$J \neq R$ に反するので $I_0 \neq R$ である．

ゆえに $\mathcal{J}$ には $\mathcal{I}$ 内に上限が存在する．ツォルンの補題により $\mathcal{I}$ の極大元が存在するが，それが極大左イデアルである．□

系 2.1.43 環 R の任意の両側イデアル $I(\neq R)$ を含む極大イデアルが存在する．

証明 命題 2.1.32 により，商環 R/I での極大イデアルの存在を示せば十分なので，上の定理から従う．□

2.1.4 代　　　数

歴史的には代数の研究が非可換環の研究の本格的な開始であった．ここで代数の定義を復習しておこう．

定義 2.1.44 (代数・多元環) R を環とする．環 S および R から S の中心への環準同型 $\rho: R \to Z(S)$ の組 (S, ρ) を R 上の代数 (algebra)，あるいは R 代数という．ρ を略して，単に S を R 上の代数 (または R 代数) という．

R 代数 S は，

$$as := \rho(a)s \quad (a \in R, \ s \in S)$$

というスカラー倍作用により，左 R 加群の構造 (定義 2.2.1) をもつ．

R が体 k の場合，k 上の代数とは k ベクトル空間 S であって環の構造をもち，$k = k \cdot 1_S (\subset S)$ の元による (S への) 積が S の k の元によるスカラー倍の作用と一致するものである．

例 2.1.45 $\mathbb{C} (\cong \mathbb{R}^2)$ は，可換な $\mathbb{R}$ 代数である．$\mathbb{R}^3$ 上にベクトル積 (外積) による演算 $\mathbf{x} \times \mathbf{y} \ (\mathbf{x}, \mathbf{y} \in \mathbb{R}^3)$ を考えると，これは結合法則をみたさないので $(\mathbb{R}^3, +, \times)$ は $\mathbb{R}$ 代数ではない．

例 2.1.46 (構造定数) S を体 k 上の代数とする．S の k 上の基底 $\{x_\lambda\}_{\lambda \in \Lambda}$ を選び，基底の元同士の積を

$$x_\lambda \cdot x_\mu = \sum_\nu a_{\lambda\mu}^\nu x_\nu$$

と表すと，$a_{\lambda\mu}^\nu \in k$ が一意に定まる (右辺は有限和)．この $a_{\lambda\mu}^\nu \ (\lambda, \mu, \nu \in \Lambda)$ を S の構造定数 (structure constant) という．

S の積の結合性に対応して，構造定数は次の条件

$$\sum_\rho a_{\lambda\mu}^\rho a_{\rho\nu}^\sigma = \sum_\rho a_{\lambda\rho}^\sigma a_{\mu\nu}^\rho \quad (\forall \, \lambda, \mu, \nu, \sigma)$$

をみたす．S の積が可換であれば，さらに条件 $a_{\lambda\mu}^\nu = a_{\mu\lambda}^\nu \quad (\forall \, \lambda, \mu, \nu)$ をみたす．

定義 2.1.47 (群環) G を群とする．G の元を基底とする体 k 上のベクトル空間

$$\bigoplus_{g \in G} kg = \left\{ \sum_{g \in G} a_g g \mid a_g \in k, \ \text{有限個の } g \text{ を除き } a_g = 0 \right\}$$

に基底同士の積 $g \cdot g'$ を群の元同士の積 gg' と定めて全体に線形に拡張した積を考える．この積による代数を群 G の群環といい，$k[G]$ あるいは kG と記す．

群環 $k[G]$ の単位元は群の単位元 e である．構造定数は $a_{g_1 g_2}^{g_3} = \delta_{g_1 g_2, g_3}$（クロネッカーのデルタ記号）となる．

定理 2.1.48 V を有限次元の可除 $\mathbb{R}$ 代数で，奇数次元であるとする．すると，$\dim V = 1$ でなければならない．

証明 $a \in V, a \neq 0$ について，$L_a : V \to V$; $L_a(v) = av$ $(v \in V)$ を考える．$\dim V = n$ とおくと，L_a の特性多項式は n 次式である．

仮定により，L_a の特性多項式は奇数次である．ところで，奇数次の実係数多項式は必ず実数解を一つもつ．一つの実数解を α とし，対応する固有ベクトルを $v_0 \in V, v_0 \neq 0$ とする．

$$L_a(v_0) = \alpha v_0, \quad \text{すなわち} \quad (a - \alpha e)v_0 = 0$$

$v_0 \neq 0$ であり，V は可除代数だから，$a - \alpha e = 0$ となり，$a = \alpha e \in \mathbb{R}e$ を得る．$a \, (\neq 0)$ は任意であるので，$\mathbb{R}e = V$ である． $\square$

例 2.1.49 (ハミルトンの四元数) ハミルトンは 10 年以上もの間，$\mathbb{R}^3$ に可除代数の構造がないか，探し続けた．上の定理から，3 次元の可除代数は存在しないことがわかるので，その試みは虚しいものであったが，1843 年 10 月 16 日に発想を転換して，$\mathbb{R}^4$ の可除代数の構造を発見した．それがハミルトンの四元数である．

$\{e, i, j, k\}$ を基底とするベクトル空間 $\mathbb{H} := \mathbb{R}e \oplus \mathbb{R}i \oplus \mathbb{R}j \oplus \mathbb{R}k$ に次の関係式をみたす結合的な積を与える．

$$i^2 = j^2 = k^2 = ijk = -1$$

ただし，e は単位元として，通常 1 と書く．$ji = -ij$ などからわかる通り，四元数体 $\mathbb{H}$ は非可換な $\mathbb{R}$ 代数である．

$\mathbb{H} \ni u = x_0 e + x_1 i + x_2 j + x_3 k$ の共役を $\overline{u} = x_0 e - x_1 i - x_2 j - x_3 k$ とおくと，$u\overline{u} = x_0^2 + x_1^2 + x_2^2 + x_3^2 \geqq 0$ であるので，$u \neq 0$ なら，$\dfrac{1}{u\overline{u}}\overline{u}$ が u の逆元となり，$\mathbb{H}$ が可除代数であることがわかる．

問 2.1.50 $\mathbb{H}$ において，次の等式を示せ．

$$ij = -ji = k, \qquad jk = -kj = i, \qquad ki = -ik = j$$

問 2.1.51 $\mathrm{Im}\,\mathbb{H} = \mathbb{R}i \oplus \mathbb{R}j \oplus \mathbb{R}k$ を純虚四元数のなす 3 次元 $\mathbb{R}$ 線形空間とする.

$$\mathrm{Im}\,\mathbb{H} \xrightarrow{\sim} \mathbb{R}^3 \; ; \; i \mapsto \begin{pmatrix} 1 \\ 0 \\ 0 \end{pmatrix}, \qquad j \mapsto \begin{pmatrix} 0 \\ 1 \\ 0 \end{pmatrix}, \qquad k \mapsto \begin{pmatrix} 0 \\ 0 \\ 1 \end{pmatrix}$$

なる同型により $\mathrm{Im}\,\mathbb{H}$ をユークリッド空間 $\mathbb{R}^3$ とみなす. したがって, $\mathbf{x} = {}^t(x, y, z) = xi + yj + zk$ と書くことにする.

1) $\mathbf{x}, \mathbf{x}' \in \mathrm{Im}\,\mathbb{H}$ の $\mathbb{H}$ における積についての次の式を確かめよ.

$$\mathbf{x}\mathbf{x}' = -(\mathbf{x} \cdot \mathbf{x}')e + \mathbf{x} \times \mathbf{x}'$$

ただし, $\mathbf{x} \cdot \mathbf{x}'$, $\mathbf{x} \times \mathbf{x}'$ はそれぞれ $\mathbb{R}^3$ における内積, 外積 (ベクトル積またはクロス積) を表す.

2) 次の等式を証明せよ.

$$\mathbf{x} \times \mathbf{x}' = \frac{1}{2}(\mathbf{x}\mathbf{x}' - \mathbf{x}'\mathbf{x}), \qquad (\mathbf{x} \cdot \mathbf{x}')e = -\frac{1}{2}(\mathbf{x}\mathbf{x}' + \mathbf{x}'\mathbf{x})$$

3) 等式 $\mathbf{x} \times (\mathbf{y} \times \mathbf{z}) = (\mathbf{x} \cdot \mathbf{z})\mathbf{y} - (\mathbf{x} \cdot \mathbf{y})\mathbf{z}$ を示せ.

定理 2.1.52 (ウェッダーバーンの定理) 有限集合である可除環は可換である.

証明 (ヴィット (Witt) による証明) 有限可除環 D の中心を $F = Z(D)$ とすると, F は可換な可除環, すなわち体である. D は F ベクトル空間となるが, その次元を $n = \dim_F D$ とおく. $n = 1$ であることを示したい. そこで $n > 1$ だったとする.

$q = |F|$ とおき, 有限群 $D^* = D - \{0\}$ の元 a の共役類を $Conj(a) = \{bab^{-1} \mid b \in D^*\}$ とすると, $D^* = \bigcup_{a \in D^*} Conj(a)$ となるが,

$$|Conj(a)| = 1 \quad \Leftrightarrow \quad a \in Z(D)$$

に注意して, 共役類への分割の元の個数の式 (類等式) を書くと

$$q^n - 1 = q - 1 + \sum_{|Conj(a)| > 1} |Conj(a)| = q - 1 + \sum_{|Conj(a)| > 1} [D^* : C(a)]$$

となる. $C(a) = C_{D^*}(a)$ は中心化群であり, $Conj(a) \simeq D^*/C(a)$ であるこ

とに注意する．ところで，$C(a) \cup \{0\}$ は D の部分環であり，F を含み，F ベクトル空間となる．その次元を $r = r(a)$ とおくと，$C(a) \cup \{0\} \simeq F^r$ であり $|Conj(a)| > 1 \Leftrightarrow C(a) \subsetneq D^*$ だから

$$q^n - 1 = q - 1 + \sum_{r<n} \frac{q^n - 1}{q^r - 1} \qquad (*)$$

となる．

ところで円分多項式 $\Phi_n(x)$ は

$$x^n - 1 = \prod_{k|n} \Phi_k(x) = \Phi_n(x)(x^r - 1)h(x),\ h(x) = \prod_{k|n, k \nmid r, k<n} \Phi_k(x)$$

をみたす．これより $\frac{q^n-1}{q^r-1}$ は $\Phi_n(q)$ で割り切れる整数であることがわかる．また $(*)$ より $\Phi_n(q)$ は $q-1$ を割り切る．特に $q - 1 \geqq |\Phi_n(q)| = \prod_\zeta |q - \zeta|\ (**)$ である．ここで，ζ は 1 の原始 n 乗根である．

一方，$n > 1$ と $q \geqq 2$ から，各 ζ について，$|q - \zeta| > q - 1 \geqq 1$ であるから $(**)$ に矛盾する．よって，$n = 1$．□

Tea Break　代数から出発するトポロジーの問題

1) いつ n 次元ユークリッド空間 $\mathbb{R}^n$ に $\mathbb{R}$ 上の可除代数の構造が入るか？

実は，$n = 1, 2, 4$ の場合しか (結合的) $\mathbb{R}$ 代数の構造は存在しないことが，フロベニウス (Frobenius) の定理として知られている．

可換な非結合的可除 R 代数についてのホップ (Hopf) の定理，およびその一般化の非結合的可除 R 代数についてのケルベール–ミルナー (Kervaire–Milnor) の定理が知られるが，証明はトポロジーを用いる．

図 **2.1**　フロベニウス

また，可換な可除バナッハ代数についてのゲルファント–マズール (Gel'fand–Mazur) の定理では関数解析が証明に用いられている．

2) いつ n 次元球面 $S^n = \{\mathbf{x} \in \mathbb{R}^{n+1} \mid \mathbf{x} \cdot \mathbf{x} = 1\}$ に群構造が入るか？

$n = 1$ の場合，S^1 は 2 次特殊直交群 $SO(2, \mathbb{R})(\cong U(1))$ と微分同相である．$n = 3$ の場合，S^3 はノルムが 1 の四元数のなす群と微分同相である (S^3 は $Spin(3, \mathbb{R})$ ($= SO(3, \mathbb{R})$ の普遍被覆群) と微分同相である)．実は，$n = 1, 3$ の場合しか群構造は存在しないことが証明されている．

図 2.2 ホップ

2.2 環上の加群

環が作用する加法群を加群という．また，環の部分加群がイデアルであるが，それは環の構造を調べるうえで特に重要である．

2.2.1 加群：定義と例

非可換な環上の加群では，左加群・右加群の区別が生ずる．特に混乱の恐れがないときは左加群を扱い，しばしば単に加群という．左加群について一般的に成立することは，右加群についても同様に成立することが多い．

定義 2.2.1 (環上の加群) 環 R 上の左加群 (left module over R) とは，加法群 M と写像 $\lambda : R \times M \to M$ の組であって，次の条件をみたすものをいう．

mo1) $\lambda(a, m + m') = \lambda(a, m) + \lambda(a, m')$ ($\forall a \in R$, $m, m' \in M$)

mo1') $\lambda(a + b, m) = \lambda(a, m) + \lambda(b, m)$ ($\forall a, b \in R$, $m \in M$)

mo2) $\lambda(ab, m) = \lambda(a, \lambda(b, m))$ ($\forall a, b \in R$, $m \in M$)

mo3) $\lambda(1, m) = m$ ($\forall m \in M$)

環 R 上の左加群を左 R 加群 (left R-module) ともいう．写像 λ は環 R の M への作用であり，左 R 加群のスカラー作用と呼ばれる．

同様に，環 R 上の右加群，右 R 加群を定義することができる．それには，上

記の条件で左右を逆転させた条件をみたすことを要請する. 例えば, mo2) は

$$\lambda(m, ab) = \lambda(\lambda(m, a), b) \quad (\forall a, b \in R, \ m \in M)$$

となる. アーベル群 M が環 R 上の左加群であり, かつ環 S 上の右加群である, さらに R の元の作用と, S の元の作用が可換であるとき, (R, S) 両側加群あるいは双加群 (bimodule) という.

以下では, 混乱の恐れがない限り, $\lambda(a, m) = am$ という記法を用いる (右加群では $\lambda(m, a) = ma$). この記法で上の条件を記すと次の通りである.

 mo1) $a(m + m') = am + am' \quad (\forall a \in R, \ m, m' \in M)$

 mo1') $(a + b)m = am + bm \quad (\forall a, b \in R, \ m \in M)$

 mo2) $(ab)m = a(bm) \quad (\forall a, b \in R, \ m \in M)$

 mo3) $1m = m \quad (\forall m \in M)$

例 2.2.2 (ベクトル空間) 体 k 上のベクトル空間 V は, 自然に k 加群とみなせる. 言い換えると, 環上の加群はスカラー作用において体 k を一般の環で取り替えてベクトル空間の概念を拡張したものである.

例 2.2.3 環 R の元を成分にもつ行列環 $\mathrm{M}_n(R)$ と列ベクトルの空間 R^n を考える. 行列を列ベクトルに左からかけることにより, R^n は左 $\mathrm{M}_n(R)$ 加群となる. 同様に, 行ベクトルへの行列の右作用により, R^n は右 $\mathrm{M}_n(R)$ 加群となる.

例 2.2.4 (アーベル群) アーベル群は, 自然に有理整数のスカラー倍作用をもち, 有理整数環 $\mathbb{Z}$ 上の加群とみなせる.

例 2.2.5 (加群の直和) R 加群 M_1, M_2 に対して, 集合としての直積 $M_1 \times M_2$ に成分ごとの和と成分共通のスカラー倍

$$(m_1, m_2) + (m_1', m_2') = (m_1 + m_1', m_2 + m_2')$$

$$a(m_1, m_2) = (am_1, am_2) \quad (\forall a \in R, \ m_i, m_i' \in M_i \ (i = 1, 2))$$

を考えると, これは R 加群となる. これを M_1, M_2 の直和といい, $M_1 \oplus M_2$ と記す.

スカラー倍を忘れると, 群の直積に他ならない.

定義 2.2.6 (部分加群) R 加群 M のアーベル群としての部分群 N が, 条件

sub) $a \in R,\ n \in N \quad \Rightarrow \quad an \in N$

をみたすとき, M の部分 R 加群, あるいは部分加群 (submodule) であるという.

このとき, M の加法とスカラー倍を引き継いだ N は R 加群となっている.

例 2.2.7 (イデアル) 環 R 自体は, 環の乗法をスカラー作用として左かつ右 R 加群である. 加群 R の左加群としての部分加群は, 環 R の左イデアルである. また, 右加群としての部分加群は右イデアルである.

定義 2.2.8 (生成系) R 加群 M の部分集合 G に対し, G を含む M の部分 R 加群の中で最小のものを RG と記し, G で生成された部分加群という.

$M = RG$ となる G を M の生成系 (system of generators) という. 有限集合の生成系がとれる加群を有限生成 (finitely generated), 生成系が 1 元集合にとれる加群を巡回 (的) (cyclic) という.

RG は, (有限集合 I を添え字集合とする) 有限和 $\sum_{i \in I} a_i g_i$ $(i \in I, a_i \in R, g_i \in G)$ の全体と集合として一致する.

実際, M の部分 R 加群 N が $G \subset N$ であれば, 有限和 $\sum_{i \in I} a_i g_i$ $(i \in I, a_i \in R, g_i \in G)$ は N に属する. そして, そのような有限和の全体が G を含む M の部分 R 加群であることは明らかである.

例 2.2.9 (主イデアル・部分集合で生成されるイデアル) 環 R の元 a に対して, $\{a\}$ で生成される左部分加群を Ra と記し, a で生成される左主イデアル (left principal ideal) という. 同様に aR は右主イデアルである.

環 R が可換のとき, $Ra = (a)$, $RS = (S)$ とも記す.

例 2.2.10 $\mathbb{Z}$ のイデアルは, $\mathbb{Z}n = (n)$ の形のものに限る. m, n の最大公約数を d, 最小公倍数を ℓ とするとき, $(\{m, n\}) = (m, n) = (d), (m) \cap (n) = (\ell)$ が成り立つ.

定義 2.2.11 (加群の直積・直和) $\{M_\lambda\}_{\lambda \in \Lambda}$ を左 R 加群の族とする. 集合としての直積 $\prod_{\lambda \in \Lambda} M_\lambda$ に成分ごとの和とスカラー倍を

$$(m_\lambda)_\lambda + (m'_\lambda)_\lambda := (m_\lambda + m'_\lambda)_\lambda, \quad a(m_\lambda)_\lambda := (am_\lambda)_\lambda \quad (a \in R,\ m_\lambda, m'_\lambda \in M_\lambda)$$

と定めると，$\prod_{\lambda \in \Lambda} M_\lambda$ は左 R 加群となる．これを左 R 加群の族の直積 (product) と呼ぶ．

直積 $\prod_{\lambda \in \Lambda} M_\lambda$ の部分集合 $\{(m_\lambda)_\lambda \in \prod_{\lambda \in \Lambda} M_\lambda \mid$ 有限個のλを除き $m_\lambda = 0\}$ は左 R 部分加群となる．これを $\bigoplus_{\lambda \in \Lambda} M_\lambda$ と記し，左 R 加群の族の直和 (direct sum) と呼ぶ．Λ が無限集合であるときは，$\prod_{\lambda \in \Lambda} M_\lambda \neq \bigoplus_{\lambda \in \Lambda} M_\lambda$ である．

定義 2.2.12 (自由加群)　集合 Λ の各元 $\lambda \in \Lambda$ に対し，$M_\lambda = R$ とするときの直和 $\bigoplus_{\lambda \in \Lambda} M_\lambda = \bigoplus_{\lambda \in \Lambda} R$ を $R^{(\Lambda)}$ と記す．$R^{(\Lambda)}$ に同型な R 加群を自由な (free) R 加群という．ちなみに，直積 $\prod_{\lambda \in \Lambda} M_\lambda = \prod_{\lambda \in \Lambda} R$ と写像集合 R^Λ との間に全単射が存在する．

例 2.2.13　R を可換環とする．R 上の多項式環 $R[T]$ は単項式の集合 $\{T^n \mid n \in \mathbb{Z}_{\geq 0}\}$ を生成系にもち，直和 $R^{(\mathbb{Z}_{\geq 0})}$ に同型である．

一方，形式べき級数環 $R[[T]]$ は直積 $R^{\mathbb{Z}_{\geq 0}}$ に同型である．

2.2.2　加群の準同型

定義 2.2.14 (準同型)　M, M' を R 加群とする．写像 $f : M \to M'$ が

$$f(m + m') = f(m) + f(m'), \quad f(am) = af(m) \qquad (\forall a \in R, \ m, m' \in M)$$

をみたすとき，f を M から M' への R 準同型，あるいは単に準同型 (homomorphism) という．$M' = M$ のとき，自己準同型 (endomorphism) という．

R 準同型 $f : M \to M'$ が全単射であるとき，f を R 同型，あるいは単に同型 (isomorphism) という．$M' = M$ のとき，自己同型 (automorphism) という．

定義から，R 準同型は加法について群の準同型である．

命題 2.2.15 (準同型の合成)　$f : M \to M'$ および $g : M' \to M''$ を R 準同型とする．このとき，合成 $g \circ f$ は R 準同型である．

また，R 準同型 $f : M \to M'$ が R 同型であるための必要十分条件は，R 準同型 $g : M' \to M$ であって，f の逆写像であるものが存在することである．

証明は読者に委ねる．

64   2. 環 と 加 群

例 2.2.16 環 R の元 $a \in R$ に対して, $l_a : R \to R$ を $l_a(b) = ab$ $(b \in R)$ と定義すると, l_a は右 R 加群の準同型である. 実際, $l_a(bc) = a(bc) = (ab)c = l_a(b)c$ である. 同様に $r_a : R \to R$ を $l_a(b) = ba$ $(b \in R)$ と定義すると, r_a は左 R 加群の準同型である.

例 2.2.17 R 加群 M の部分加群 N の包含写像 $i : N \hookrightarrow M$ は R 準同型である.

例 2.2.18 R 加群 M の部分集合 G に対し, 標準的な準同型

$$f_G : R^{(G)} \to M \; ; \; f_G((a_g)_g) = \sum_{g \in G} a_g g$$

が定まる (直和の定義により, 右辺は有限和である).

部分集合 G が M の生成系であることと, 準同型 f_G が全射であることは同値であることに注意する.

例 2.2.19 (自由加群の間の準同型) 環 R と $n \times m$ 行列 $A = (a_{ij}) \in \mathrm{M}_{n,m}(R)$ に対して, $f_A(x) = xA$ とおき, $f_A : R^n \to R^m$ を定める. ここで $x \in R^n$ は行ベクトルとみて, 行列 A の右からの積を考えている.

$f_A(ax) = (ax)A = a(xA) = af_A(x)$ だから, f_A は左 R 加群の準同型である. 逆に, 左 R 準同型 $f : R^n \to R^m$ に対して, $A \in \mathrm{M}_{n,m}(R)$ が唯一つ存在して $f = f_A$ となる.

問 2.2.20 上の例の「逆に」以下の主張を示せ.

定義 2.2.21 (商加群) N を M の部分 R 加群とする. $M \ni m$ に対して $\overline{m} = m + N \in M/N$ と記す. アーベル群としての商群 M/N に

$$a\overline{m} := \overline{am} \quad (a \in R, \; m \in M)$$

としてスカラー倍を定めると, R 加群となる. これを M の N による商 R 加群, 商加群 (quotient module), あるいは単に商と呼ぶ. $p(m) = \overline{m}$ とおいて定まる $p : M \to M/N$ を標準全射という.

命題 2.2.22 (準同型の核・像と準同型定理) $f : M \to M'$ を R 準同型とする. このとき, 準同型 f の核 $\mathrm{Ker}\, f$ と像 $\mathrm{Im}\, f$ (定義 1.3.29 参照) は, それぞれ M, M' の部分 R 加群である. そして, 自然な準同型

$$M/\operatorname{Ker} f \xrightarrow{\sim} \operatorname{Im} f$$

は R 加群の同型である.

証明 R 準同型の定義 $f(am) = af(m)$ $(a \in R, m \in M)$ から $m \in \operatorname{Ker} f$ なら $am \in \operatorname{Ker} f$ がわかるので, $\operatorname{Ker} f$ は M の部分 R 加群である. $n = f(m) \in \operatorname{Im} f$ について, $an = af(m) = f(am) \in \operatorname{Im} f$ となるから, $\operatorname{Im} f$ は N の部分 R 加群である.

群に対する準同型定理 1.3.30 により, この自然な全単射は得られる. この群の準同型が, R 加群の準同型でもあることに注意すればよい. □

系 2.2.23 R 加群 L の部分加群 M, N について, 次の同型が存在する.

$$M/M \cap N \simeq (M + N)/N \ ; \ m + (M \cap N) \mapsto m + N$$

証明 全射準同型 $M \to (M + N)/N \ ; \ m \mapsto m + N$ に準同型定理を適用すればよい. □

例 2.2.24 (準同型の余核) $f : M \to M'$ を R 準同型とする. このとき,

$$\operatorname{Coker} f := M'/\operatorname{Im} f$$

は, M' の商 R 加群である. $\operatorname{Coker} f$ を R 準同型 f の余核という. $p : M' \to \operatorname{Coker} f$ を標準全射とすると

$$\operatorname{Im} f = \operatorname{Ker}(p : M' \to \operatorname{Coker} f)$$

が成り立つことに注意する.

問 2.2.25 R 準同型 $f : M \to M'$ について, 部分加群 $N \subset M$, $N' \subset M'$ が $f(N) \subset N'$ をみたすとき, 自然な R 準同型 $\overline{f} : M/N \to M'/N'$ が誘導されることを示せ ($M \xrightarrow{f} M' \to M'/N'$ に準同型定理を適用せよ).

命題 2.2.26 R 準同型のなす可換図式

$$
\begin{array}{ccc}
M & \xrightarrow{u} & N \\
f \downarrow & & \downarrow g \\
M' & \xrightarrow{u'} & N'
\end{array}
$$

が与えられたとき, $u(\operatorname{Ker} f) \subset \operatorname{Ker} g, u'(\operatorname{Im} f) \subset \operatorname{Im} g$ が成り立つ.

これから準同型の制限により, $\tilde{u} : \operatorname{Ker} f \to \operatorname{Ker} g$ が誘導され, また準同型の商への移行により $\overline{u'} : \operatorname{Coker} f \to \operatorname{Coker} g$ が誘導される.

証明 可換性 $gu = u'f$ より, $f(m) = 0$ なら $g(u(m)) = u'(f(m)) = 0$ がいえて $u(\operatorname{Ker} f) \subset \operatorname{Ker} g$ が従う. $u'(f(m)) = g(u(m)) \in \operatorname{Im} g$ から $u'(\operatorname{Im} f) \subset \operatorname{Im} g$ が従う.

後半だが, 制限 $\tilde{u} = u|_{\operatorname{Ker} f}$ は自然に R 準同型である. また, $u'(\operatorname{Im} f) \subset \operatorname{Im} g$ から準同型定理により $\overline{u'} : M'/\operatorname{Im} f \to N'/\operatorname{Im} g$ が誘導される. $\square$

例 2.2.27 (準同型の直和) $f : M \to M', g : N \to N'$ を左 R 準同型とする. このとき, 直積 $f \times g : M \times N \to M' \times N'$ は左 R 加群の直和の間の左 R 準同型 $f \oplus g : M \oplus N \to M' \oplus N'$ とみることができる.

$\operatorname{Ker}(f \oplus g) = \operatorname{Ker} f \oplus \operatorname{Ker} g$, $\operatorname{Coker}(f \oplus g) = \operatorname{Coker} f \oplus \operatorname{Coker} g$ が成り立つことがわかる.

例 2.2.28 (部分加群の和) N_1, N_2 を R 加群 M の部分 R 加群とする. N_1, N_2 の直和から M への自然な写像 $f = i_1 + i_2 : N_1 \oplus N_2 \to M$

$$f(n_1, n_2) = i_1(n_1) + i_2(n_2) = n_1 + n_2$$

は R 準同型である. ここで, $i_j : N_j \hookrightarrow M$ $(j = 1, 2)$ は包含写像である.

$f = i_1 + i_2$ の像を N_1, N_2 の和といい, $N_1 + N_2$ と記す. これは, N_1, N_2 を含む最小の M の部分 R 加群である.

例 2.2.29 (部分加群の共通部分) N_1, N_2 を R 加群 M の部分 R 加群とする. N_1, N_2 の共通部分は, M の部分 R 加群であるが, 次の R 準同型の核に一致する.

$$i_1 - i_2 : N_1 \oplus N_2 \to M \; ; \; (i_1 - i_2)(n_1, n_2) = n_1 - n_2$$

例 2.2.30 (三角環) 環 R, S および (R, S) 両側加群 M が与えられたとする. すなわち M は左 R 加群であると同時に右 S 加群であり, $(rm)s = r(ms)$ ($\forall r \in R$, $s \in S$, $m \in M$) が成り立つとする. このとき,

$$A = \begin{pmatrix} R & M \\ 0 & S \end{pmatrix} := \left\{ \begin{pmatrix} r & m \\ 0 & s \end{pmatrix} \; \middle| \; r \in R, \, s \in S, \, m \in M \right\}$$

なる集合には，成分ごとの和と行列の形の積

$$\begin{pmatrix} r & m \\ 0 & s \end{pmatrix} \begin{pmatrix} r' & m' \\ 0 & s' \end{pmatrix} = \begin{pmatrix} rr' & rm' + ms' \\ 0 & ss' \end{pmatrix}$$

が定義される．これで A は環となり，三角環と呼ばれる．

加法群としては $A \simeq R \oplus M \oplus S$ であり，R, S, M を A の部分群とみなす．すると，R は A の左イデアル，S は右イデアル，M は (両側) イデアルである．

また，$R \oplus M$, $M \oplus S$ は A のイデアルであり，$A/(R \oplus M) \simeq S$, $A/(M \oplus S) \simeq R$ となる．さらに $R \oplus S$ は A の部分環である．

問 2.2.31 A を環 R, S および (R, S) 両側加群 M からつくられる三角環とする．このとき，次を示せ．

1) A の左イデアルは $I_R \oplus I_S$ という形である．ここで，I_S は S の左イデアルで，I_R は MI_S を含む $R \oplus M$ の左 R 加群である．

2) A の右イデアルは $J_R \oplus J_S$ という形である．ここで，J_R は R の右イデアルで，J_S は $J_R M$ を含む $M \oplus S$ の右 R 加群である．

3) A のイデアルは $K_R \oplus K_M \oplus K_S$ という形である．ここで，K_R は R のイデアル，K_S は S のイデアルで，K_M は $K_R M + M K_S$ を含む M の (R, S) 両側部分加群である．

定義 2.2.32 (完全列) 左 R 加群の準同型 $f : M' \to M$, $g : M \to M''$ について，$\mathrm{Ker}\, g = \mathrm{Im}\, f$ であるとき，系列 $M' \xrightarrow{f} M \xrightarrow{g} M''$ は M で完全 (exact at M) であるという．

任意の R 準同型の系列 (sequence) $\{d_i : M^i \to M^{i+1}$ $(a \leqq i \leqq b)$ は，$M^{i-1} \xrightarrow{d_{i-1}} M^i \xrightarrow{d_i} M^{i+1}$ が M^i $(a+1 \leqq i \leqq b)$ で完全であるとき，完全列 (exact sequence) であるという．特に，系列

$$0 \to M' \xrightarrow{f} M \xrightarrow{g} M'' \to 0$$

が完全であるとき，この系列を短完全列 (short exact sequence) という．

命題 2.2.33 a) 準同型の系列 $0 \to M' \xrightarrow{f} M$ が M' で完全であるための必要十分条件は，f が単射であることである．

b) 準同型の系列 $M \xrightarrow{g} M'' \to 0$ が M'' で完全であるための必要十分条件

は，g が全射であることである．

証明 a) M' での完全性は $0 = \mathrm{Im}(0 \to M') = \mathrm{Ker}\, f$ を意味するが，これは f の単射性と同値である．

b) M' での完全性は $\mathrm{Im}\, f = \mathrm{Ker}(M'' \to 0) = M''$ を意味するが，これは g の全射性と同値である． □

次の系は準同型定理から直ちに従う．

系 2.2.34 $f : M \to M'$ を R 準同型とする．このとき，

$$0 \to \mathrm{Ker}\, f \to M \to \mathrm{Im}\, f \to 0$$

は短完全列である．

命題 2.2.35 (蛇の図式, Snake lemma) 次の R 加群の可換図式において，横の列は完全であるとする．

$$
\begin{array}{ccccccc}
M_1 & \xrightarrow{f} & M_2 & \xrightarrow{g} & M_3 & \longrightarrow & 0 \\
d_1 \downarrow & & \downarrow d_2 & & \downarrow d_3 & & \\
0 & \longrightarrow & N_1 & \xrightarrow{f'} & N_2 & \xrightarrow{g'} & N_3
\end{array}
$$

このとき，自然な射 $\delta : \mathrm{Ker}\, d_3 \to \mathrm{Coker}\, d_1$ が存在して，次は完全列である．

$$\mathrm{Ker}\, d_1 \to \mathrm{Ker}\, d_2 \to \mathrm{Ker}\, d_3 \xrightarrow{\delta} \mathrm{Coker}\, d_1 \to \mathrm{Coker}\, d_2 \to \mathrm{Coker}\, d_3$$

上の図式にこの完全列を合わせた図式を蛇の図式という．また，δ を連結準同型 (connecting homomorphism) という．

証明 核・余核の関手性から $\mathrm{Ker}\, d_1 \xrightarrow{\tilde{f}} \mathrm{Ker}\, d_2 \xrightarrow{\tilde{g}} \mathrm{Ker}\, d_3$ および $\mathrm{Coker}\, d_1 \xrightarrow{\overline{f'}}$ $\mathrm{Coker}\, d_2 \xrightarrow{\overline{g'}} \mathrm{Coker}\, d_3$ が誘導される．標準準同型 $\mathrm{Ker}\, d_i \hookrightarrow M_i$, $N_i \to$ $\mathrm{Coker}\, d_i = N_i / \mathrm{Im}\, d_i$ をそれぞれ ι_i, p_i と表そう．

最初に $\mathrm{Ker}\, d_2$ における完全性を示そう．$gf = 0$ ゆえ $\tilde{g}\tilde{f} = 0$ である．一方，$y \in \mathrm{Ker}\, \tilde{g} \subset \mathrm{Ker}\, d_2$ について $g(\iota_2(y)) = \iota_3(\tilde{g}(y)) = 0$ ゆえ，M_2 での完全性より，$\iota_2(y) = f(x)$ となる $x \in M_1$ が存在する．$f'(d_1(x)) = d_2(f(x)) = d_2(\iota_2(y)) = 0$ となるが，仮定より f' は単射ゆえ $d_1(x) = 0$ となり $x \in \mathrm{Ker}\, d_1$ である．$x = \iota_1(x)$ から $f(x) = f(\iota_1(x)) = \iota_2(\tilde{f}(x))$ となり，$\iota_2(y) = \iota_2(\tilde{f}(x))$ と ι_2 の単射性から

2.2 環上の加群

$y = \tilde{f}(x) \in \operatorname{Im} \tilde{f}$ を得て，$\operatorname{Ker} \tilde{g} \subset \operatorname{Im} \tilde{f}$ が従う.

次に $\operatorname{Coker} d_2$ における完全性を示そう. $g'f' = 0$ ゆえ $\overline{g'}\,\overline{f'} = 0$ である. 一方，$y'' \in \operatorname{Ker} \overline{g'} \subset \operatorname{Coker} d_2$ について $y'' = p_2(y')$ $(y' \in N_2)$ と表すと，$p_3(g'(y')) = \overline{g'}(p_2(y')) = \overline{g'}(y'') = 0$ より $g'(y') \in \operatorname{Im} d_3$ となる. そこで $g'(y') = d_3(z)$ $(z \in M_3)$ と表すと，g の全射性より $z = g(y)$ $(y \in M_2)$ と表せて，$g'(d_2(y)) = d_3(g(y)) = d_3(z) = g'(y')$ となる. これより $y' - d_2(y) \in \operatorname{Ker} g'$ となるが，N_2 での完全性より $y' - d_2(y) = f'(x')$ となる $x' \in N_1$ が存在する. すると $y'' = p_2(y') = p_2(f(x') + d_2(y)) = p_2(f(x')) = \overline{f'}(p_1(x')) \in \operatorname{Im} \overline{f'}$ を得て，$\operatorname{Ker} \overline{g'} \subset \operatorname{Im} \overline{f'}$ が従う.

次に，連結準同型 $\delta : \operatorname{Ker} d_3 \to \operatorname{Coker} d_1$ を構成しよう. $z \in \operatorname{Ker} d_3$ に対して $\iota_3(z) = g(y)$ なる $y \in M_2$ を選ぶ. すると $g'(d_2(y)) = d_3(g(y)) = d_3(\iota_3(z)) = 0$ ゆえ，$d_2(y) \in \operatorname{Ker} g' = \operatorname{Im} f'$ となる. $d_2(y) = f'(x')$ なる $x' \in N_1$ を選び，$\delta(z) = p_1(x')$ とおく.

$\iota_3(z) = g(y)$ なる $y \in M_2$ は $y + v$ $(v \in \operatorname{Ker} g = \operatorname{Im} f)$ に取り替える曖昧さがある. $v = f(u)$ $(u \in M_1)$ と表すと $d_2(y + v) = f'(x') + d_2(v) = f'(x') + d_2(f(u)) = f'(x') + f'(d_1(u)) = f'(x' + d_1(u))$ となり，$p_1(x' + d_1(u)) = p_1(x')$ と変わらない. また，f' の単射性から $d_2(y) = f'(x')$ となる x' の選び方は，y に対して唯一つである. さらに，δ が準同型であることは (加群の圏の場合) 直ちに確かめられる.

今度は $\operatorname{Ker} d_3$ における完全性を示そう. $z = \tilde{g}(y)$ $(y \in \operatorname{Ker} d_2)$ について，$\iota_3(z) = \iota_3(\tilde{g}(y)) = g(\iota_2(y))$ だから，上記の $y \in M_2$ として $\iota_2(y)$ が選べる. $d_2(\iota_2(y)) = 0$ となるので，上記の $x' \in N_1$ としては 0 のみ選べる. ゆえに $\delta(z) = p_1(0) = 0$ となり $\delta\tilde{g} = 0$ がいえる.

逆に $z \in \operatorname{Ker} \delta$ とする. $0 = \delta(z) = p_1(x')$ は $x' \in \operatorname{Im} d_1$ を意味する. $x' = d_1(x)$ $(x \in M_1)$ と表すと $d_2(y) = f'(x') = f'(d_1(x)) = d_2(f(x))$ ゆえ $y = f(x) + v$ $(\exists\, v \in \operatorname{Ker} d_2)$ となるが $\iota_3(z) = g(y) = g(f(x) + v) = g(v) = \tilde{g}(v) \in \operatorname{Im} \tilde{g}$ となり，$\operatorname{Ker} \delta \subset \operatorname{Im} \tilde{g}$ が示せた.

最後に，$\operatorname{Coker} d_1$ における完全性を示そう. $z \in \operatorname{Ker} d_3$ に対して $\overline{f'}(\delta(z)) = \overline{f'}(p_1(x')) = p_2(f'(x'))$ であり，$d_2(y) = f'(x')$ $(x' \in N_1)$ ゆえ $\overline{f'}(\delta(z)) = p_2(d_2(y)) = 0$ となり，$\overline{f'}\delta = 0$ がいえた.

逆に $x'' \in \mathrm{Ker}\,\overline{f'}$ とする. $x'' = p_1(x')$ $(x' \in N_1)$ として $0 = \overline{f'}(x'') = \overline{f'}(p_1(x')) = p_2(f'(x'))$ は $f'(x') \in \mathrm{Im}\,d_2$ を意味する. すると $f'(x') = d_2(y)$ なる $y \in M_2$ が存在する. このとき, $z = g(y) \in M_3$ は $d_3(z) = d_3(g(y)) = g'(d_2(y)) = g'(f'(x')) = 0$ となるから $z \in \mathrm{Ker}\,d_3$ で, δ の構成法から $x'' = \delta(z)$ となっている. これで $\mathrm{Ker}\,\overline{f'} \subset \mathrm{Im}\,\delta$ が示せて証明が終わる. $\square$

この命題の証明から, 次の事実も示せていることに注意する.

i) f' が単射ならば, (蛇の図式は) $\mathrm{Ker}\,d_2$ において完全である.

ii) g が全射ならば, (蛇の図式は) $\mathrm{Coker}\,d_2$ において完全である.

問 2.2.36 次の可換図式において, 横の列は完全であるとするとき, 次を示せ.

$$
\begin{array}{ccccc}
M_1 & \xrightarrow{f} & M_2 & \xrightarrow{g} & M_3 \\
d_1 \downarrow & & \downarrow d_2 & & \downarrow d_3 \\
N_1 & \xrightarrow{f'} & N_2 & \xrightarrow{g'} & N_3
\end{array}
$$

1) f', d_1, d_3 が単射ならば, d_2 も単射である.

また, g, d_1, d_3 が全射ならば, d_2 も全射である.

2) d_2 が単射で g, d_1 が全射ならば, d_3 も単射である.

また, d_2 が全射で f', d_3 が単射ならば, d_1 も全射である.

問 2.2.37 (5 項補題) 次の可換図式において, 横の列は完全であるとするとき, 次を示せ.

$$
\begin{array}{ccccccccc}
M_1 & \xrightarrow{f_1} & M_2 & \xrightarrow{f_2} & M_3 & \xrightarrow{f_3} & M_4 & \xrightarrow{f_4} & M_5 \\
d_1 \downarrow & & \downarrow d_2 & & \downarrow d_3 & & \downarrow d_4 & & \downarrow d_5 \\
N_1 & \xrightarrow{g_1} & N_2 & \xrightarrow{g_2} & N_3 & \xrightarrow{g_3} & N_4 & \xrightarrow{g_4} & N_5
\end{array}
$$

1) d_2, d_4 が単射で d_1 が全射ならば, d_3 も単射である.

2) d_2, d_4 が全射で d_5 が単射ならば, d_3 も全射である.

特に, d_1, d_2, d_4, d_5 が同型ならば, d_3 も同型である.

命題 2.2.38 $M' \xrightarrow{f} M \xrightarrow{g} M''$, $N' \xrightarrow{h} N \xrightarrow{k} N''$ を R 準同型の系列とする. このとき, この二つの系列が完全列であるために, 次の系列が完全列であることは必要十分である.

$$
M' \oplus N' \xrightarrow{f \oplus h} M \oplus N \xrightarrow{g \oplus k} M'' \oplus N''
$$

2.2 環上の加群　　　71

証明　$\mathrm{Im}(f \oplus h) = \mathrm{Im}\, f \oplus \mathrm{Im}\, h$, $\mathrm{Ker}(g \oplus k) = \mathrm{Ker}\, g \oplus \mathrm{Ker}\, k$ が成り立つことから，命題は明らかである．□

命題 2.2.39　$\{M_\lambda\}_{\lambda \in \Lambda}$ を左 R 加群の族とする．

(i) 任意の左 R 加群 L と任意の R 準同型の族 $f_\lambda : L \to M_\lambda$ に対して，各 $\lambda \in \Lambda$ について $p_\lambda \circ f = f_\lambda$ となるような R 準同型 $f : L \to \prod_{\lambda \in \Lambda} M_\lambda$ が唯一つ存在する．ここで $p_\lambda : \prod_{\mu \in \Lambda} M_\mu \to M_\lambda$ は直積からの標準射影である：$p_\lambda((m_\mu)_\mu) = m_\lambda$.

(ii) 任意の左 R 加群 N と任意の R 準同型の族 $g_\lambda : M_\lambda \to N$ に対して，各 $\lambda \in \Lambda$ について $g \circ i_\lambda = g_\lambda$ となるような R 準同型 $g : \bigoplus_{\lambda \in \Lambda} M_\lambda \to N$ が唯一つ存在する．ここで $i_\lambda : M_\lambda \to \bigoplus_{\mu \in \Lambda} M_\mu$ は直積からの標準単射である：$i_\lambda(m) = (m_\mu)_\mu$, ただし $m_\mu = 0$ $(\mu \neq \lambda)$, $m_\lambda = m$ とする．

証明　(i) 条件 $p_\lambda \circ f = f_\lambda$ $(\forall\, \lambda)$ より $f(\ell) = (f_\lambda(\ell))_\lambda$ と決まる．こう定めると条件をみたすことは明らか．

(ii) 条件 $g \circ i_\lambda = g_\lambda$ $(\forall\, \lambda)$ より $g((m_\lambda)_\lambda) = \sum_\lambda g_\lambda(m_\lambda)$ と決まる．こう定めると条件をみたすことは明らか．□

上の命題の f を $(f_\lambda)_\lambda$, g を $\sum_\lambda g_\lambda$ と表す．

定義 2.2.40　同じ添え字集合の2つの左 R 加群の族 $\{M_\lambda\}_{\lambda \in \Lambda}$, $\{N_\lambda\}_{\lambda \in \Lambda}$ と，R 準同型の族 $f_\lambda : M_\lambda \to N_\lambda$ が与えられたとする．

そのとき，写像の直積 $\prod_{\lambda \in \Lambda} f_\lambda : \prod_{\lambda \in \Lambda} M_\lambda \to \prod_{\lambda \in \Lambda} N_\lambda$ は R 準同型である．それを $\bigoplus_{\lambda \in \Lambda} M_\lambda$ に制限したものの像は $\bigoplus_{\lambda \in \Lambda} N_\lambda$ に含まれるので，それを $\bigoplus_{\lambda \in \Lambda} f_\lambda : \bigoplus_{\lambda \in \Lambda} M_\lambda \to \bigoplus_{\lambda \in \Lambda} N_\lambda$ と記す．

例 2.2.41　R 加群 M の部分加群 N_1, N_2 が $N_1 \cap N_2 = 0$ をみたすとき $i_1 + i_2 : N_1 \oplus N_2 \to M$ は単射準同型で，$\mathrm{Im}\,(i_1 + i_2) = N_1 + N_2$ である．このとき，和 $N_1 + N_2$ も直和であるという．

問 2.2.42　1) R 加群 M の部分加群の族 $\{M_\iota\}_{\iota \in I}$ に対して，$p_\iota : M \to M/M_\iota$

72 2. 環 と 加 群

を標準全射として $g(m) = (p_\iota(m))_{\iota \in I}$ $(m \in M)$ で準同型 $g : M \to$ $\prod_{\iota \in I} M/M_\iota$ を定めると，次の系列は完全である．

$$0 \to \bigcap_{\iota \in I} M_\iota \to M \xrightarrow{g} \prod_{\iota \in I}(M/M_\iota)$$

2) R 加群 M の部分加群の族 $\{M_\iota\}_{\iota \in I}$ に対して $\bigcup_{\iota \in I} M_\iota$ で生成される M の部分加群を族 $\{M_\iota\}_{\iota \in I}$ の和といい，$\sum_{\iota \in I} M_\iota$ と記す．このとき $(m_\iota)_{\iota \in I} \in$ $\bigoplus_{\iota \in I} M_\iota$ について $h((m_\iota)_{\iota \in I}) := \sum_{\iota \in I} m_\iota$ とおくと，次の系列は完全である．

$$\bigoplus_{\iota \in I} M_\iota \xrightarrow{h} M \to M/(\sum_{\iota \in I} M_\iota) \to 0$$

3) R 加群 M の部分加群 M_1, M_2 に対して $u(m) := (m, m), v((m_1, m_2)) := m_1 - m_2$ とおくと，次の系列は完全である．

$$0 \to M_1 \cap M_2 \xrightarrow{u} M_1 \oplus M_2 \xrightarrow{v} M_1 + M_2 \to 0$$

定義 2.2.43 (直和因子)　R 加群 M が加群 $N_1, N_2(\neq 0)$ の直和に同型であるとき，N_1 (あるいは N_1 に同型な M の部分加群) を M の直和因子 (direct summand) という．M が直和因子をもたないとき，M を直既約 (indecomposable) という．

命題 2.2.44　R 加群 M の部分加群 $N(\neq 0, M)$ が直和因子であるために，M の自己準同型 $e : M \to M$ であって，$e \circ e = e$ であり，$e(M) = N$ または $\mathrm{Ker}\, e = N$ が成り立つものが存在することは必要十分である．

証明　(必要性)　部分加群 $N' \subset M$ について $M = N \oplus N'$ であるとする．標準射影 $p : M = N \oplus N' \to N$ と標準単射 $i : N \to M$ の合成を $e = i \circ p : M \to M$ とすると，$M \ni m = n + n'$ $(n \in N, n' \in N')$ に対して $e(m) = n$ であり，$e(e(m)) = e(n) = n$ となるから $e(e(m)) = e(m)$ を得る．すなわち $e \circ e = e$ である．また，$e(M) = N$ である．

(十分性)　$e \circ e = e$ なる自己準同型について，$e(m - e(m)) = e(m) - e(e(m)) = 0$ ゆえ $M \ni m = e(m) + (m - e(m)) \in e(M) + \mathrm{Ker}\, e$ となる．また，$n \in e(M) \cap \mathrm{Ker}\, e$ について $n = e(m)$ $(m \in M)$ とおく．すると $e(n) = 0$ である一

方, $e(n) = e(e(m)) = e(m) = n$ ゆえ $n = 0$ であり, $e(M) \cap \mathrm{Ker}\, e = 0$ がいえた. すなわち M は $e(M)$ と $\mathrm{Ker}\, e$ の直和である. これで $N = e(M)$ または $N = \mathrm{Ker}\, e$ のいずれのときも, N は M の直和因子であることが示せた. $\square$

命題の条件をみたす自己準同型 e を $N = \mathrm{Im}\, e$ への射影子 (projector) という.

命題 2.2.45 R 加群の短完全列

$$0 \to M' \xrightarrow{f} M \xrightarrow{g} M'' \to 0$$

が与えられたとき, 次の条件は同値である.

   (i) M の部分加群 $f(M')$ は直和因子である.
   (ii)   準同型 $r : M' \to M$ であって $r \circ f = id_{M'}$ なるものが存在する.
   (iii)   準同型 $s : M'' \to M$ であって $g \circ s = id_{M''}$ なるものが存在する.

証明   (i) を仮定する. $f(M')$ への射影子を e とするとき $r = f^{-1} \circ e : M \to M'$ とおく. ただし f は単射なのでその逆を $f^{-1} : f(M') \to M'$ とした. このとき $r \circ f = id_{M'}$ は明らかである.

   逆に (ii) を仮定すると, $(f \circ r) \circ (f \circ r) = f \circ (r \circ f) \circ r = f \circ r$ となり, $f \circ r$ は $f(M')$ への射影子である.

   (i) と (iii) の同値性も同様に示せる. $\square$

定義 2.2.46 (分裂した短完全列)   上の命題の同値な条件をみたす短完全列を, 分裂 (split) している, という.

命題 2.2.47 $g : M \to M'$ を R 加群の全射準同型, M' を自由加群とするとき, 準同型 $s : M' \to M$ であって $g \circ s = id_{M'}$ なるものが存在する.

証明   実際, M' の基底 $\{e_i\}_{i \in I}$ に対して, $m_i \in g^{-1}(e_i)$ を選び, $s(e_i) = m_i$ とおき, 線形に拡張して求める s が定まる. $\square$

定義 2.2.48 (捩れ元)   左 R 加群 M の元 m は, ある $a \in R$, $a \neq 0$ に対して $am = 0$ となるとき, 捩れ元 (torsion element) という.

定義 2.2.49 (零化イデアル)   左 R 加群 M に対して

$$Ann_R(M) := \{a \in R \mid am = 0 \ (\forall\, m \in M)\}$$

とおくと R の両側イデアルとなる. $Ann_R(M)$ を M の零化イデアル (annihilator) という.

$Ann_R(M)$ が左イデアルであることはやさしい. $a \in Ann_R(M), b \in R$ に対して $ab \in Ann_R(M)$ である. 実際, $m \in M$ に対して $bm \in M$ だから $a(bm) = 0$.
M への R の元のスカラー作用は, $R/Ann_R(M)$ を経由することが直ちにわかる.

定義 2.2.50 (1 次独立性・基底) R 加群 M の部分集合 G に対し, 標準的な準同型 $f_G : R^{(G)} \to M$; $f_G(a_g) = \sum_{g \in G} a_g g$ が定まった (直和の定義により, 右辺は有限和である). G が M の生成系であることと, f_G が全射であることは同値であった.

準同型 f_G が単射であるとき, 部分集合 G は 1 次独立 (linearly independent) であるという. また, f_G が全単射であるとき, 部分集合 G は M の基底 (basis) であるという.

言い換えると, G が 1 次独立であることは, 線形関係式 $\sum_{g \in G} a_g g = 0$ から $a_g = 0$ ($\forall\, g \in G$) が導かれることを意味する. さらに G が基底であることは, 任意の $m \in M$ に対して a_g が一意的に存在して $m = \sum_{g \in G} a_g g$ が成り立つことである. ここで, 和は実質的に有限和であるから, G の任意の有限部分集合が 1 次独立であれば, G は 1 次独立であることに注意する.

例 2.2.51 $h : M \to N$ を (有限生成の) 自由 R 加群 M, N の間の準同型, G, H をそれぞれの基底とする. このとき, $f_H^{-1} \circ h \circ f_G : R^{(G)} \to M \to N \to R^{(H)}$ は行列を右からかける準同型で与えられる. その事実は, 例 2.2.19 で触れた通りベクトル空間の場合と同様である.

定義 2.2.52 (有限生成加群・有限表示加群) R 加群 M が有限部分集合で生成されるとき, M は有限生成 (finitely generated or of finite type) であるという.
R 加群 M に対して, 有限生成加群 M_0, M_1 と完全列

$$M_1 \to M_0 \to M \to 0$$

が存在するとき, M は有限表示 (of finite presentation) であるという.

2.2 環上の加群   75

命題 2.2.53 R 加群 M が有限生成であるために，適当な $n \in \mathbb{N}$ について完全列

$$R^{\oplus n} \to M \to 0$$

が存在することは必要かつ十分である.

証明 M の部分集合 G に対して，標準的な準同型 $f_G : R^{(G)} \to M$ が定まり，G が M の生成系であることと f_G が全射であることは同値であった．これより，主張は明らかである． $\square$

命題 2.2.54 (無限生成の自由加群) R 加群 M を無限生成の自由加群とするとき，M の基底は互いに対等である.

証明 M の基底を $\{m_i\}_{i \in I}$ とする: $M = \bigoplus_{i \in I} Rm_i$. $\{n_\lambda\}_{\lambda \in \Lambda}$ を任意の生成系とするとき，Card $\Lambda \geq$ Card I を示せばよい.

 I_λ を n_λ の Rm_i 成分が $\neq 0$ である i の集合とする．すると，$I = \bigcup_{\lambda \in \Lambda} I_\lambda$ となる．なぜなら，$I \neq \bigcup_{\lambda \in \Lambda} I_\lambda$ とすると，$i_0 \notin \bigcup_{\lambda \in \Lambda} I_\lambda$ なる i_0 が存在するが，すると $Rm_{i_0} \subsetneq \bigoplus_{\lambda \in \Lambda} Rn_\lambda$ となり矛盾である.

 したがって，全射 $\Lambda \to I$ が存在するので Card $\Lambda \geq$ Card I となる． $\square$

 この共通の濃度は自由加群 M の階数 (rank) というべきものである．R が可換ならば，有限生成加群の基底は互いに対等であることが示せる.

 体上の加群はベクトル空間とも呼ばれる．これについては次の定理が基本的である.

定理 2.2.55 (ベクトル空間の基底の存在) 体 K 上のベクトル空間 V について，1 次独立な部分集合 L, および L を含む生成系 S が与えられたとき，$L \subset B \subset S$ なる V の基底 B が存在する.

 特に，任意のベクトル空間には基底が存在する.

証明 L を含み S に含まれる 1 次独立な部分集合 L' の集合を $\mathcal{L}$ とおく．包含関係で $\mathcal{L}$ は順序集合となり，帰納的な集合 (定義 1.4.11) である．実際，$\mathcal{L}$ の全順序部分集合 $\mathcal{M}$ について，$L_0 = \cup_{M \in \mathcal{M}} M$ とおくと，L_0 は 1 次独立であり，$\mathcal{M}$ の上限である.

76　　　　　　　　　　　　　2. 環 と 加 群

　ツォルンの補題により $\mathcal{M}$ には極大元 B が存在する．B が生成する V の部分空間を W とする．$W \neq V$ であるならば，$v \in S, v \notin W$ である元が存在する．すると，$B \cup \{v\}$ は1次独立となるが，これは B の極大性に反する．したがって，$W = V$ となり B は基底である．□

　ベクトル空間の基底の濃度が一定であることを，次節で組成列の応用として示す．

2.2.3　組　成　列

定義 2.2.56 (単純加群)　左 R 加群 M が，$M \neq \{0\}$ であり，かつ $\{0\}$ と M 以外に部分 R 加群をもたないとき，M を単純 (simple) あるいは既約 (irreducible) という．

例 2.2.57　素数 p について $\mathbb{Z}/p\mathbb{Z}$ は単純な $\mathbb{Z}$ 加群である．$n \geqq 2$ のとき，$\mathbb{Z}/p^n\mathbb{Z}$ は $p\mathbb{Z}/p^n\mathbb{Z}\,(\neq 0)$ を含むので単純でない．

　有限な $\mathbb{Z}$ 加群 M が単純であるのは M が素数位数であるときに限ることが示せる．

問 2.2.58　この例，特に最後の主張を確かめよ．

定義 2.2.59 (組成列)　R 加群 M に対して，その部分加群の有限減少列 M_i ($i = 0, \ldots, n$)

$$M = M_0 \supset M_1 \supset \cdots \supset M_n = 0$$

であって M_i/M_{i+1} が単純加群であるものが存在するとき，M を組成列 (composition series) を有するという．このとき，$M_0/M_1, M_1/M_2, \ldots, M_{n-1}/M_n$ を M の組成因子 (composition factors)，n を組成列の長さ (length) という．

　M が組成列を有するとき，組成列の長さには最小値が存在する．これを $lg(M)$ と記す．実は，以下のジョルダン–ヘルダーの定理により，組成列の長さは一定である．組成列を有する加群を長さ有限の加群 (module of finite length) と呼ぶこともある．

例 2.2.60　素数 p, $n \geqq 2$ について，$\mathbb{Z}/p^n\mathbb{Z} \supset p\mathbb{Z}/p^n\mathbb{Z} \supset \cdots \supset p^{n-1}\mathbb{Z}/p^n\mathbb{Z} \supset 0$ は組成列である．

2.2 環上の加群 77

命題 2.2.61 N を左 R 加群 M の部分加群とする. M が組成列を有するために, N と M/N が組成列を有することは必要十分である.

証明 十分条件であることを示すのは容易である. そこで必要条件であることを示そう.

$M = M_0 \supset M_1 \supset \cdots \supset M_m = 0$ を組成列とする.

$$N = N \cap M_0 \supset N \cap M_1 \supset \cdots \supset N \cap M_m = 0$$

を考えると, $(N \cap M_i)/(N \cap M_{i-1})$ は単射 $(N \cap M_i)/(N \cap M_{i-1}) \hookrightarrow M_i/M_{i-1}$ により単純加群 M_i/M_{i-1} の部分加群であるので, 単純加群または 0 である. $N \cap M_i = N \cap M_{i-1}$ となる番号を飛ばして, N の組成列を得る. 次に列

$$M/N = (M_0 + N)/N \supset (M_1 + N)/N \supset \cdots \supset (M_m + N)/N = 0$$

を考える. 自然な同型 $(M_i + N)/N \simeq M_i/M_i \cap N$ により, $\dfrac{(M_i + N)/N}{(M_{i-1} + N)/N} \simeq \dfrac{M_i/M_i \cap N}{M_{i-1}/M_{i-1} \cap N}$ を得る. 次の図式の横の列は完全列である.

$$
\begin{array}{ccccccccc}
0 \to & M_{i-1}/M_{i-1} \cap N & \hookrightarrow & M_i/M_i \cap N & \to & \dfrac{M_i/M_i \cap N}{M_{i-1}/M_{i-1} \cap N} & \to 0 \\
& g_1 \uparrow & & g_2 \uparrow & & \uparrow g_3 & \\
0 \to & M_{i-1} & \hookrightarrow & M_i & \to & M_i/M_{i-1} & \to 0
\end{array}
$$

全射 g_1, g_2 から誘導される準同型 g_3 は全射であり, $\dfrac{(M_i + N)/N}{(M_{i-1} + N)/N}$ は単純加群 M_i/M_{i-1} の商加群となる. ゆえに単純加群または 0 である. $(M_i + N)/N = (M_{i-1} + N)/N$ となる番号を飛ばして, M/N の組成列を得る. $\square$

問 2.2.62 R 加群 M とその部分加群 N について, M/N が単純加群であることと N が極大部分加群であることは同値であることを示せ.

定義 2.2.63 (組成列の同値性) R 加群 M が組成列を有するとして,

$$M = M_0 \supset M_1 \supset \cdots \supset M_m = 0$$

および

$$M = N_0 \supset N_1 \supset \cdots \supset N_n = 0$$

を 2 つの組成列とする. $m = n$ で, ある置換 $\sigma \in S_n$ について

$$M_{i-1}/M_i \simeq N_{\sigma(i)-1}/N_{\sigma(i)}$$

となるとき，この二つの組成列は同値 (equivalent) であるという．

定理 2.2.64 (ジョルダン–ヘルダーの定理)　R 加群 M が組成列を有するとき，どの 2 つの M の組成列も同値である．

証明　組成列の長さ (の最小値) $lg(M)$ についての帰納法で示す.

$lg(M) = 1$ のとき，M は単純加群であるから明らかである.

$m = lg(M) > 1$ のとき，$M = M_0 \supset M_1 \supset \cdots \supset M_m = 0$ が最小の長さの組成列で，$M = N_0 \supset N_1 \supset \cdots \supset N_n = 0$ をもう一つの組成列とする．もし $M_1 = N_1$ なら，帰納法の仮定により $m-1 = n-1$ で $\{2, \ldots, n\}$ の置換で，二つの列は同値となる.

そこで，$M_1 \neq N_1$ とする．M_1 は M の中で極大なので，$M_1 + N_1 = M$ となる．ゆえに

$$M/M_1 \simeq (M_1 + N_1)/M_1 \simeq N_1/(M_1 \cap N_1) \qquad (*)$$

であり，同様に

$$M/N_1 \simeq (M_1 + N_1)/N_1 \simeq M_1/(M_1 \cap N_1) \qquad (*')$$

となるので，$M_1 \cap N_1$ は M_1 の中でも N_1 の中でも極大である.

命題 2.2.61 により，$M_1 \cap N_1$ は組成列を有する．それを

$$M_1 \cap N_1 = L_0 \supset L_1 \supset \cdots \supset L_k = 0$$

とすると，$M_1 \supset L_0 \supset L_1 \supset \cdots \supset L_k = 0$ および $N_1 \supset L_0 \supset L_1 \supset \cdots \supset L_k = 0$ はそれぞれ組成列である.

$lg(M_1) < m$ だから帰納法の仮定により，$M_1 \supset M_2 \supset \cdots \supset M_m = 0$ と $M_1 \supset L_0 \supset \cdots \supset L_k = 0$ とは同値である．特に，$k+1 = lg(M_1) < m$ であり，$lg(N_1) \leqq k+1 < m$ となる．ゆえに帰納法の仮定により，$N_1 \supset N_2 \supset \cdots \supset N_n = 0$ と $N_1 \supset L_0 \supset \cdots \supset L_k = 0$ とは同値である.

$(*), (*')$ は $M/M_1 \simeq N_1/L_0, \ M/N_1 \simeq M_1/L_0$ を意味する．したがって，二つの組成列 $M = M_0 \supset M_1 \supset \cdots \supset M_m = 0$ と $M = N_0 \supset N_1 \supset \cdots \supset N_n = 0$ は同値である．□

組成列の応用で次の定理が証明できる.

定理 2.2.65 (ベクトル空間の基底の対等性)　体 K 上のベクトル空間の二つの基底の濃度は等しい.

証明　K ベクトル空間 V が無限基底をもてば, 命題 2.2.54 により V の基底は対等である. したがって, V が有限な基底 $\{v_i\}_{i=1,\ldots,n}$ をもつときを考える. $V = \bigoplus_{i=1,\ldots,n} Kv_i$, $V_k = \bigoplus_{i=1,\ldots,k} Kv_i$ とおくと, $V_k/V_{k-1} \simeq K$ であり, $\{V_k\}_{i=1,\ldots,n}$ は V の組成列である. 任意の (順番のついた) 有限基底は組成列を定めるから, ジョルダン–ヘルダーの定理により, 任意の基底は同じ (有限) 個数からなる. □

定義 2.2.66 (整域上の加群の階数)　A を整域, K をその商体とする. A 加群 M に対して $\iota_M : M \to M \otimes_A K = M_K$ を標準的準同型とする: $\iota_M(m) = m \otimes 1$.
　M の部分集合 S に対して $\iota_M(S)$ が生成する M_K の K 部分加群の K 上の次元を S の階数と呼ぶ. 特に, M の部分 A 加群 N の階数を $\operatorname{rank} N$ と記す.

2.2.4　ネーター加群, アルチン加群

環 R 上の加群についての重要な概念としてネーター加群, アルチン加群を導入しよう.

定義 2.2.67 (昇鎖律 (**ACC**)・ネーター加群)　左 R 加群 M の部分加群の任意の昇鎖

$$M_1 \subset M_2 \subset \cdots \subset M_i \subset M_{i+1} \subset \cdots$$

について, i_0 が存在して

$$M_{i_0} = M_{i_0+1} = \cdots$$

となるとき, M について昇鎖律 (ACC, ascending chain condition) が成り立つという. またこのとき, M を左ネーター (left noetherian) であるという. 左加群について考察しているとき, しばしば左ネーターを単にネーターと略する. 右 R 加群についても同様に右ネーター (right noetherian) R 加群が定義できる.

これの双対的な定義として次がある.

80   2. 環 と 加 群

定義 2.2.68 (降鎖律，DCC・アルチン加群)　左 R 加群 M の部分加群の任意
の降鎖

$$M_1 \supset M_2 \supset \cdots \supset M_i \supset M_{i+1} \supset \cdots$$

について，i_0 が存在して

$$M_{i_0} = M_{i_0+1} = \cdots$$

となるとき，M について降鎖律 (DCC, descending chain condition) が成り立つ
という．またこのとき，M を左アルチン (left artinian) であるという．左加群に
ついて考察しているとき，しばしば左アルチンを単にアルチンと略する．右 R 加
群についても同様に右アルチン (right artinian) R 加群が定義できる．

　直ちにわかる通り，昇鎖律 (または降鎖律) を，真に増大する (または減少する)
部分加群の無限列は存在しない，と言い換えることができる．

命題 2.2.69　左 R 加群 M がネーターであるために，M の任意の部分加群が有
限生成であることは必要十分である．

証明　M がネーターであるとして，N を M の部分左 R 加群とする．0 は有限生
成だから，$N \neq 0$ としてよい．すると，$N \ni n_1 \neq 0$ が存在する．$N_1 = Rn_1$ とお
く．$N_1 = N$ なら N は有限生成である．そこで $N_1 \neq N$ とすると，$n_2 \notin N - N_1$
が存在する．$N_2 = N_1 + Rn_2$ とおくと，$N_2 = N$ なら N は有限生成であるので，
$N_2 \neq N$ の場合を考える．すると $n_3 \notin N - N_2$ が存在するので，$N_3 = N_2 + Rn_3$
とおく．もし，N が有限生成でないと，このやり方で無限の昇鎖

$$N_1 \subset N_2 \subset \cdots \subset N_i \subset N_{i+1} \subset \cdots \subset N$$

が得られてしまうので，N は有限生成である．
　逆に M の任意の部分加群が有限生成であると仮定する．もし M について昇鎖
律が成り立たないとすると，無限の昇鎖

$$M_1 \subset M_2 \subset \cdots \subset M_i \subset M_{i+1} \subset \cdots$$

が存在することになる．$N = \cup_{i=1}^{\infty} M_i$ とおくと，N は M の部分加群となる．仮定
により N は有限生成であり，有限個の生成系をすべて含む M_i を選ぶと $N = M_i$
であり上の昇鎖が真に増大することに反する．したがって，M についての昇鎖律
が成り立つ．□

2.2 環上の加群

命題 2.2.70 N を左 R 加群 M の部分加群とする. M がネーター (またはアルチン) であるために, N と M/N がネーター (またはアルチン) であることは必要十分である.

証明 ネーターの場合の同値性を示す. アルチンの場合も同様に議論できる.

M がネーター加群だと仮定する. N の昇鎖は M の昇鎖でもあるから, N の昇鎖律 (ACC) が成立する.

$\pi : M \to M/N$ を標準射影とする. M/N の昇鎖 P_i $(i \geqq 0)$ に対して, $M_i = \pi^{-1}(P_i)$ とおけば M の昇鎖 M_i $(i \geqq 0)$ が得られる. M の昇鎖律により i_0 が存在して $M_{i_0} = M_{i_0+1} = \cdots$ となり, $P_i = \pi(M_i)$ ゆえ, M/N の昇鎖律が成立する.

逆に, N と M/N がネーターだと仮定する. M の昇鎖 M_i $(i \geqq 0)$ に対して, $N_i = M_i \cap N$ とおいて N の昇鎖が得られる. 仮定により i_0 が存在して $N_{i_0} = N_{i_0+1} = \cdots$ となる. すなわち $M_{i_0} \cap N = M_{i_0+1} \cap N = \cdots$ — (a) である.

また, $P_i = \pi(M_i)$ とおいて M/N の昇鎖が得られる. 仮定により j_0 が存在して $P_{j_0} = P_{j_0+1} = \cdots$ となる. ところで $\pi^{-1}(P_i) = M_i + N$ であるから, $M_{j_0} + N = M_{j_0+1} + N = \cdots$ — (b) となる. (a), (b) から $M_{i_0} = M_{i_0+1} = \cdots$ となり, M/N の昇鎖律が成立する. $\square$

系 2.2.71 M_1, M_2 を左ネーター R 加群とするとき, 直和 $M_1 \oplus M_2$ も左ネーター加群である. 同様に, M_1, M_2 が左アルチン加群なら, 直和 $M_1 \oplus M_2$ も左アルチンである.

命題 2.2.72 左 R 加群 $M(\neq 0)$ が組成列を有するための必要かつ十分な条件は, M がネーターかつアルチンであることである.

証明 $M(\neq 0)$ が組成列を有すると仮定する. 組成列の長さの最小値 n についての帰納法で示そう. $n = 1$ なら M は単純加群であり, 昇鎖律も降鎖律も成立している. $M = M_0 \subset M_1 \subset \cdots \subset M_n = 0$ が最少長さの組成列とすると, M_1 の組成列の長さの最小値は $n - 1$ であり帰納法の仮定により M_1 はネーターかつアルチンであり, M/M_1 も単純ゆえネーターかつアルチンである. ゆえに, 命題 2.2.70 により M もネーターかつアルチンである.

逆に，M がネーターかつアルチンであると仮定する．ネーター加群の部分加群はネーターであり，0 でないネーター加群は極大な部分加群を有するので，減少列

$$M = M_0 \supset M_1 \supset \cdots \supset M_i \supset M_{i+1} \supset \cdots$$

であって，M_i/M_{i+1} が単純加群であるものが存在する．M で降鎖律が成立するから，上の降鎖は有限で 0 に達する．したがって，これは組成列である．□

定義 2.2.73 (ネーター環・アルチン環) 環 R が，左 R 加群とみて左ネーターであるとき，R を左ネーター環であるという．また，左 R 加群とみて左アルチンであるとき，R を左アルチン環であるという．同様に，右ネーター環，右アルチン環が定義される．

環 R が左ネーター環かつ右ネーター環であるとき，ネーター環であるという．同様に，アルチン環が定義される．

命題 2.2.74 R を左ネーター環とする．このとき R の商環 R' も左ネーター環である．

証明 R' の任意の左イデアル J' が有限生成であることを示したい．$R' = R/I$ と表すと，R のイデアル J により $J' = J/I$ と表せる．仮定により J は有限生成だから J' も有限生成である．□

問 2.2.75 A を環 R, S および (R, S) 両側加群 M からつくられる三角環 (例 2.2.30) とする．このとき，次を示せ．

1) A が左ネーターであるための必要十分条件は，R, S が左ネーターであり，M がネーター左 R 加群であることである．

2) A が左アルチンであるための必要十分条件は，R, S が左アルチンであり，M がアルチン左 R 加群であることである．

命題 2.2.76 左ネーター環 R 上の有限生成左 R 加群は左ネーター加群である．同様に，左アルチン環 R 上の有限生成左 R 加群は左アルチン加群である．

証明 有限生成左 R 加群 M の有限な生成系 G を選ぶと，全射 $f_G : R^G \to M$ が得られる．

R が左ネーター環なら，R の有限直和である R^G は左ネーター加群であり，M

はその商加群とみなせるので左ネーターである. R が左アルチンの場合も同様である. □

問 2.2.77 有限生成左 R 加群 M に対して, M が左ネーター加群であるために, $R/\operatorname{Ann} M$ が左ネーター環であることは必要かつ十分である. ここで $\operatorname{Ann} M$ は零化イデアル (定義 2.2.49) である.

また, M が左アルチン加群であるために, $R/\operatorname{Ann} M$ が左アルチン環であることは必要かつ十分である.

この節では以降, 可換な環について考察する.

命題 2.2.78 R を可換なネーター環とする. R 加群 M が有限表示であるために, 適当な $n_0, n_1 \in \mathbb{N}$ について完全列

$$R^{\oplus n_1} \to R^{\oplus n_0} \to M \to 0$$

が存在することは必要かつ十分である.

証明 (R がネーター環でなくても) 十分条件であることは自明である. そこで, $M_1 \xrightarrow{f} M_0 \to M \to 0$ (M_0, M_1 は有限生成) を M の有限表示とする. M_0 の有限な生成系を選んで全射準同型 $p_0 : R^{\oplus n_0} \to M_0$ が得られる. R がネーター環なら, $N = p_0^{-1}(\operatorname{Im} f) \subset R^{\oplus n_0}$ は有限生成加群の部分加群として有限生成である. すると, 全射準同型 $p_1' : R^{\oplus n_1} \to N$ が得られる. $p_1 : R^{\oplus n_1} \to R^{\oplus n_0}$ を p_1' と包含写像の合成とすると, 完全列 $R^{\oplus n_1} \to R^{\oplus n_0} \to M \to 0$ が得られた. □

定理 2.2.79 (ヒルベルトの基底定理) R を可換なネーター環とするとき, 多項式環 $R[T_1, \ldots, T_n]$ もネーター環である.

証明 $n = 1$ の場合を示せば帰納的に定理は証明できる.

$R[T]$ の左イデアル J をとる. $R[T]_{\leq m}$ を T に関して m 次以下の多項式の全体のなす集合とする. I_m を $I \cap R[T]_{\leq m}$ に属する多項式の T^m の係数の集合とする. I_m が R の左イデアルであることは容易にわかる. また, $I_m \ni b$ に対して, $p(T) = bT^m + a_{m-1}T^{m-1} + \cdots \in J$ となる多項式がある. $Tp(T) = bT^{m+1} + \cdots \in J$ ゆえ, $I_m \subset I_{m+1}$ となる.

$I = \bigcup_m I_m$ は R の左イデアルであるので, R の左ネーター性から, I は有限

生成である. I の生成元 $b_1, \ldots, b_{r_k}$ はある k について $b_j = b_j^{(k)} \in I_k \; (\forall j)$ としてよい ($I = I_k$ となる). $p_j(T) \in J$ を $p_j(T) = b_j T^k + q_j(T)$, $\deg q_j < k$ と選ぶ. また, $I_m (0 \le m < k)$ についても, 生成元 $b_1^{(m)}, \ldots, b_{r_m}^{(m)}$ および $p_j^{(m)}(T) = b_j^{(m)} T^m + q_j^{(m)}(T) \in J$, $\deg g_j^{(m)} < m$ を選ぶ. このとき,

$$\{p_1^{(0)}, \ldots, p_{r_0}^{(0)}, \; p_1^{(1)}, \ldots, p_{r_1}^{(1)}, \; \cdots \; p_1^{(k)}, \ldots, p_{r_k}^{(k)}\}$$

が J を生成することを示す. そのために $p(T) \in J$ について, $n = \deg f$ についての帰納法で $f = \sum_{j,m} g_{j,m} p_j^{(m)} \; (g_{j,m} \in R[T])$ と書けることを示す.

$f = 0$ または $\deg f = 0$ のときは明らかである. そこで $f = bT^m + f_1(T) \in J$, $b \ne 0$, $\deg f_1 < m$ とおくと, $b \in I_m$ となる. もし $m \ge k$ なら, $b = \sum_j a_j b_j^{(m)}$, $a_j \in R$ と書ける. すると $\sum_j a_j T^{m-k} p_j^{(m)}$ は f と同じ最高次係数をもつ. ゆえに $\deg(f - \sum_j a_j T^{m-k} p_j^{(m)}) < k$ であるが, 帰納法の仮定により $f - \sum_j a_j T^{m-k} p_j^{(m)}$ は $(*)$ の元の 1 次結合で表せて f も同様の 1 次結合に書ける.

$m < k$ なら, $b = \sum_j a_j b_j^{(m)}$, $a_j \in R$ と表せて $\deg(f - \sum_j a_j p_j^{(m)}) < k$ となる. やはり帰納法の仮定により, $(*)$ の元の 1 次結合で表せる. $\square$

系 2.2.80 可換なネーター環上の有限生成な (可換) 代数はネーター環である.

証明 そのような R 代数は $R[T_1, \ldots, T_n]$ の商環と表せるので定理より直ちに従う. $\square$

Tea Break　環と加群の起源

　ベクトル空間は加群の最初の例であるが, それが初めて現れたのはペアノの 1888 年の著書であるらしい (http://www-history.mcs.st-and.ac.uk/HistTopics/Abstract_linear_spaces.html). ペアノは, ライブニッツ, 1827 年のメビウスの仕事, 1844 年のグラスマンの「広延論」(Ausdehnunglehre), ハミルトンの四元数にアイディアを負うと述べている. しかし, ヒルベルトやシュミットの関数空間についての仕事で引用されることはなかった.

　デデキントはディリクレの講義録をまとめた『整数論講義』を出版した (1863 年).

その第二版 (1871 年) の補遺の中で，イデアルの概念を導入した．そこでは，代数的整数環のイデアルの多くの性質が示されている．ちなみに，一般的な環の概念が導入されるのはずっと後のことである．1892 年にはヒルベルトが Zahlring (数環) なる用語を導入している．そしてヒルベルトの有名な論文「代数的数体の理論」が出版されたのは 1897 年である．そこではクンマー，クロネッカー，デデキントの仕事の総合報告を行い，かつ類体論の問題意識が示されている．

1910 年には，シュタイニッツが体の一般的概念を導入した．1914 年にはようやく，一般的な環の概念がフレンケルにより導入された．それはヘンゼルの p 進数の研究 (1897〜1907 年) にも刺激されてのことである．1920 年代からは，エミー・ネーターが環論・イデアル論を本格的に展開していった．1932 年のチューリッヒでの国際数学者会議ではネーターが招待講演をしている．ちなみにナチスの登場で 1933 年にはネーターはゲッチンゲンの職を解かれ，米国に移住している．

環の概念は，数体やその整数環以外に多元環 (代数) の研究にもその源がたどれる．ハミルトンが四元数を発見した 1843 年とほぼ同時期に，グラスマンは「広延論」の中で外積 (代数) を導入している．可換な $\mathbb{R}$ 代数の分類をワイエルシュトラス (1860 年)，デデキント (1870 年) が行っている．ケーリーは行列の代数を 1850 年代に調べているが，ベンジャミン・パースがべき等元を導入し (1870 年)，多元環の分解を考察した．1878 年にはフロベニウスが $\mathbb{R}$ 上の非可換体は四元数体のみであることを証明している．その後 1890 年代後半〜1910 年にかけて，フロベニウスは群の線形表現論を構築していった．当時，有限次元多元環は超複素系 (hypercomplex system) と呼ばれていた．1907,8 年にはウェッダーバーンが半単純有限次元多元環の構造定理を証明した．1927 年にはエミール・アルチンがその定理を一般の半単純環に拡張した．それが 2.4 節のウェッダーバーン–アルチンの定理である．

図 2.3　ペアノ

図 2.4　ヒルベルト

図 2.5　シュタイニッツ

2.3 可換環の初等的性質

可換な環について，第1章でみた数・式についての概念を一般化してゆく．

2.3.1 素 元 分 解

可換環での割り算に関連する概念を定義し，一意分解環の基本性質を証明する．そこで，R を可換環とする．

定義 2.3.1 (倍数・約数・単元) 整域 R の元 a, b について $b = ac$ となる元 $c \in R$ が存在するとき，b は a の倍元または倍数 (multiple)，a は b の約元あるいは約数 (divisor)，または因子 (factor) といい $a|b$ と記す．

R の可逆元を単元 (unit) または単数という．正則元ということもある．R の単元のなす集合 $R^\times$ は単数群とも呼ばれる．

定義から直ちに従う性質をまとめておく．

補題 2.3.2 次の性質が成り立つ．

(i)　　$a|b \iff (a) \ni b \iff (a) \supset (b)$

(ii)　　$a|b, \ b|a \iff (a) = (b) \iff \exists\, u \in R^\times \ [a = ub]$

(ii) が成り立つとき，a と b は同伴 (associated) であるという．

この節では以降 R を整域とする．

R では $ac = bc \ (c \neq 0)$ ならば $a = b$ が成り立つ（$ac = bc \iff (a - b)c = 0$ より直ちにわかる）．また $1 \in R$ より $(a) = Ra = aR \ni a$ である．

定義 2.3.3 (既約元・素元) 0 でも単元でもない整域 R の元 a が $a = bc \ (b, c \in R)$ と表せたならば $b \in R^\times$ または $c \in R^\times$ のいずれかが成り立つとき，a を既約元 (irreducible) という．

0 でも単元でもない R の元 a について，$a|bc$ ならば $a|b$ または $a|c$ のいずれかが成り立つとき，a を素元 (prime) という．

例 2.3.4 $\mathbb{Z}^\times = \{\pm 1\}$ であり，自然数 n が素元であるのは n が素数であるときである．また，体 k 上の1変数多項式環 $k[X]$ については $k[X]^\times = k^\times$ であり，

多項式 $f(X)$ が素元であるのは $f(X)$ が既約多項式であるときである.

命題 2.3.5 1) 整域 R の素元は既約元である.

2) a が素元であるために (a) が素イデアルであることは必要かつ十分である.

証明 1) 実際, 素元 a が $a = bc$ と表せたとすると $a|bc$ であるから, $a|b$ または $a|c$ のいずれかが成り立つ. $a|b$ だとして $b = ab'$ $(b' \in R)$ と表すと, $a = (ab')c$ となり $b'c = 1$ を得るから $c \in R^{\times}$ が成り立つ.

2) a が素元である条件は「$bc \in (a) \Rightarrow b \in (a)$ または $c \in (a)$」と表せる. これは (a) が素イデアルであることの定義に他ならない. □

定義 2.3.6 (一意分解整域) 整域 R において次の 2 条件が成り立つとき, R を一意分解整域 (unique factorization domain) という. 一意分解環ということも, UFD と略すこともある.

UF1) 0 でも単元でもない任意の元 a が有限個の既約元の積に表せる.

UF2) $a = p_1 \cdots p_r = q_1 \cdots q_s$ (p_i, q_j は既約元) と表せたとき, $r = s$ であり (適当に順番を入れ替えて) p_i と q_i は同伴である.

例 2.3.7 有理整数環 $\mathbb{Z}$ は一意分解整域である. また, 体上の 1 変数多項式環は一意分解整域である. この事実は, これらの環において割算 (整除) ができることから確かめられる. また, 後で示すように主イデアル環が一意分解環であることから従う.

定義 2.3.8 (公約元, 公倍元) 一意分解整域 R の元 $a, b \in R$ について, 元 $c \in R$ が $c|a$ かつ $c|b$ を同時にみたすなら, c を a, b の公約元 (common divisor) という. 同じく, 元 $c \in R$ が $a|c$ かつ $b|c$ を同時にみたすなら, c を a, b の公倍元 (common multiple) という.

元 $c \in R$ が任意の a, b の公約元の倍数であるとき, c を最大公約元 (greatest common divisor) といい, $GCD(a, b)$ と記す. また, 元 $c \in R$ が任意の a, b の公倍元の約数であるとき, c を最小公倍元 (least common multiple) といい, $LCM(a, b)$ と記す. R は一意分解整域なので, GCD も LCM も単元倍を除き定まる.

命題 2.3.9 一意分解整域 R において，既約元は素元である．

証明 a を既約元，$a|bc$ であるとして $bc = ad \, (d \in R)$ と表す．$b = 0$ なら $a|0 = b$ となるので，$b, c \neq 0$ としてよい．a は単元でないので，b か c の一方は単元ではない．もし b が単元なら $c = adb^{-1}$ だから，$a|c$ となる．そこで b も c も単元でないとき，一意分解整域の条件 UF1) により $b = p_1 \cdots p_r$, $c = q_1 \cdots q_s$ (p_i, q_j は既約元) と表す．また $d = m_1 \cdots m_t$ (m_k は既約元であるか，または $t = 1$ で $d = m_1$ は単元) と表す．すると $bc = p_1 \cdots p_r \cdot q_1 \cdots q_s = ad = am_1 \cdots m_t$ となり，条件 UF2) により a は p_i, q_j のどれかと同伴である．$p_1 = ua$ (u は単元) ととすると，$a|b$ となる．$\square$

定義 2.3.10 (主イデアル環) 整域 R は，その任意のイデアルが主イデアルであるとき，主イデアル環，主イデアル整域 (principal ideal domain) または単項イデアル整域という．

例 2.3.11 1) 環 $\mathbb{Z}$ は主イデアル環である．実際，そのイデアルは $(n) = n\mathbb{Z}$ ($n \in \mathbb{Z}$) という形である．

2) 体 k に対して 1 変数多項式環 $k[T]$ は主イデアル環である．そのイデアル $I (\neq 0)$ は I に属する最低次の多項式 $g(T)$ で生成される主イデアルである．実際，$\forall \, f'(T) \in I$ を $g(T)$ で整除した式 $f(T) = q(T)g(T) + r(T)$ ($r(T) = 0$ または $0 \leqq \deg r(T) < \deg g(T)$) を考えると，$r(T) = f(T) - q(T)g(T) \in I$ となるが，もし $r(T) \neq 0$ ならば，$g(T)$ より次数の低い I の元が存在することになり，矛盾する．ゆえに，$g(T)|f(T)$ となる．

3) ガウス整数の環 $\mathbb{Z}[\sqrt{-1}]$ は主イデアル環である．

4) 1 変数形式べき級数環 $k[[T]]$ は主イデアル環である．

問 2.3.12 1) $\mathbb{Z}[\sqrt{-1}] \ni x = a + b\sqrt{-1}$ について $N(x) = x\overline{x} = a^2 + b^2$ と定義する．このとき，次が成り立つことを確かめよ．

(i) $N(xy) = N(x)N(y)$ ($x, y \in \mathbb{Z}[\sqrt{-1}]$)

(ii) $N(x) = 0 \Leftrightarrow x = 0$

2) $x, y \in \mathbb{Z}[\sqrt{-1}]$, $y \neq 0$ について $q, r \in \mathbb{Z}[\sqrt{-1}]$ であって，$x = qy + r$ かつ $N(r) < N(y)$ が成り立つものが存在することを示せ．

3) $\mathbb{Z}[\sqrt{-1}]$ の任意のイデアルは主イデアルであることを示せ．

問 2.3.13 1) 形式べき級数環 $k[[T]]$ の元 $f(T) = \sum_{n=0}^{\infty} a_n T^n (\neq 0)$ について,
$ord\, f(T) = \min\{n \mid a_n \neq 0\}$ とおく ($f(T)$ の位数という). $ord\, 0 = \infty$ とおく.
このとき, 次が成り立つことを確かめよ.

i) $ord\, f(T)g(T) = ord\, f(T) + ord\, g(T)$ $(f(T), g(T) \in k[[T]])$

ii) $ord\, (f(T) + g(T)) \geqq \min\{ord\, f(T), ord\, g(T)\}$

2) $f(T) \in k[[T]]$ について, $f(T)$ が単元であるための必要十分条件は,
$ord\, f(T) = 0$ であることを示せ.

3) 任意の $f(T) = \sum_{n=n_0}^{\infty} a_n T^n$ $(n_0 = ord\, f(T))$ は, T^{n_0} と同伴であることを
示せ.

4) $k[[T]]$ のイデアル I は (T^{n_0}) という形であることを示せ.

注意 2.3.14 明らかに, 主イデアル環はネーター環である.

命題 2.3.15 主イデアル環の 0 でない素イデアルは極大イデアルである.

証明 $(a) \neq 0$ を主イデアル環 R の素イデアルとする. (a) を含む極大イデアル
を (b) とすると $b|a$ となる. $a = bc$ と表すと a が素元であるから $a|b$ または $a|c$
が成り立つ. $a|b$ なら, $b = ad$ と表すと $a = adc$ が得られ $1 = dc$ となる. した
がって $(a) = (b)$ であり (a) は極大イデアルである. $a|c$ なら, $c = ad'$ と表すと
$a = bad'$ が得られ $1 = bd'$ となるが, b が素元であることに反する. $\square$

定理 2.3.16 主イデアル環は一意分解整域である.

証明 R を主イデアル環とする. まず条件 UF1) を示す. R の 0 でも単元でも
ない元 a をとる. a が素元すなわち既約元であるなら, $a = a$ が既約元の積の形
である.

a が素元でないなら, (a) を含む極大イデアルを (p_1) とする. p_1 は素元であ
る. $p_1|a$ ゆえ $a = p_1 b_1$ と表す. b_1 が単元なら a は素元となるので, b_1 は単元
でない.

b_1 が素元なら $a = p_1 b_1$ が既約元の積の形である. b_1 が素元でないなら, (b_1)
を含む極大イデアルを (p_2) として, 同様の議論から $b_1 = p_2 b_2$ と表せ, b_2 が素
元なら $a = p_1 p_2 b_2$ が既約元の積の形で, b_2 が素元でないなら, さらに同様に議

論を続ける．すると $(a) \subsetneq (b_1) \subsetneq (b_2) \subsetneq \cdots$ なる昇鎖が得られる．主イデアル環はネーター環だから，無限に続く昇鎖は存在しないので，上の議論は有限回で止まり，a は既約元の積の形となる．

次に条件 UF2) を示す．2 通りの表示 $a = p_1 \cdots p_r = q_1 \cdots q_s$ (p_i, q_j は既約元)があったとする．p_1 は素元であり $p_1 | a$ なので，$p_1 | q_1$ または $p_1 | q_2 \cdots q_s$ が成り立つ．$p_1 | q_1$ なら $(p_1) \supset (q_1)$ で (q_1) が極大イデアルであるから，$(p_1) = (q_1)$ で p_1 と q_1 は同伴で (単数倍で調整して) $p_1 = q_1$ としてよい．すると $p_2 \cdots p_r = q_2 \cdots q_s$ であり，帰納的に $r-1 = s-1$ で (適当に順番を入れ替えて) p_i と q_i は同伴であると示せるから終わる．$p_1 | q_2 \cdots q_s$ の場合も上の議論を繰り返せば，ある i について $q_i = p_1$ としてよい．適当に順番を入れ替えて $p_1 = q_1$ かつ $p_2 \cdots p_r = q_2 \cdots q_s$ とできるから，やはり証明は完了する．□

系 2.3.17 体 k 上の多項式環 $k[T]$ は一意分解整域である．

もちろん，有理整数環は一意分解整域である．

有理整数環上の多項式環 $\mathbb{Z}[T]$ も一意分解整域であることを示すために，準備をする．

定義 2.3.18 (原始多項式，容量) 一意分解整域 R の商体を K とする．$f(T) = a_0 + a_1 T + a_2 T^2 + \cdots + a_n T^n \in K[T]$ に対して $b a_i \in R$ ($\forall i$) となる $0 \neq b \in R$ を選ぶ．このとき，$J(f) = b^{-1} GCD(b a_0, b a_1, b a_2, \ldots, b a_n)$ とおき，$f(T)$ の容量 (content) と呼ぶ．容量は b の選び方によらず，単元倍を除いて定まる．

また，$J(f)$ が R の単元であるとき，$f(T)$ を原始多項式 (primitive polynomial) と呼ぶ．

任意の $f(T) \in K[T]$ に対して $f(T) = J(f) f_0(T)$ と表すと，$f_0(T)$ は原始多項式である．$f(T) \in R[T]$ と $J(f) \in R$ は同値であり，特に $f(T)$ が原始多項式なら，$f(T) \in R[T]$ であることに注意する．

補題 2.3.19 (ガウスの補題) 原始多項式の積は原始多項式である．

証明 $f_0(T), g_0(T)$ を原始多項式として，$f_0(T) = a_0 + a_1 T + \cdots + a_n T^n$, $g_0(T) = b_0 + b_1 T + \cdots + b_m T^m$ とおく．$f_0(T) g_0(T)$ が原始多項式でないとすると，$J(f_0 g_0)$ はある素元 p で割り切れる．

2.3 可換環の初等的性質　　　　91

一方，仮定より $J(f_0), J(g_0)$ は R の単元ゆえ，$p \nmid J(f_0), p \nmid J(g_0)$ だから $a_0, a_1, \ldots, a_n$ のうちに p で割り切れない元が存在し，$b_0, b_1, \ldots, b_m$ のうちにも同様の元がある．そこで，$p|a_0, \ldots, p|a_{k-1}, p \nmid a_k, p|b_0, \ldots, p|b_{l-1}, p \nmid b_l$ とする．$f_0(T)g_0(T)$ の T^{k+l} の係数 $\displaystyle\sum_{i+j=k+l} a_i b_j$ において，$a_k b_l$ は p で割り切れないが，その他の項 $a_i b_j$ は p で割り切れる．したがって $p \nmid \displaystyle\sum_{i+j=k+l} a_i b_j$ となり矛盾する．□

系 2.3.20　（単元倍を除き）$J(fg) = J(f)J(g)$ が成り立つ．

　R を整域とするとき，$R[T]$ の単元は R の単元のみである：$(R[T])^\times = R^\times$．これは，多項式の次数についての性質 $\deg(fg) = \deg f + \deg g$ から直ちにわかる．

補題 2.3.21　R を一意分解整域とするとき，$R[T]$ の素元は，R の素元，または $K[T]$ の素元で原始多項式であるもののいずれかである．

証明　$R[T]$ の素元で次数 0 のものは，定義から R の素元であることは直ちにわかる．$R[T]$ の素元で次数 1 以上のもの $f(T)$ を $f(T) = J(f)f_0(T)$ と表すと，$f(T) \nmid J(f)$ ゆえ，$f(T)|f_0(T)$ となり，$f_0(T) = af(T)\ (a \in R)$ とおくと，$f(T) = J(f)af(T)$ より $J(f)a = 1$ で，$J(f)$ が R の単元となる．ゆえに $f(T)$ は原始多項式である．

　この $f(T)$ が $K[T]$ において $f(T) = g(T)h(T)\ (\deg g, \deg h \geqq 1)$ と積に分解したなら，$f(T) = J(f)J(h)g_0(T)h_0(T)$ となるが，ガウスの補題により $g_0(T)h_0(T)$ は原始多項式となり，$J(g)J(h)$ は R の単元である．ゆえに g, h に K の元を掛けることにより $g, h \in R[T]$ としてよい．したがって $f(T)$ は $R[T]$ の素元ではないことになる．ゆえに $f(T)$ は $K[T]$ の素元である．

　逆に，原始多項式 $f(T)$ が $K[T]$ の素元であるとする．もし $f(T) = g(T)h(T)$ と $R[T]$ 内で分解すれば，g か h の次数は 0 である．それを g とすると，f が原始多項式なので g は R の単元でなければならない．ゆえに，$f(T)$ は $R[T]$ の素元である．□

定理 2.3.22 (一意分解整域上の多項式環)　一意分解整域 R 上の 1 変数多項式環 $R[T]$ は一意分解整域である．

証明　まず条件 UF1 を確かめる．$0 \neq f(T) \in R[T]$ を $f(T) = J(f)f_0(T)$ と表示すると，$J(f) \in R$ であり，これは R の素元の積に分解する．それは，上の補題により $R[T]$ の素元の積でもある．$f_0(T) \in K[T]$ は系 2.3.17 により $K[T]$ の素元の積に分解する．$f_0(T) = g_1(T) \cdots g_r(T)$ をその素元分解として，$g_i(T) = J(g_i)p_i(T)$ (p_i は原始多項式) と分解すると，$f_0(T) = J(g_1) \cdots J(g_r)p_1(T) \cdots p_r(T)$ となる．ガウスの補題により $p_1(T) \cdots p_r(T)$ は原始多項式であるが，$f_0(T)$ も原始多項式だから，$J(g_1) \cdots J(g_r)$ は R の単元であり，系 2.3.17 により p_i は $R[T]$ の素元である．ゆえに，$f(T)$ は $R[T]$ の素元の積に分解した．

次に分解の一意性 UF2 を確かめる．$R[T]$ の次数 1 以上の素元は原始多項式であり，ガウスの補題により $f(T)$ の次数 1 以上の素因子の積は原始多項式であるから，$f(T)$ の次数 0 の素因子の積は (単元倍を除き) $J(f)$ と一致する．$f_0(T) = J(f)^{-1}f(T)$ は f に対応する原始多項式だが，その素元分解が

$$f_0(T) = p_1(T) \cdots p_r(T) = q_1(T) \cdots q_s(T)$$

と 2 通りあったとする．$K[T]$ における素元分解ともみえるので，$r = s$ であり (順番を入れ替えて) $p_i(T) = c_i q_i(T)$ ($c_i \in K$) とできる．p_i, q_i とも原始多項式だから，$c_i \in R^\times$ である．以上で，UF2 が確かめられた．□

系 2.3.23　一意分解整域 R 上の n 変数多項式環 $R[T_1, \ldots, T_n]$ は一意分解整域である．特に，体 k 上の n 変数多項式環 $k[T_1, \ldots, T_n]$ は一意分解整域である．また，有理整数環上の n 変数多項式環 $\mathbb{Z}[T_1, \ldots, T_n]$ は一意分解整域である．

2.3.2　主イデアル環上の加群

この節では整域のみを考え，主イデアル環上の有限生成加群の構造定理を証明する．

定義 2.3.24 (捩れ部分)　R を整域とする．R 加群 M の捩れ元の全体は部分 R 加群をなす．これを M_{tors} と記し，捩れ部分 (torsion part) と呼ぶ．

実際，$am = 0, a'm' = 0$ $(a, a' \in R - \{0\})$ ならば，$r, r' \in R$ に対して $aa'(rm + r'm') = ra'(am) + ar'(a'm') = 0$ かつ $aa' \neq 0$ となる．

定義 2.3.25 (捩れなし加群・捩れ加群)　R 加群 M は $M_{tors} = 0$ のとき，捩れ

なし (torsion-free) という. 逆に $M_{tors} = M$ のとき, 捩れ加群 (torsion module) と言う.

例 2.3.26 1) R 加群 M に対して M/M_{tors} は捩れなし加群である.

2) 自由加群は捩れなし加群である.

3) $\mathbb{Q}/\mathbb{Z}$ は捩れ $\mathbb{Z}$ 加群であり, 有限生成ではない.

補題 2.3.27 主イデアル環 R 上の巡回 R 加群の部分加群は巡回的である.

実際, 巡回加群 $M = Rm$ に対して全射 $p : R \to M; p(a) = am$ が存在する. 部分加群 $N \subset M$ に対して $p^{-1}(N)$ は R の部分加群ゆえ巡回的である. ゆえに, その商 (に同型) である N も巡回的である. □

定理 2.3.28 主イデアル環 R 上の自由加群 L が与えられたとき, その部分加群 M は自由加群であり, rank $M \leqq$ rank L が成り立つ.

証明 L の基底を $\{e_i\}_{i \in I}$ とする. まず I が有限で $I = \{1, \ldots, n\}$ の場合に, n についての帰納法で示す.

$M_r = M \cap (Re_1 + \cdots + Re_r)$ とおく. $M_1 \subset Re_1$ ゆえ, 補題 2.3.27 により M_1 は巡回的で, $Ra_1 e_1$ $(a_1 \in R)$ という形としてよい. 階数が $n-1$ までは定理は示せているとすると, M_{n-1} は自由で rank $M_{n-1} \leqq n-1$ である.

$\mathfrak{a} = \{a \in R \mid \exists b_1, \cdots, b_{n-1} \in R$ について $b_1 e_1 + \cdots + b_{n-1} e_{n-1} + a e_n \in M\}$ とおくと, R のイデアルとなる. R は主イデアル環ゆえ, $\mathfrak{a} = Ra_n$ $(a_n \in R)$ とおける. $a_n = 0$ なら $M_n = M_{n-1}$ ゆえ証明は終わる. $a_n \neq 0$ のとき $y = b_1 e_1 + \cdots + b_{n-1} e_{n-1} + a_n e_n \in M$ $(b_i \in R)$ なる元 y が存在する. $x \in M_n$ とすると x の e_n の係数は a_n で割り切れる. したがって, ある $c \in R$ が存在して $x - cy \in M_{n-1}$ とできる. ゆえに $M_n = M_{n-1} + Ry$ がいえた. ところで $M_{n-1} \cap Ry = 0$ であることは明らかゆえ, $M_n = M_{n-1} + Ry$ は直和分解である. したがって M_n も自由加群である. また rank $M_n \leqq n$ は明らかである.

次に I が無限集合の場合は, 整列定理により I に整列順序を入れ,

$$L_k = R\{e_i \mid i < k\}, \qquad \overline{L}_k = R\{e_i \mid i \leq k\}$$

とおく. また, $M_k = L_k \cap M$, $\overline{M}_k = \overline{L}_k \cap M$ とおく. $p_i : L \to R$ を $L \simeq \oplus_{i \in I} Re_i$ の i 成分への射影とする. $p_k(\overline{M}_k) \subset R$ は主イデアルである.

それを Ra_k とし, $d_k \in \overline{M}_k$ を $p_k(d_k) = a_k$ なる元とする. $a_k = 0$ のときは $d_k = 0$ と選ぶ. L は自由ゆえ, 0 でない d_k は 1 次独立 (な元) である.

今, (*) $\overline{M}_k = M_k \oplus Rd_k$ を示そう. 実際, $M_k \cap Rd_k = 0$ および $\overline{M}_k \supset M_k \oplus Rd_k$ は自明である. 一方, $m \in \overline{M}_k$ について $p_k(m) = ca_k$ となる $c \in R$ がとれる. すると $p_k(m - cd_k) = 0$ ゆえ, $m - cd_k \in M_k$ となる.

さて, $J = \{k \mid d_k \neq 0\}$ とおいて, $\{d_k\}_{k \in J}$ が M の基底となることをいおう. $M = \bigcup_{k \in I} \overline{M}_k$ であるから, $\overline{M}_k$ が $\{d_k\}_{k \in J}$ の部分集合で生成されることを言う. $M_k = \bigcup_{i \leq k} \overline{M}_i$ であるから, 超限帰納法を用いて (*) により示される. また, $k_1, \ldots, k_n \in J$ について, $\sum_{j=1}^{n} c_j d_{k_j} = 0$ とすると, (*) により $\sum_{j=1}^{n-1} c_j d_{k_j} = 0$ かつ $c_n = 0$ である. 同様に繰り返して $c_j = 0$ がいえ, $\{d_k\}_{k \in J}$ が 1 次独立であることが示せた. $\square$

定理 2.3.29 M を主イデアル環 R 上の有限生成加群とする. 直和分解

$$M = N \oplus M_{\mathrm{tors}}$$

が成立するような自由な部分加群 N が存在する.

証明 捩れなし R 加群が自由加群であることを示そう. すると, 捩れなし加群である商 M/M_{tors} は自由加群となり, 命題 2.2.47 により標準射影 $g : M \to M/M_{\mathrm{tors}}$ に対して $g \circ s = id_{M''}$ なるものが存在する. $N = \mathrm{Im}\, s$ とおけば, 定理に主張する通り $M = N \oplus M_{\mathrm{tors}}$ が成り立つ.

そこで M を有限生成捩れなし加群とする. M の生成系 $G = \{x_1, \ldots, x_n\}$ を任意に選び, (必要なら番号を付け替えて) $\{x_1, \ldots, x_r\}$ は 1 次独立だが $\{x_1, \ldots, x_r, x_j\}$ $(j \geq r + 1)$ は 1 次従属だとする. $r = n$ なら G が M の基底となり証明は終わるので, $r < n$ とする.

各 $j \geq r + 1$ に対し $a_j x_j + b_1 x_1 + \cdots + b_r x_r = 0$ なる $a_j \in R, a_j \neq 0$ を選び, それらの積 $a = a_{r+1} \cdots a_n \neq 0$ を考える. a 倍写像 $\lambda_a : M \to M; \lambda_a(m) = am$ は単射準同型であり, $\mathrm{Im}\, \lambda_a = aM \subset Rx_1 + \cdots + Rx_r = L \subset M$ となる. L は自由加群だから, 定理 2.3.28 により $M \simeq \mathrm{Im}\, \lambda_a$ も自由加群である. $\square$

系 2.3.30 主イデアル環上の有限生成捩れなし加群は自由加群である.

2.3 可換環の初等的性質

定理 2.3.31 L を主イデアル環 R 上の自由加群，M をその部分加群で階数 n とする．すると L の基底の部分集合 $\{e_1, \ldots, e_n\}$ および 0 でない R の元 $a_1, \ldots, a_n$ で次の条件をみたすものが存在する．

(i) $\{a_1 e_1, \ldots, a_n e_n\}$ は M の基底である．

(ii) $a_i | a_{i+1}$ $(i = 1, \ldots, n-1)$

この条件をみたす $a_1, \ldots, a_n$ は R の単元倍を除き，一意的に定まる．言い換えると，イデアル $(a_1), \ldots, (a_n)$ は L, M により決まる．

$a_1, \ldots, a_n$ ないし $(a_1), \ldots, (a_n)$ を M の L に対する不変因子という．

証明 (存在) $n = \operatorname{rank} M$ に関する帰納法で示す．$n = 0$ のときは明らかなので，$n \geqq 1$ とする．

L から R への準同型の全体のなす集合を L^* と記す (L の準同型加群，4.1.1 項参照)．$L^* \ni f$ に対して $f(M)$ は R の部分加群すなわちイデアルである．

今，$\mathcal{I} = \{f(M) \mid f \in L^*\}$ を考える．すると $\mathcal{I}$ には 0 でないイデアルが存在する．実際，L の基底 $\{e_\iota\}_{\iota \in I}$ を選ぶと，$L \ni \ell = \sum_{\iota \in I} b_\iota e_\iota$ と一意的に表示できるから $p_\iota(\ell) = b_\iota$ と定めることができ，$p_\iota \in L^*$ である．$M \neq 0$ ならば，$0 \neq \ell \in M$ には $b_\iota \neq 0$ となる ι がとれる．すなわち $p_\iota(M) \neq 0$ である．

そこで，$\mathcal{I}$ の極大な元を $f_1(M)$ とする．R は主イデアル環なので $f_1(M) = (a_1)$ なる元 $a_1 \in R, \neq 0$ がある．$a_1 = f_1(m_1)$ $(m_1 \in M)$ とする．このとき，

任意の $f \in L^*$ に対し，$f(m_1) \in (a_1)$

が成り立つことを示そう．$(a_1, f(m_1)) = (b)$ とすると $ra_1 + sf(m_1) = b$ となる $r, s \in R$ が存在するが，$g = rf_1 + sf \in L^*$ とおくと，$b = g(m_1)$ となる．ゆえに $(a_1) \subset (a_1, f(m_1)) \subset g(M)$ だが，$f_1(M)$ の極大性より $(a_1) = (a_1, f(m_1)) = f_1(M)$ がいえるので，示せた．特に $a_1 | f(m_1)$ である．

さて $M \ni m$ は，L の基底 $\{e_\iota\}_{\iota \in I}$ により $m = \sum_{\iota \in I} p_\iota(m) e_\iota$ と表せる．そして，$a_1 | p_\iota(m_1)$ ゆえ $p_\iota(m_1) = a_1 b_\iota$ と表せる．$e_1 = \sum_{\iota \in I} b_\iota e_\iota$ とおくと $m_1 = a_1 e_1$ となり，$f_1(m_1) = a_1 f_1(e_1)$ より $f_1(e_1) = 1$ を得る．ゆえに，$f_1 : L \to R$ は全射で，また $f_1|_{Re_1} : Re_1 \simeq R$ であり R は自由加群ゆえ命題 2.2.47 により，直和分解 $L = L_1 + Re_1$, $L_1 := \operatorname{Ker} f_1$ が成り立つ．

また f_1 を M に制限した準同型 $f_1|_M : M \to R$ について, $M \supset Re_1$ ゆえ $f_1|_M$ は全射で同様に命題 2.2.47 により, 直和分解 $M = M_1 + Re_1$, $M_1 = \mathrm{Ker}(f_1|_M) = \mathrm{Ker}\, f_1 \cap M$ が成り立つ.

定理 2.3.28 により L_1, M_1 は自由加群であり $\mathrm{rank}\, M_1 = n - 1$ である. L_1 と M_1 に帰納法の仮定を適用すると, L_1 の基底の部分集合 $\{e_2, \ldots, e_n\}$ および 0 でない R の元 $a_2, \ldots, a_n$ で, $\{a_2 e_2, \ldots, a_n e_n\}$ は M_1 の基底であり, $a_i | a_{i+1}$ $(i = 2, \ldots, n-1)$ をみたすものが存在する. $\{e_1, \ldots, e_n\}$ および $a_1, \ldots, a_n$ が求めるものであることを示すためには, $a_1 | a_2$ をいえばよい.

ところで $\{e_1, \ldots, e_n\}$ は L の基底の一部であり, 直和因子 $Re_2 \simeq R$ への射影を $f_2 \in L^*$ とすると, $f_2(M_1) \ni f_2(a_2 e_2) = a_2$ となる. もし任意の $f \in L^*$ に対して $f(M_1) \subset (a_1)$ が示せれば, $a_2 \in (a_1)$ がいえて, $a_1 | a_2$ が分かる. そこで, $f(M_1) \not\subset (a_1)$ となる $f \in L^*$ があったと仮定する. 直和分解 $L = L_1 + Re_1$ を利用して $g(\ell_1 + be_1) = f(\ell_1) + b$ と定めると $g \in L^*$ となる. ところで $g(M) = f(M_1) + (a_1)$ となるが, 仮定より $g(M) \not\supset (a_1)$ となる. これは $(a_1) = f_1(M)$ の極大性に反する. ゆえに示せた.

$M' = Re_1 + \cdots + Re_n$ とおくと, $M'/M = (L/M)_{\mathrm{tors}}$ が成り立つ. 実際, $a_n M' \subset M$ ゆえ $a_n(M'/M) = 0$ だから $M'/M \subset (L/M)_{\mathrm{tors}}$ となる.

$\{e_1, \ldots, e_n\}$ を含む L の基底 $\{e_\iota\}_{\iota \in I}$ により $L \ni \ell = \sum_{\iota \in I} b_\iota e_\iota$ と表示して, $c \in R$ に対して $c\ell \in M$ だと仮定すると, $\iota \neq 1, \ldots, n$ のとき $b_\iota = 0$ である. したがって $\ell \in M'$ となり, $M'/M \supset (L/M)_{\mathrm{tors}}$ がいえた.

こうして M' は L, M から一意的に決まることがわかった. ところで $M'/M = \oplus_{i=1}^n Re_i / Ra_i e_i \simeq \oplus_{i=1}^n R/(a_i)$ となる. $\square$

$(a_1), \ldots, (a_n)$ の一意性は (外積を用いる) 次の命題から従う (外積 (定義 4.4.12) についての一般的性質のみを使うので, 順序は逆になるが論理的循環は生じない).

命題 2.3.32 可換環 R のイデアルの列 $\mathfrak{a}_1, \ldots, \mathfrak{a}_n$ に対して $E = \bigoplus_{i=1}^n R/\mathfrak{a}_i$ とする. $\{1, \ldots, n\}$ の部分集合 H に対して $\mathfrak{a}_H = \sum_{i \in H} \mathfrak{a}_i$ とおくとき,

$$\Lambda^p E \simeq \bigoplus_{\mathrm{Card}\, H = p} R/\mathfrak{a}_H$$

が成り立つ. 特に, イデアルの列が $\mathfrak{a}_1 \subset \cdots \subset \mathfrak{a}_n$ をみたすとき次が成り立つ

$(Ann_R(M)$ については定義 2.2.49 参照).

$$\mathfrak{a}_p = Ann_R(\Lambda^p E) \quad (p = 1, \ldots, n)$$

証明 命題の前半の式から後半の式は直ちに従うので,前半の式を示そう.自由加群 R^n の標準基底を $e_1, \ldots, e_n$ として,部分加群 $M = \sum_{i=1}^{n} \mathfrak{a}_i e_i$ を考えると $R^n/M \simeq \oplus_{i=1}^{n}(R/\mathfrak{a}_i)e_i \simeq E$ となる.

全射準同型 $\varphi : R^n \to E$; $\varphi(\sum_{i=1}^{n} a_i e_i) = (a_i + \mathfrak{a}_i)_{i=1,\ldots,n}$ から誘導される自然な準同型を $\Lambda^p \varphi : \Lambda^p R^n \to \Lambda^p E$ とする.$\Lambda^p \varphi$ は明らかに全射であり,$\mathrm{Ker}(\Lambda^p \varphi) = M \wedge (\Lambda^{p-1} R^n) =: M_p$ となる.$H = \{i_1, \ldots, i_p\}$ のとき $e_H = e_{i_1} \wedge \cdots \wedge e_{i_p}$ とおくと,$\Lambda^p R^n = \sum_{\mathrm{Card}\, H = p} Re_H$ である($p > n$ なら $\Lambda^p R^n = 0$ で $\Lambda^p E = 0$ となる).さて,$M_p = \sum_{\mathrm{Card}\, H = p} \mathfrak{a}_H e_H$ となることを示そう.すると命題の前半の式は直ちに従う.

$H = \{i_1, \ldots, i_p\}$ として,明らかに $\mathfrak{a}_{i_k} e_H \subset M_p = M \wedge (\Lambda^{p-1} R^n)$ だから,$\mathfrak{a}_H e_H \subset M_p$ がいえて,$\sum_{i \in H} \mathfrak{a}_H e_H \subset M_p$ がわかる.

逆の包含関係を示すために,$m = x_1 \wedge \cdots \wedge x_p \in M_p$ $(x_1 \in M,\ x_2, \ldots, x_p \in R^n)$ を考える.$x_j = \sum_{i=1}^{n} a_{ij} e_i$ とすると,$m = \sum_{\mathrm{Card}\, H = p} a_H e_H$ の形となる.ここで,a_H は $n \times p$ 行列 (a_{ij}) の添え字が H に属する $p \times p$ 小行列式である.$x_1 \in M$ という仮定より $a_{i1} \in \mathfrak{a}_i$ だから,$a_H \in \sum_{i \in H} \mathfrak{a}_i = \mathfrak{a}_H$ がわかる.ゆえに,$m \in \sum_{i \in H} \mathfrak{a}_H e_H$ が示せた.□

定理 2.3.31 の証明 (一意性) $a_1, \ldots, a_n$ と $b_1, \ldots, b_n$ が定理の条件 (i), (ii) をみたすとする.$(a_k) = A \supsetneq (a_{k+1})$, $(b_\ell) = A \supsetneq (b_{\ell+1})$ $(k, \ell \geqq 0)$ とすると,$M' = Re_1 + \cdots + Re_n$ として

$$M'/M \simeq \bigoplus_{i=k+1}^{n} R/(a_i) \simeq \bigoplus_{j=\ell+1}^{n} R/(b_j)$$

となるので,上の命題により $n - k = n - \ell = \max\{p \mid Ann_R(\Lambda^p E) \neq 0\}$ すなわち $k = \ell$ であり,また $(a_i) = (b_i)$ $(i \geqq k)$ を得る.□

定理 2.3.33 (主イデアル環上の有限生成加群の構造) 主イデアル環 R 上の有限生成加群 M は,次のように巡回加群の直和に同型である:

$$M = \bigoplus_{i=1}^{r} R/(b_i) \quad (b_i \in R)$$

ここで $R \neq (b_1) \supset (b_2) \supset \cdots \supset (b_r)$ とでき，これらのイデアルは M により一意的に決まる．

証明 $G = \{x_1, \cdots x_n\}$ を M の生成系として，$f_G : R^n \to M$; $f_G(a_i) = \sum_{i=1}^{n} a_i x_i$ を対応する全射準同型とする．$\mathrm{Ker}\, f_G$ は R^n の部分加群ゆえ，定理 2.3.31 を適用して $(a_1), \ldots, (a_m)$ を $\mathrm{Ker}\, f_G$ の R^n に対する不変因子とすると，$M \simeq R^n/\mathrm{Ker}\, f_G \simeq \bigoplus_{i=1}^{m} R/(a_i) \oplus R^{n-m}$ となる．

$R = (a_1) = \cdots = (a_s) \supsetneq (a_{s+1}) \cdots \supset (a_m)$ のとき，$r = n - s$ とおき，$(b_1) = (a_{s+1}), \ldots, (b_{m-s}) = (a_m)$ とする．$n > m$ のときは $(b_{m-s+1}) = \cdots = (b_{n-s}) = 0$ とおく．すると定理にある条件をみたすことは明らかである．$\square$

特に $R = \mathbb{Z}$ の場合は有限生成アーベル群の基本定理として知られている．

系 2.3.34 (有限生成アーベル群の構造)　有限生成アーベル群 M は，有限個の巡回群の直和に同型である．すなわち

$$M = \bigoplus_{i=1}^{s} \mathbb{Z}/(b_i) \quad (b_i \in \mathbb{Z})$$

ここで $0 \leqq b_i$, $b_i | b_{i+1}$ とできて，これらの整数は M により一意的に決まる．

$b_i = 0$ となる i の個数が $\mathrm{rank}\, M = r$ であり，$b_1, b_2, \ldots, b_{s-r}$ は M の単因子と呼ばれる．

問 2.3.35 M を主イデアル環 R 上の加群とする．$c \in R, c \neq 0$ に対して c 倍写像 $\lambda_c : M \to M$; $\lambda_c(m) = cm$ を考え，$_cM = \mathrm{Ker}\, \lambda_c$ とおく．

このとき，$a, b \in R$ を互いに素な元とすると，$_aM \cap {_bM} = 0$ であることを示せ．また，u を単数とすると $_{ua}M = {_aM}$ であることを示せ．

命題 2.3.36 M を主イデアル環 R 上の加群として，$c \in R, c \neq 0$ に対して $M(c) = \bigcup_{n \geqq 1} {_{c^n}M}$ とおく．

R 上の有限生成捩れ加群 M は，次のように直和分解する：

$$M = \bigoplus_{p} M(p)$$

(ここで p は $M(p) \neq 0$ なる素元 p を動く). また, $M(p)$ は巡回加群の直和と同型である:

$$M(p) = R/(p^{\nu_1}) \oplus R/(p^{\nu_2}) \oplus \cdots \oplus R/(p^{\nu_s})$$

(ここで $1 \leqq \nu_1 \leqq \nu_2 \leqq \cdots \leqq \nu_s$ は M により一意的に決まる.)

証明 上の補題から, 相異なる p, q に対して $M(p) \cap M(q) = 0$ となることに注意する.

M は捩れ加群だから, 任意の $m \in M$ に対し, ある $a \in R, a \neq 0$ が存在して $am = 0$ となる, すなわち $m \in {}_a M$ となる. $a = up_1^{e_1} \cdots p_r^{e_r}$ (u は単数, p_i は素元, $e_i > 0$) と素元分解できたとすると, 補題より ${}_a M = {}_{p_1^{e_1}} M + \cdots + {}_{p_r^{e_r}} M$ (直和) だから, $m \in M(p_1) \oplus \cdots \oplus M(p_r)$ を得る. これで前半がいえた.

さて $M(p)$ に定理 2.3.33 を適用して, $M(p) = \bigoplus_{i=1}^r R/(b_i)$ $(b_i \in R)$, $R \neq (b_1) \supset (b_2) \supset \cdots \supset (b_s)$ とする. すると $\mathrm{Ann}\, M(p) = (b_1)$ であり, これは適当な m について (p^m) という形である. $b_i | b_{i+1}$ であるから $b_i = p^{\nu_i}$, $m = \nu_1 \leqq \cdots \leqq \nu_s$ としてよい. これで後半も示せた. $\square$

2.4 半単純加群と半単純環

この節では可換とは限らない (単位元を有する) 環を考え, 半単純加群と半単純環について考察し, 特に半単純環の構造に関するウェッダーバーン-アルチンの定理を証明する.

2.4.1 半単純加群

左 A 加群 M は, $M \neq 0$ で, 自明な部分 A 加群しかもたないとき, 単純加群と呼んだ (定義 2.2.56). 定義から容易にわかるように, M が単純であるために, 全射準同型 $M \to M'$ (があればそれ) はゼロ射か同型のいずれかであることが必要十分である.

定義 2.4.1 (単純環) 環 A が, $\{0\}$ と A 以外にイデアルをもたないとき, A を単純環 (simple ring) という.

命題 2.4.2 可除環は単純環である.

100   2. 環 と 加 群

証明 実際, $\{0\}$ でない任意のイデアル I には単位元 1 が属するので, $I = A$ となる. □

命題 2.4.3 (シューアの補題) 単純左 A 加群 M の自己準同型環 $\mathrm{End}_A(M)$ は可除環である.

証明 $f \in \mathrm{End}_A(M)$ が $f \neq 0$ なら, $\mathrm{Im}\, f \neq 0$ かつ $\mathrm{Ker}\, f \neq M$ である. M の単純性から, $\mathrm{Im}\, f = M$ かつ $\mathrm{Ker}\, f = 0$ となるから, f は全単射であり, $\mathrm{End}_A(M)$ で可逆である. □

定義 2.4.4 (半単純加群) 左 A 加群 M について, その任意の部分 A 加群が M の直和因子であるとき, すなわち任意の短完全列

$$0 \to M' \to M \to M'' \to 0$$

が分裂するとき, M を半単純 (semi-simple) または完全可約 (completely reducible) という.

定義より, $\{0\}$ は半単純であるが, 単純でない. 単純加群は半単純である.

命題 2.4.5 半単純加群の部分加群は半単純である. また, 半単純加群の商加群は半単純である.

証明 実際, N を半単純加群 M の部分加群として, $N_1 \subset N$ を部分加群とする. $N_1 \subset M$ と考えると, ある部分加群 M_2 が存在して $M = N_1 \oplus M_2$ となる. $N_2 = N \cap M_2$ とおけば, $N = N_1 \oplus N_2$ となる.
 $\phi : M \to M'$ を全射とする. 部分加群 $N' \subset M'$ に対して $\phi^{-1}(N') \subset M$ とみて, ある部分加群 M_2 が存在して $M = \phi^{-1}(N') \oplus M_2$ となる. すると $\phi^{-1}(N') \supset \mathrm{Ker}\, \phi$ ゆえ $M' = N' \oplus \phi(M_2), \phi(M_2) \simeq M_2$ がわかる. □

例 2.4.6 環 R を左加群とみたときの, 単純部分加群とは極小な左イデアルに他ならない.

補題 2.4.7 0 でない半単純加群 M は単純加群を必ず含む.

証明 上の命題と例により, $M = A \cdot m\ (m \neq 0)$ としてよい. ツォルンの補題により, m を含まない部分加群のうち極大なものが存在する. それを N とする.

M の半単純性により，ある部分加群 N' により，$M = N \oplus N'$ となる．$N \neq M$ ゆえ $N' \neq 0$ である．そこで，N' の 0 でない部分加群 N'' をとると，N の極大性から $m \in N \oplus N''$ である．ゆえに，$M = A \cdot m \subset N \oplus N''$ となり，$N'' = N'$ を得るから，N' は単純である．$\square$

定理 2.4.8 左 A 加群 M について，次の 3 条件は同値である．

1) M は半単純である．
2) M は単純部分 A 加群の族の直和である．
3) M は単純部分 A 加群の族の和である．

証明 $1 \Rightarrow 3)$ M_1 を M のすべての単純部分 A 加群の和とする．M の半単純性により，$M = M_1 \oplus M_2$ と直和分解する．もし $M_2 \neq 0$ ならば，M_2 は単純部分 A 加群 N を含むが，$N \subset M_1 \cap M_2 = 0$ は矛盾である．よって，$M_2 = 0$ すなわち $M = M_1$ である．

$3 \Rightarrow 1)$ $M = \sum_{i \in I} M_i$ で，M_i は単純部分 A 加群とする．$N \subset M$ を部分 A 加群として，N が M の直和因子であることを示そう．そこで，2 条件

1) $\sum_{j \in J} M_j$ は直和である．
2) $N \cap \sum_{j \in J} M_j = 0$

をみたす部分集合 J を考える．ツォルンの補題により，このような J のうち極大なものが存在する．それを J_0 としよう．

$$M' = N + \sum_{j \in J_0} M_j = N \oplus \bigoplus_{j \in J_0} M_j$$

とおき，$M = M'$ を示そう．

そのためには，$M' \supset M_i \ (\forall i)$ をいいたい．もしある i について $M_i \not\subset M'$ ならば，M_i が単純だから，$M' \cap M_i = 0$ である．これより

$$M' + M_i = N \oplus \bigoplus_{j \in J_0} M_j \oplus M_i$$

となり，J の極大性に反する．

$2 \Rightarrow 3$ は自明であるから，$3 \Rightarrow 2$ を示そう．上の議論と同様に，$M = \sum_{i \in I} M_i$ で，M_i は単純部分 A 加群とする．$\sum_{j \in J} M_j$ は直和であるような部分集合 J の

集合を考えると，ツォルンの補題により，このような J のうち極大なものが存在するからそれを J_0 とする．$M' = \sum_{j \in J_0} M_j = \bigoplus_{j \in J_0} M_j$ とおき，$M = M'$ を示す．そのためには，$M' \supset M_i \, (\forall i)$ をいえばよいが，もしある i について $M_i \not\subset M'$ ならば，M_i が単純だから，$M' \cap M_i = 0$ である．これより

$$M' + M_i = \bigoplus_{j \in J_0} M_j \oplus M_i$$

となり，J_0 の極大性に反する．□

定理 2.4.9　環 A について，次の4条件は同値である．

1) 任意の左 A 加群は半単純である．
2) 任意の有限生成左 A 加群は半単純である．
3) 任意の巡回左 A 加群は半単純である．
4) A は左 A 加群として半単純である．

定義 2.4.10 (左半単純環)　上記の定理の同値な条件をみたす環 A を左半単純環という．同様に，右半単純環も定義される．

定理 2.4.9 の証明　$1 \Rightarrow 2 \Rightarrow 3 \Rightarrow 4$ という条件の含意は明らかである．

そこで，4 を仮定して 1 を示そう．巡回左 A 加群は半単純加群 A の商であるから，半単純である．任意の左 A 加群 M は，

$$M = \sum_{m \in M} A \cdot m$$

と表せるから，半単純加群の族の和であり，上の定理により半単純である．□

2.4.2　半単純環の構造

命題 2.4.11　左半単純環 A は，左ネーターであり，かつ左アルチンでもある．

証明　実際，定理 2.4.8，2.4.9 により，A は単純左イデアルの直和 $A = \bigoplus_{i \in I} \mathfrak{a}_i$ に書ける．また，単純左イデアルは極小左イデアルに他ならないことがわかる．$1 \in A$ の分解を考えれば，この直和は有限直和である．この分解から，A における昇鎖・降鎖は有限の長さしかもたないことがわかり，昇鎖律・降鎖律が成り立つ．□

2.4 半単純加群と半単純環　　　　103

命題 2.4.12 A を環とする．行列環 $\mathrm{M}_n(A)$ の任意のイデアルは，$\mathrm{M}_n(I)$ という形をしている．ここで I は，環 A の適当なイデアルである．

特に，A が単純環ならば，$\mathrm{M}_n(A)$ も単純環である．

証明　J を $\mathrm{M}_n(A)$ のイデアルとする．I を J に属する行列すべての $(1,1)$ 成分のなす集合とおく．

(i,j) 成分が A の乗法的単位元 1 であり，それ以外の成分が 0 である行列を E_{ij} とする．$C = (c_{ij}) \in \mathrm{M}_n(A)$ に対して，等式

$$E_{ij} C E_{k\ell} = c_{jk} E_{i\ell}$$

が成り立つことに注意する．

これより，$aE_{1,1} C E_{1,1} = ac_{1,1} E_{1,1} \ (a \in A)$ となるので，I が A のイデアルであることがわかる．

$C \in J$ について，$E_{1j} C E_{k1} = c_{jk} E_{1,1}$ だから，$c_{jk} \in I \ (\forall j, k)$ である．ゆえに，$J \subset \mathrm{M}_n(I)$ がいえた．

逆に，$B = (b_{i\ell}) \in \mathrm{M}_n(I)$ について，各 (i,ℓ) について $b_{i\ell} E_{i\ell} \in J$ を示せば $B \in J$ だから，$\mathrm{M}_n(I) \subset J$ がいえる．ところで，$b_{i\ell} = c_{1,1}$ なる $C = (c_{ij}) \in J$ が存在する．上の等式で $j = k = 1$ とすると，

$$b_{i\ell} E_{i\ell} = c_{1,1} E_{i\ell} = E_{i1} C E_{1\ell}$$

となり，右辺は J に属している．

最後の主張は明らかであろう．□

左半単純加群の定義により，左半単純環とは極小左イデアルの直和に表せる環に他ならない．

命題 2.4.13 $A_1, \ldots, A_r$ を左半単純環とする．このとき，直積環 $A_1 \times \cdots \times A_r$ は左半単純環である．

証明　A_i は $A = A_1 \times \cdots \times A_r$ のイデアルとみなせて，A_i の極小左イデアルは A のやはり極小左イデアルとなる．i を動かすときに A_i の極小左イデアルの和は A となるので，A は左半単純加群であることがわかる．□

定理 2.4.14 可除環 D 上の行列環 $A = \mathrm{M}_n(D)$ について，次の性質が成り立つ．

104   2. 環 と 加 群

1) A は単純環であり，かつ左半単純である．また，左アルチン環かつ左ネーター環である．

2) 左単純 A 加群が (同型を除き) 唯一つ存在する．それを L とすると，L は忠実な A 加群であり，$A \simeq L^{\oplus n}$ である．

3) 左 A 加群の準同型環 $\mathrm{End}(_A L)^{op}$ は D に同型である．

証明 $L = D^n$ を列ベクトルの空間とする．行列の左乗法で L は左 A 加群である．L への D の元の右スカラー作用で L は右 D 加群でもある．右 D 加群の準同型環 $\mathrm{End}(L_D)$ は自然に $A = \mathrm{M}_n(D)$ に同型である．したがって，L は忠実な A 加群である．また，$0 \neq \ell \in L$ について，$A\ell = D^n = L$ が示せるので，L は単純 A 加群である．これで L の一意性を除き (2) が示せた．

次に，L_i を i 列以外 0 である行列の全体として，行列の列ベクトルへの分解

$$A = L_1 \oplus \cdots \oplus L_n$$

を考えると，$L_i \simeq L$ は単純であり，A は半単純左 A 加群である．よって，$A \simeq L^{\oplus n}$ であり A は左半単純環である．

L' を単純左 A 加群とすると，$0 \neq \ell' \in L'$ に対して $\mathrm{m} = Ann(\ell')$ は左極大イデアルで，$L' \simeq A/\mathrm{m}$ となる．L' は A の組成因子であるので，ジョルダン-ヘルダーの定理により，$L' \simeq L$ となる．これで L の一意性が示せた．

D は単純環であるので，上の命題により A も単純環である．A のイデアルは自然に左 D 加群であるから，A が D 上有限次元であるので，降鎖律と昇鎖律を満たすことは明らか．よって，A は左アルチンかつ左ネーターである．以上で (1) が示せた．

最後に，$\varphi : D \to \mathrm{End}(_A L)^{op}$ を $\varphi(d)(\ell) = \ell d$ と定める．$\varphi(d_1 d_2) = \varphi(d_2) \circ \varphi(d_1)$ が成り立ち，φ は $\mathrm{End}(_A L)^{op}$ への環準同型である．L は忠実な A 加群であるから，φ は単射である．

$f \in \mathrm{End}(_A L)^{op}$ に対して，$e_1 = {}^t(1, 0, \ldots, 0)$ の f による像を $f(e_1) = {}^t(d, *, \ldots, *)$ $(d \in D)$ とする．このとき，$f = \varphi(d)$ が成り立つ．実際，任意の $\ell = {}^t(d_1, \ldots, d_n) \in L = D^n$ に対して，

$$\mathbb{D} := \begin{pmatrix} d_1 & 0 & \cdots & 0 \\ \vdots & \vdots & \vdots & \vdots \\ d_n & 0 & \cdots & 0 \end{pmatrix}$$

とおくと，$\ell = \mathbb{D}e_1$ だから，

$$f(\ell) = f(\mathbb{D}e_1) = \mathbb{D}f(e_1) = \mathbb{D}\begin{pmatrix} d \\ * \\ \vdots \\ * \end{pmatrix} = \begin{pmatrix} d_1 d \\ \vdots \\ d_n d \end{pmatrix} = \ell d = \varphi(d)(\ell)$$

となり，主張が示された．□

定理 2.4.15 (ウェッダーバーン-アルチンの定理) A を左半単純環とすると，可除環 $D_1, \ldots, D_r$ および自然数 $n_1, \ldots, n_r$ が存在して，$A \simeq \mathrm{M}_{n_1}(D_1) \times \cdots \times \mathrm{M}_{n_r}(D_r)$ となる．r と (順番の入れ替えを除き) 組 $(n_1, D_1), \ldots, (n_r, D_r)$ は一意的に決まる．また，A 上の左単純加群の同型類はちょうど r 個存在する．

証明 A を半単純左 A 加群として極小左イデアルの有限直和に分解する．そこで，左 A 加群として同型な直和因子をまとめて

$$A \simeq M_1^{\oplus n_1} \oplus \cdots \oplus M_r^{\oplus n_r}$$

という形とする．ただし，M_i は単純左 A 加群で，$M_i \not\simeq M_j \ (i \neq j)$ とする．

この両辺の自己同型環を計算する．左辺の自己同型環は $\mathrm{End}_A(A) \simeq A : f \mapsto f(1)$ となる．

右辺だが，$\mathrm{Hom}_A(M_i^{\oplus n_i}, M_j^{\oplus n_j}) \simeq \mathrm{Hom}_A(M_i, M_j)^{\oplus n_i n_j} = 0 \ (i \neq j)$ であり，$\mathrm{End}_A(M_i^{\oplus n_i}) \simeq \mathrm{M}_{\oplus n_i}(D_i)$ となることに注意する．ただし，$D_i = \mathrm{End}_A(M_i)$ とおく．すると，右辺の自己同型環は

$$\mathrm{End}_A(M_1^{\oplus n_1} \oplus \cdots \oplus M_r^{\oplus n_r}) \simeq \mathrm{M}_{n_1}(D_1) \times \cdots \times \mathrm{M}_{n_r}(D_r)$$

となる．よって，環同型

$$A \simeq \mathrm{M}_{n_1}(D_1) \times \cdots \times \mathrm{M}_{n_r}(D_r)$$

が得られた．

106　　　　　　　　　　　　2. 環 と 加 群

分解の一意性を示すため，もう一つの同型 $A \simeq \mathrm{M}_{n'_1}(D'_1) \times \cdots \times \mathrm{M}_{n'_s}(D'_s)$ があったとする．ここで D'_i は可除環とする．環 $\mathrm{M}_{n'_i}(D'_i)$ 上の唯一つの単純左加群を L_i とする．射影 $A \to \mathrm{M}_{n'_i}(D'_i)$ を通じて，L_i を単純左 A 加群とみる．このとき，A 加群として $L_i \not\simeq L_j$ $(i \neq j)$ であることは容易にわかる．

定理 2.4.14 (2) により，A 加群として

$$A \simeq L_1^{\oplus n'_1} \oplus \cdots \oplus L_s^{\oplus n'_s}$$

となる．ジョルダン–ヘルダーの定理 2.2.64 により組成列を考えると，$r = s$ であり，順番を替えて $M_i \simeq L_i, n_i = n'_i$ とできる．定理 2.4.14 (3) により，$A_i = \mathrm{M}_{n'_i}(D'_i)$ とおいて $D'_i \simeq \mathrm{End}_{A_i}(L_i) = \mathrm{End}_A(L_i) \simeq \mathrm{End}_A(M_i) = D_i$ がいえた．□

系 2.4.16　左半単純環は右半単純環でもある．

問 2.4.17　1) 単純左 A 加群 M, N が互いに同型でないとき，$\mathrm{Hom}_A(M, N) = 0$ となることを示せ．

2) 左 A 加群 M と自然数 n に対して，環同型 $\mathrm{End}_A(M^{\oplus n}) \simeq \mathrm{M}_n(D)$ が存在することを示せ．ただし，$D = \mathrm{End}_A(M)$ とおく．

3) $A = A_1 \times A_2$ を左半単純環 A_1, A_2 の積とする．M_i $(i = 1, 2)$ を単純左 A_i 加群とする．射影 $A \to A_i$ を通じて M_i を A 加群とみるとき，$M_1 \not\simeq M_2$ であることを示せ．

Tea Break　デデキントとネーター

　環と加群の理論の誕生にもっとも寄与したと考えられるのが，この 2 人のドイツ人である．デデキントは環と加群の概念の誕生にもっとも寄与し，ネーターはイデアルの理論，非可換環の構造と数論への応用等に寄与しているが，2 人には具体的な対象の抽象的特徴を捉えて，概念に基づく議論を推進している点が共通している．これにヒルベルトの基底定理・零点定理の議論を加えれば，今日の代数学の基本が形作られた流れがわかったといえるだろう．

　リヒャルト・デデキント (Richard Dedekind, 1831–1916, 図 2.6) は，ブラウンシュヴァイクに生まれ，1852 年には博士号を取得し，1854 年に教授資格をリーマンと同時期に取得した．1858 年からチューリッヒ工科大学教授を，1862 年からブ

ラウンシュヴァイク工科大学教授を務めた. デデキントは 1850 年からゲッチンゲン大学で学び, ガウスの最後の学生となり, リーマンと親しかった.

デデキントはイデアルの概念を導入し, 代数的整数の環におけるイデアルの素イデアルへの因数分解を示した. しかし, 環 (ring) という用語を最初に使ったのはヒルベルトであるらしい. デデキントのイデアル論はディリクレの講義録である「整数論講義」の補遺 XI において展開された. また, 1855 年にはゲッチンゲン大学での講義でガロア理論を扱った. 彼自身の著作としては, 「代数的整数論」(1896 年) を著している. ハインリッヒ・ヴェーバーとの共同研究では, リーマン面の理論を純代数的に扱うため, 1 変数関数体の理論を展開した. そのヴェーバーは「代数学教程」3 巻を著した.

実数の定義として (デデキントの) 切断なる概念を導入したことはよく知られている. それについて「数とは何か, 何であるべきか」なるエッセーを書いた. また, 彼はカントールの無限を扱う集合論を支持した.

エミー・ネーター (Emmy Noether, 1882–1935, 図 2.7) は, 数学者マックス・ネーターを父としてエルランゲンに生まれた. 1900〜1903 年にかけてエルランゲン大学で学んだ. 当時は女子学生は各講義の教授から受講の許可を得なければならなかった. 1903 年からポール・ゴルダンの下で不変式の研究をして, 1907 年に博士号を得た. その後, 無給で研究を進め, 学生の指導をし, ゼミナールと演習を受け持ち, 父の代講までした. クラインとヒルベルトの招きで 1916 年にゲッチンゲン大学に移り, 助手として働く. 当時, 一般相対性理論がホットな話題であり, 不変式論の専門家としてのネーターは保存量と対称性の一般的な関係を記述する (理論物理の) ネーターの定理を証明している. エルランゲン時代の師の一人がフィッシャーであるが, 彼との交流や保存量の仕事が抽象的なアプローチへとネーターを導いたように思われる.

1919 年に教授資格を得て, 私講師となった. そこに至るまではヒルベルトの働きが大きかったという裏話がある. 1921 年のイデアル論の論文では, 昇鎖律, (ネーター環における) 準素分解を今日の教科書にみるのとほぼ同じ形で記述している. その後, 有限群の群環等の非可換環の理論とその数論への応用を研究した. これらの新たな研究についての講義も次々と行った.

ネーターの周りには若い学生や研究者が集まった. 学生には Grete Herman, Köthe, Krull, Deuring, Fitting, Witt, Tsen, 正田, Levitski, van der Waerden らがいて, ネーター・クナーベン (ボーイズ) と呼ばれた. 研究者では, Schmidt, Artin, Hasse, Alexandroff, Pontrjagin, Hopf がいた. 最後の 3 人でわかるように, 代数的トポロジーの成長時期にネーターは大きな影響を与えている.

1932 年にはチューリッヒでの国際数学者会議で招待講演を行い，その実力が広く認められた．しかし，ユダヤ人であった彼女は，1933 年にナチスによりゲッチンゲン大学から追放され，やむなく米国に渡った．ペンシルベニア州のブリン・モー (Bryn Maw) 大学に職を得たが，1935 年に腫瘍の手術後に亡くなった．

　ヘルマン・ワイルによる追悼文の中の "Her strength lay in her ability to operate abstractly with concepts." (「彼女の優れた点は，概念を抽象的に操る能力にある．」) という言葉がネーターの数学の特質を表している．

図 2.6　デデキント

図 2.7　ネーター

第 3 章
圏 と 関 手

CHAPTER **3**

　圏と関手は，数学のさまざまな分野における研究対象のもっとも基本的な枠組みである．第1節では，圏と関手，そして自然変換の概念をさまざまな例を通じて理解する．第2節では，さまざまな圏に共通する構成法である，普遍写像問題，あるいは極限・余極限の概念を，表現可能関手をはじめとして説明してゆく．第3節では，加法圏，アーベル圏と加法関手についての基本的な事柄を説明する．第4節では，さまざまな形で現れる積を圏のモノイド構造として定式化する．

3.1　圏, 関手, 自然変換

3.1.1　圏

　圏論を始めるのに，集合と写像の初歩的な用語を用いる．例えば，集合は，限定された元の集まりのことであるが，クラスとは，必ずしも集合ではない大きな元の集まりも許したものであった．

定義 3.1.1 (圏)　圏 (category) $\mathcal{C}$ とは

- $Ob(\mathcal{C})$ と記されるクラス　と,
- $\forall X, Y \in Ob(\mathcal{C})$ ごとに与えられる集合 $\hom_{\mathcal{C}}(X, Y) = \mathcal{C}(X, Y)$

からなり，さらに

- 写像 $m_{X,Y,Z} : \mathcal{C}(X, Y) \times \mathcal{C}(Y, Z) \longrightarrow \mathcal{C}(X, Z)$ と
- $\forall X \in Ob(\mathcal{C})$ ごとの $id_X \in \mathcal{C}(X, X)$ と記される元

が与えられ，次の条件をみたすものをいう．

Cat1)　$m_{X,Z,W}(m_{X,Y,Z}(f,g), h) = m_{X,Y,W}(f, m_{Y,Z,W}(g, h))$　(結合法則)

$$(\forall\, X, Y, Z, W \in Ob(\mathcal{C}),\ \forall f \in \mathcal{C}(X,Y),\ \forall g \in \mathcal{C}(Y,Z),\ \forall h \in \mathcal{C}(Z,W))$$

Cat2) $\quad m_{X,X,Y}(id_X, f) = f \quad (\forall Y \in Ob(\mathcal{C}),\ \forall f \in \mathcal{C}(X,Y))$

$$m_{Y,X,X}(g, id_X) = g \quad (\forall Y \in Ob(\mathcal{C}),\ \forall g \in \mathcal{C}(Y,X))$$

$Ob(\mathcal{C})$ の元は対象 (object) と，$\hom_{\mathcal{C}}(X,Y) = \mathcal{C}(X,Y)$ の元は射 (morphism) と呼ばれる．id_X を恒等射 (identity) という．$\mathcal{C}(X,Y) \ni f$ に対し，X は f の始点または源 (source)，Y は f の終点または的 (target) という．また，写像 $m_{X,Y,Z}$ は射の合成 (composition) と呼ばれる．$m_{X,Y,Z}(f,g)$ を $g \circ f$ あるいは gf と普通は略記する．後には，$X \in Ob(\mathcal{C})$ を $X \in \mathcal{C}$ と略記する．

クラス $Ob(\mathcal{C})$ が集合であるとき，$\mathcal{C}$ は小さな圏 (small category) であるという．

群論の用語に従うと，合成をそなえた $\mathcal{C}(X,X)$ は id_X を単位元とする (非可換) 半群，すなわちモノイド (monoid) である．

例 3.1.2 $Ob(\mathcal{C})$ が 1 元集合 $\{*\}$ である場合．このとき，$\mathcal{C}$ は $\mathcal{C}(*,*)$ により決まる．すなわち，対象が 1 元のみの圏はモノイドに他ならない．

例 3.1.3 (離散的な圏・連結な圏) 圏 $\mathcal{C}$ の射として恒等射のみ存在する圏を離散的な (discrete) 圏という．離散的な圏は $Ob(\mathcal{C})$ のみで決まる．逆に集合が与えられると，それを対象のクラスとする圏が唯一つ定まる．すなわち集合を圏とみなしたものである．

空でなく任意の 2 つの対象 X, Y に対して，有限個の $X_0, \ldots, X_n \in Ob(\mathcal{C})$ が存在して $\mathcal{C}(X_i, X_{i+1}) \neq \phi$ または $\mathcal{C}(X_{i+1}, X_i) \neq \phi$ の少なくとも一方は成り立つとき，$\mathcal{C}$ を連結な (connected) 圏という．

例 3.1.4 (集合のなす圏) $Ob(\mathcal{C})$ が集合のクラスであり，集合間の写像を射とする圏を考えることができる．特に，$Ob(\mathcal{C})$ をあらゆる集合のなすクラスとした圏を Set と記す．

例 3.1.5 (順序集合が与える圏) 順序集合 $(L, \leqq)$ すなわち集合 L とその上の順序 $\leqq$ に対して，$Ob(\mathcal{C}) := L$ とおき，

$$\hom(\ell, \ell') = \begin{cases} \{*\} & \text{if} \quad \ell \leqq \ell' \\ \emptyset & \text{if} \quad \ell \nleqq \ell' \end{cases}$$

と射の集合を定めて圏を考えることができる．射の合成は $\ell \leqq \ell' \leqq \ell''$ の場合，

自然に (唯一通りに) 定まる.

　自然数の集合 $\mathbb{N}$ と大小関係の定める順序，あるいは集合 X のべき集合 $\mathcal{P}(X) = 2^X$ と包含関係の定める順序はそれぞれ圏を定める.

例 3.1.6 (単体のなす圏)　$n \in \mathbb{Z}_{\geq 0}$ に対して $[n] := \{0, 1, \ldots, n\}$ とおく．圏 Δ の対象全体を $Ob(\Delta) = \{[n] \mid n \in \mathbb{Z}_{\geq 0}\}$ とし，$\Delta([n], [m])$ を $[n]$ から $[m]$ への単調増加写像の全体とおいて得られる圏とする.

　圏 Δ は単体的複体を考えるときの基になる.

例 3.1.7 (代数的構造のなす圏)　$Ob(\mathcal{C})$ として，半群，モノイド，(非可換) 群，アーベル群のクラスを考え，それぞれ半群の準同型写像，モノイドの準同型写像，(非可換) 群の準同型写像，アーベル群の準同型写像を射とする圏を考えることができる．特に $Ob(\mathcal{C})$ を，あらゆる半群，モノイド，(非可換) 群，アーベル群のなすクラスとした圏をそれぞれ $SemiGp, Monoid, Gp, Ab$ と記す.

例 3.1.8 (環上の加群のなす圏)　対象として環 R 上の左加群を考え，R 加群の準同型写像を射とする圏を $R\text{-}Mod$ と記す．同様に環 R 上の右加群を考えた圏を $Mod\text{-}R$ と記す．対象として環 R 上の有限生成左加群を考え，R 加群の準同型写像を射とする圏を $R\text{-}mod$ と記す.

　環 R が体 k の場合は，k ベクトル空間の圏，または有限次元 k ベクトル空間の圏に他ならないが，これを $k\text{-}Vec, k\text{-}Vec^f$ と記すことがある.

例 3.1.9 (位相空間のなす圏)　位相空間のなすクラスを $Ob(\mathcal{C})$ として，位相空間の間の連続写像を射とする圏を考えることができる．特に，$Ob(\mathcal{C})$ をあらゆる位相空間のなすクラスとした圏を Top と記す.

例 3.1.10 (位相空間の開集合のなす圏)　位相空間 X に対して，$Ob(\mathcal{C})$ を X のすべての開集合のなす集合として，開集合同士の包含写像を射とする圏 $Open(X)$ を考える．$Ouv(X)$ と記すこともある.

　これは，順序集合が与える圏の例となっている.

定義 3.1.11 (全射，単射)　1) 圏 $\mathcal{C}$ の射 $f : X \to Y$ は，$\mathcal{C}$ の射 $g, h : Y \to Y'$ が $gf = hf$ をみたすならば $g = h$ が成り立つとき，全射 (epimorphism) であるといわれる.

2) 圏 $\mathcal{C}$ の射 $f : X \to Y$ は,$\mathcal{C}$ の射 $g, h : X' \to X$ が $fg = fh$ をみたすならば $g = h$ が成り立つとき,単射 (monomorphism) であるといわれる.

定義 3.1.12 (同型) 圏 $\mathcal{C}$ の射 $f : X \to Y$ は,$\mathcal{C}$ の射 $g : Y \to X$ で条件 $gf = id_X$,$fg = id_Y$ をみたすものが存在するとき,同型 (isomorphism) と呼ばれる.

群における逆元の一意性の証明をまねて,同型 f に対する射 g が一意的に存在することがわかり,g を f の逆射 (inverse) と呼ぶ.

同型は,全射かつ単射である.しかし集合の圏の場合と異なり,一般には,全射かつ単射である射が,必ずしも同型とは限らない.例えば,位相空間のなす圏 Top での同型は同相 (写像) に他ならないが,全単射だが同相でない写像が存在する.

定義 3.1.13 (部分,商) 圏 $\mathcal{C}$ の単射 $i_1 : X_1 \to X, i_2 : X_2 \to X$ について,同型 $f : X_1 \to X_2$ が存在して,$i_1 \circ f = i_2$ が成り立つとき,i_1, i_2 は同型であるという.X を終点とする単射の同型類を X の部分対象 (subobject) あるいは部分 (sub) という.

圏 $\mathcal{C}$ の全射 $p_1 : X \to X_1, p_2 : X \to X_2$ について,同型 $f : X_1 \to X_2$ が存在して,$f \circ p_1 = p_2$ が成り立つとき,p_1, p_2 は同型であるという.X を始点とする全射の同型類を X の商対象 (quotient object) あるいは商 (quotient) という.

定義 3.1.14 (双対圏) 圏 $\mathcal{C}$ に対して,

$$Ob(\mathcal{C}^{op}) := Ob(\mathcal{C}), \quad \mathcal{C}^{op}(X, Y) := \mathcal{C}(Y, X) \qquad (X, Y \in Ob(\mathcal{C}))$$

とおき,射の合成 m^{op} を

$$m^{op}_{X,Y,Z}(f, g) := m_{Z,Y,X}(g, f)$$

と定めると,新しい圏 $\mathcal{C}^{op}$ ができる.これを,射の向きを反転して得られた圏または双対圏 (opposite category) という.

圏 $\mathcal{C}$ での概念や構成を圏 $\mathcal{C}^{op}$ で考えることにより,その双対を定式化することができる.例えば,部分対象の双対概念は商対象である.

例 3.1.15 (圏の直積) 2 つの圏 $\mathcal{C}, \mathcal{D}$ に対して,

$$Ob(\mathcal{C} \times \mathcal{D}) := Ob(\mathcal{C}) \times Ob(\mathcal{D})$$

$$(\mathcal{C} \times \mathcal{D})((X,Y),(X',Y')) := \mathcal{C}(X,X') \times \mathcal{D}(Y,Y')$$

$$(X, X' \in Ob(\mathcal{C}),\ Y, Y' \in Ob(\mathcal{D}))$$

とおくと，新たに圏ができる．これを $\mathcal{C}$ と $\mathcal{D}$ の直積といい，$\mathcal{C} \times \mathcal{D}$ と記す．

定義 3.1.16 (部分圏，充満部分圏) 圏 $\mathcal{C}$ の部分圏 $\mathcal{S}$ とは，

- $Ob(\mathcal{C})$ の部分クラス $Ob(\mathcal{S})$ と，
- $\forall\, X, Y \in Ob(\mathcal{C})$ ごとの部分集合 $\hom_{\mathcal{S}}(X,Y) = \mathcal{S}(X,Y) \subset \mathcal{C}(X,Y)$

が与えられ，次の条件をみたすものをいう．

Subc1) $\quad m_{X,Y,Z}(\mathcal{S}(X,Y) \times \mathcal{S}(Y,Z)) \subset \mathcal{S}(X,Z)$ $(\forall X, Y, Z \in Ob(\mathcal{S}))$
Subc2) $\quad id_X \in \mathcal{S}(X,X)$ $(\forall X \in Ob(\mathcal{S}))$

このとき，$\mathcal{S}$ は，写像 $m_{X,Y,Z}$ の $\mathcal{S}(X,Y) \times \mathcal{S}(Y,Z)$ への制限を考えることにより圏をなしている．

部分圏 $\mathcal{S}$ が $\mathcal{S}(X,Y) = \mathcal{C}(X,Y)$ $(\forall X, Y \in Ob(\mathcal{S}))$ をみたすとき，$\mathcal{S}$ は $\mathcal{C}$ の充満部分圏 (full subcategory) であるという．

例 3.1.17 環 R 上の有限生成左加群のなす圏 (例 3.1.8) $R\text{-}mod$ は，左 R 加群の圏 $R\text{-}Mod$ の充満部分圏である．同様に $mod\text{-}R$ は $Mod\text{-}R$ の充満部分圏，体 k 上の有限次元 k ベクトル空間の圏 $k\text{-}Vec^f$ は $k\text{-}Vec$ の充満部分圏である．

例 3.1.18 単体のなす圏 (例 3.1.6) Δ は，有限順序集合を対象とし，単調増加写像を射とする圏の充満部分圏である．

例 3.1.19 (圏の射のなす圏) 圏 $\mathcal{C}$ が与えられたとき，$\mathcal{C}$ の射のなす圏 $Mor(\mathcal{C})$ を定義する．

$$Ob(Mor(\mathcal{C})) = \sqcup_{X,Y \in \mathcal{C}}\, \mathcal{C}(X,Y)$$

$$Mor(\mathcal{C})(X \xrightarrow{u} Y, X' \xrightarrow{u'} Y')$$

$$= \{(f,g) \in \mathcal{C}(X,X') \times \mathcal{C}(Y,Y') \mid u' \circ f = g \circ u\}$$

$(f,g) \in Mor(\mathcal{C})(X \xrightarrow{u} Y, X' \xrightarrow{u'} Y')$ と $(f',g') \in Mor(\mathcal{C})(X' \xrightarrow{u'} Y', X'' \xrightarrow{u''} Y'')$ の合成は $(f',g') \circ (f,g) = (f' \circ f, g' \circ g)$ と定義する．

また, $id_{u:X\to Y} = (id_X, id_Y)$ である.

より一般に, 圏 $\mathcal{C}$ の合成可能な射の列 $(f_i : X_i \to X_{i+1})_{i=1,\dots,n-1}$ を対象とする圏 $Mor_n(\mathcal{C})$ を考えることができる. 射の集合は

$$Mor_n(\mathcal{C})((f_i : X_i \to X_{i+1}), (f_i' : X_i' \to X_{i+1}'))$$
$$= \{(\varphi_i : X_i \to X_i')_{i=1,\dots,n} \mid f_i' \circ \varphi_i = \varphi_{i+1} \circ f_i\}$$

と定める.

射がつくる圏をもう一つ導入しよう.

例 3.1.20 圏 $\mathcal{C}$ に対して, 新たな圏 $\mathcal{C}\backslash X$ を次のように定義する.

$$Ob(\mathcal{C}\backslash X) := \{f : X \to Y \in Mor(\mathcal{C})\}$$
$$\mathcal{C}\backslash X(f : X \to Y, f' : X \to Y') := \{g \in \mathcal{C}(Y, Y') \mid f' = g \circ f\}$$

圏 $\mathcal{C}\backslash X$ は, $Mor(\mathcal{C})$ の部分圏であり, $id_X : X \to X$ を始対象とする圏である. 射の向きを反対にして, 同様に部分圏 $\mathcal{C}/X$ が定まる.

$\mathcal{C}\backslash X, \mathcal{C}/X$ などはスライス圏 (slice category) とも呼ばれる.

Tea Break　圏 (カテゴリー) の語源

　カテゴリー (category) という語は, 分類する際の一つの類の意味で日常的に使われているが, 数学用語としての日本語訳は圏である (彌永・小平[1]) にすでにその表記がみられる). 実は一般的な訳は範　疇 である. 広辞苑でみてみると, 「圏　1. ぐるりにかこいをしたところ. 輪. 2. 限られた区域. 範囲.」とある.

　また, 「範疇」を調べてみると, 「書経の洪 範 九 疇 という語から西 周 がつくった訳語」との説明があり, 続いて「ギリシア語のカテゴリア. 述語の意. 述語はいろいろな意味で存在 (ある) を表すところから, 多義的な存在の基本的構造を表す術語となった. そこからさらに認識の基本的構造を表すことにもなった.」と説明している. さらに「1. 存在のもっとも基本的な概念 (例えば実体・因果関係・量・質など). これを存在の基本的な在り方と考えるもの (アリストテレス), 悟性の先天的概念と見るもの (カント) など, さまざまな考え方がある. 2. 個々の科学での基礎となる観念. 数学における数の観念, 自然諸科学における因果律などの観念. 3. 同じ種類のものの所属する部類・部門の意.」とある.

なお，洪範九疇は，「書経」の洪範編に「天乃ち禹に洪範九疇を錫う」とある通り，中国古代の伝説上の夏王朝の禹が天帝から授けられたという天地の大法で，政治道徳の九原則のことである．

ギリシャ語 $\kappa\alpha\tau\eta\gamma o\rho\iota\alpha$ の意味は，「公開の場 (agora) で或るものを上からみおろして (kata) その或るものを呼びとめること」である．

哲学における用法だが，アリストテレスは 10 に分けた存在のもつ基本的性質 (の一つ一つ) をカテゴリと呼び，カテゴリは存在論における基本概念のひとつであった．18 世紀に，イマヌエル・カントは人間認識を基礎付ける超越論的制約の一つである純粋悟性概念をカテゴリと呼び，カテゴリの意味は認識論的側面へ転換した．

現在，カテゴリーは圏の 2 の意味 (広辞苑) で日常的に使われている．

3.1.2 関　　手

集合と集合を結ぶものとして写像が考えられるように，圏と圏を結ぶものとして関手が考えられる．さらに，関手と関手を結ぶ自然変換 (ないし関手的射) が考えられるのが圏論の特徴である．

定義 3.1.21 (関手)　圏 $\mathcal{C}$ から圏 $\mathcal{C}'$ への関手 (functor) $F : \mathcal{C} \to \mathcal{C}'$ とは，

- クラスの間の写像 $F : Ob(\mathcal{C}) \to Ob(\mathcal{C}')$ と，
- $\forall X, Y \in Ob(\mathcal{C})$ ごとの写像 $F = F_{X,Y} : \mathcal{C}(X,Y) \to \mathcal{C}'(F(X), F(Y))$

からなり，次の条件をみたすものをいう．

Fct1)　$F(m^{\mathcal{C}}_{X,Y,Z}(f,g)) = m^{\mathcal{C}'}_{F(X),F(Y),F(Z)}(F(f), F(g))$
$$(\forall f \in \mathcal{C}(X,Y), g \in \mathcal{C}(Y,Z))$$

Fct2)　$F(id_X) = id_{F(X)}$　$(\forall X \in Ob(\mathcal{C}))$

関手は函手とも書かれる．

上記の条件は，次の図式が可換であることと同値である．

$$
\begin{array}{ccc}
\mathcal{C}(X,Y) \times \mathcal{C}(Y,Z) & \xrightarrow{m^{\mathcal{C}}_{X,Y,Z}} & \mathcal{C}(X,Z) \\
F \times F \downarrow & & \downarrow F \\
\mathcal{C}'(F(X),F(Y)) \times \mathcal{C}'(F(Y),F(Z)) & \xrightarrow{m^{\mathcal{C}'}_{F(X),F(Y),F(Z)}} & \mathcal{C}'(F(X),F(Z))
\end{array}
$$

例 3.1.22 (恒等関手)　$Id_{\mathcal{C}} : \mathcal{C} \to \mathcal{C}$ を

$$Id_{\mathcal{C}}(X) = X, \quad Id_{\mathcal{C}}(f) = f \qquad (\forall X \in Ob(\mathcal{C}), \forall f \in \mathcal{C}(X,Y))$$

116   3. 圏 と 関 手

と定め，恒等関手 (identity functor) と呼ぶ.

例 3.1.23 (自然な埋め込み関手)   圏 $\mathcal{C}$ の部分圏 $\mathcal{S}$ に対して，

$$i(X) := X$$
$$i = i_{X,Y} : \mathcal{S}(X,Y) \to \mathcal{C}(X,Y) ; \quad i(f) := f$$
$$(\forall X, Y \in Ob(\mathcal{S}),\ f \in \mathcal{S}(X,Y))$$

とおいて定義される関手 $i : \mathcal{S} \to \mathcal{C}$ を自然な埋め込み関手という.

例 3.1.24 (忘却関手)   群 G に対して，その積演算，単位元，逆元の操作を忘れて単に集合とみた G を対応させることにより，関手 $Forget : Gp \to Set$ が得られる. これを忘却関手 (forgetful または forgetting functor) という.

　同様に，上部構造を忘れることにより関手が定義されることがあり，それを忘却関手という. 例えば，位相空間に対し，その位相構造を忘れることにより関手 $Forget : Top \to Set$ が定義できる.

例 3.1.25   例 3.1.19 の圏 $Mor(\mathcal{C})$ を思い起こすと，射の始点，終点を対応させる関手 $s, t : Mor(\mathcal{C}) \to \mathcal{C}$ が定義される.

$$s(X \xrightarrow{u} Y) = X, \quad s : Mor(\mathcal{C})(X \xrightarrow{u} Y, X' \xrightarrow{u'} Y') \to \mathcal{C}(X, X') ; s(f, g) = f$$
$$t(X \xrightarrow{u} Y) = Y, \quad t : Mor(\mathcal{C})(X \xrightarrow{u} Y, X' \xrightarrow{u'} Y') \to \mathcal{C}(Y, Y') ; t(f, g) = g$$

例 3.1.26   圏 $\mathcal{C}$ を環 R 上の左加群の圏 $R\text{-}Mod$ として，$Mor(\mathcal{C}) = Mor(R\text{-}Mod)$ を考える. すると，準同型 $u : M \to N$ の核 $\mathrm{Ker}\, u$ は関手 $\mathrm{Ker} : Mor(R\text{-}Mod) \to R\text{-}Mod$ を定める: $(f, g) \in Mor(R\text{-}Mod)(M \xrightarrow{u} N, M' \xrightarrow{u'} N')$ に対して次のようにおけばよい.

$$\mathrm{Ker}(f, g) = f|_{\mathrm{Ker}\, u} : \mathrm{Ker}\, u \to \mathrm{Ker}\, u'$$

同様に，Coker, Im, Coim も関手とみられる.

定義 3.1.27 (共変・反変関手)   圏 $\mathcal{C}^{op}$ から圏 $\mathcal{D}$ への関手 $F : \mathcal{C}^{op} \to \mathcal{D}$ を圏 $\mathcal{C}$ から圏 $\mathcal{D}$ への反変関手 (contravariant functor) という. ここで，圏 $\mathcal{C}^{op}$ は圏 $\mathcal{C}$ から射の向きを反転して得られる圏 $\mathcal{C}^{op}$ である. これに対して，圏 $\mathcal{C}$ から圏 $\mathcal{D}$ への関手を共変関手 (covariant functor) という.

圏 $\mathcal{C}$ から圏 $\mathcal{D}$ への反変関手 F については,(圏 $\mathcal{C}$ の)射 $f : X \to Y$ に対して,射 $F(f) : F(Y) \to F(X)$ が対応して,射の合成に関して $F(gf) = F(f)F(g)$ が成り立つもの,といえる.

例 3.1.28 (積関手) 2つの関手 $F : \mathcal{C} \to \mathcal{C}', G : \mathcal{D} \to \mathcal{D}'$ に対して,

$$(F \times G)(X, Y) := (F(X), G(Y)) \quad (X \in Ob(\mathcal{C}), Y \in Ob(\mathcal{D}))$$
$$(F \times G)(f, g) := (F(f), G(g)) \quad (f \in \mathcal{C}(X, X'), \ g \in \mathcal{D}(Y, Y'))$$

とおくことにより,関手 $F \times G : \mathcal{C} \times \mathcal{D} \to \mathcal{C}' \times \mathcal{D}'$ が定義できる.これを関手 F, G の積という.

定義 3.1.29 (双関手) 圏の積 $\mathcal{C} \times \mathcal{C}'$ から $\mathcal{D}$ への関手 $H : \mathcal{C} \times \mathcal{C}' \to \mathcal{D}$ を双関手 (bifunctor) という.関手 F, G の積 $F \times G : \mathcal{C} \times \mathcal{D} \to \mathcal{C}' \times \mathcal{D}'$ は,圏の直積 $\mathcal{C}' \times \mathcal{D}'$ への双関手とみることができる.

例 3.1.30 (対象が表現する関手) 圏 $\mathcal{C}$ の対象 $Z \in \mathcal{C}$ に対して,

$$F(X) := \mathcal{C}(Z, X)$$
$$F = F_{X,Y} : \mathcal{C}(X, Y) \to Set(\mathcal{C}(Z, X), \mathcal{C}(Z, Y)) \ ; \ F(f) := m_{Z,X,Y}(g, f)$$
$$(\forall X, Y \in Ob(\mathcal{C}), \ f \in \mathcal{C}(X, Y), g \in \mathcal{C}(Z, X))$$

とおくと,関手 $F : \mathcal{C} \to Set$ が定義できる.これを対象 Z が表現する関手といい,h_Z と記す.同様に,

$$F(X) := \mathcal{C}(X, Z)$$
$$F = F_{X,Y} : \mathcal{C}(X, Y) \to Set(\mathcal{C}(Y, Z), \mathcal{C}(X, Z)) \ ; \ F(f) := m_{X,Y,Z}(f, g)$$
$$(\forall X, Y \in Ob(\mathcal{C}), \ f \in \mathcal{C}(X, Y), g \in \mathcal{C}(Y, Z))$$

とおくと,反変関手 $F : \mathcal{C}^{op} \to Set$ が定義できる.これも対象 Z が表現する関手といい,h^Z と記す.

$\mathcal{C}(Z, X)$ において,Z も X も同時に変数とみることは,双関手

$$\mathcal{C}(\ , \ ) : \mathcal{C}^{op} \times \mathcal{C} \to Set$$

を考えることに他ならない.

118   3. 圏　と　関　手

定義 3.1.31 (忠実な関手, 充満な関手)　関手 $F: \mathcal{C} \to \mathcal{D}$ について

$$F = F_{X,Y}: \mathcal{C}(X,Y) \to \mathcal{D}(F(X), F(Y))$$

が $\forall X, Y \in Ob(\mathcal{C})$ について単射であるとき, 関手 F は忠実である (faithful) という. また, $F_{X,Y}$ が $\forall X, Y \in Ob(\mathcal{C})$ について全射であるとき, 関手 F は充満である (full) という.

$\forall X' \in Ob(\mathcal{D})$ について $X \in Ob(\mathcal{C})$ および同型 $X' \simeq F(X)$ が存在するとき, 関手 F は本質的に全射 (essentially surjective) であるという.

例 3.1.32　$\mathcal{S}$ が圏 $\mathcal{C}$ の部分圏であるとき, 自然な埋め込み関手 $i: \mathcal{S} \hookrightarrow \mathcal{C}$ は忠実である. さらに, $\mathcal{S}$ が充満部分圏であるなら, i は充満でもある.

例 3.1.33　アーベル群のなす圏 Ab は群のなす圏 Gp の充満部分圏であり, 自然な埋め込み関手 $i: Ab \hookrightarrow Gp$ は忠実である.

例 3.1.34　忘却関手 $Forget: R\text{-}Mod \to Ab$ は忠実である.

定義 3.1.35 (カンマ圏)　関手 $F: \mathcal{A} \to \mathcal{C}, G: \mathcal{B} \to \mathcal{C}$ が与えられたとき, カンマ圏 (comma category) と呼ばれる圏 $\mathcal{D}$ を次のように定義する.

 • $Ob(\mathcal{D})$ は三つ組 (A, h, B) の全体とする. ここで, $A \in Ob(\mathcal{A}), B \in Ob(\mathcal{B}), h \in \mathcal{C}(F(A), G(B))$ とする.

 • $Ob(\mathcal{D}) \ni (A, h, B), (A', h', B')$ の間の射とは, 射の組 (f, g) ($f \in \mathcal{A}(A, A')$, $g \in \mathcal{B}(B, B')$) であって次の図式が可換となるものである.

$$\begin{array}{ccc} F(A) & \xrightarrow{F(f)} & F(A') \\ h\downarrow & & \downarrow h' \\ G(B) & \xrightarrow{G(g)} & G(B') \end{array}$$

$\mathcal{D}$ を $(F \Rightarrow G)$ または $(F \downarrow G)$ と記す.

例 3.1.36　• を $Ob(\bullet) = \{*\}$ が 1 元集合で, $Hom_\bullet(*, *) = \{id_\bullet\}$ なる圏とする. $A \in Ob(\mathcal{A})$ は, $G(*) = A$ なる唯一の関手 $G: \bullet \to \mathcal{A}$ を定める. G を A と (記号の濫用により) 記す.

$F = id_\mathcal{A}: \mathcal{A} \to \mathcal{A}$ と $G = A: \bullet \to \mathcal{A}$ から決まるカンマ圏 $(id_\mathcal{A} \Rightarrow A)$ はスライス圏 $\mathcal{A}/A$ に他ならない. 同様に $(A \Rightarrow id_\mathcal{A})$ は圏 $A/\mathcal{A}$ に他ならない.

例 **3.1.37**　$A \in \mathcal{C}$ をとる. 関手 $F = A : \bullet \to \mathcal{C}$ と $G : \mathcal{D} \to \mathcal{C}$ から決まるカンマ圏 $(A \Rightarrow G)$ の対象は組 (B, h) と同一視できる. ここで, $B \in \mathcal{D}, h \in \mathcal{C}(A, G(B))$ である. (B, h) から (B', h') への射は $g : B \to B'$ であって, 次の図式が可換となるものである.

$$
\begin{array}{ccc}
A & \xrightarrow{\ \ h\ \ } & G(B) \\
 & {\scriptstyle h'}\searrow & \downarrow {\scriptstyle G(g)} \\
 & & G(B')
\end{array}
$$

カンマ圏は随伴関手の存在に大きく関わっている.

3.1.3　自　然　変　換

関手と関手を結びつけるものが自然変換である. これにより関手同士の関係を述べられるようになる.

定義 3.1.38 (自然変換)　関手 $F : \mathcal{C} \to \mathcal{D}$ から関手 $G : \mathcal{C} \to \mathcal{D}$ への自然変換 (natural transformation) $\eta : F \to G$ とは,

- $\forall\, X \in Ob(\mathcal{C})$ ごとの写像 $\eta_X : F(X) \to G(X)$

であって, 次の条件をみたすものをいう.

$$
\text{nt)}\quad G(f)\eta_X = \eta_Y F(f) \quad (\forall X, Y \in Ob(\mathcal{C}),\ \forall f \in \mathcal{C}(X, Y))
$$

すなわち, 次の図式は可換である:

$$
\begin{array}{ccc}
F(X) & \xrightarrow{\ \eta_X\ } & G(X) \\
{\scriptstyle F(f)}\downarrow & & \downarrow {\scriptstyle G(f)} \\
F(Y) & \xrightarrow{\ \eta_Y\ } & G(Y)
\end{array}
$$

自然変換を関手的射 (functorial morphism) と呼ぶこともある.

自然変換 $\eta : F \to G$ が, $\forall\, X \in Ob(\mathcal{C})$ に対して, $\eta_X : F(X) \to G(X)$ が同型であるとき, η を (自然な) 同値, あるいは (自然な) 同型と呼ぶ.

例 **3.1.39**　射 $u : Z \to Z' \in \mathcal{C}(Z, Z')$ に対して, $h^u(f) := uf$ $(f \in \mathcal{C}(X, Z))$ とおくことにより, 自然変換 $h^u : h^Z \to h^{Z'}$ が定まる.

同様に, 自然変換 $h_u : h_{Z'} \to h_Z$ が定まる.

例 **3.1.40**　群 G に対して, 唯一つの対象 $\{*\}$ をもち G を射の集合とする圏を

同じ記号 G と表すことにする。このとき、関手 $F : G \to Set$ は

$$X = F(*) \in Set, \qquad F(g) : X \to X \quad (g \in G)$$

なるデータと対応する。等式 $F(gh) = F(g)F(h)$ $(g, h \in G)$ も成り立つことから、F は群準同型 $G \to Aut(X)$ と考えることができて、関手 F は G が作用する集合 (G 集合) X に対応する。通常の表現に直すには、$g \in G, x \in X$ に対して $g \cdot x := F(g)(x)$ とおけばよい。

では、自然変換 $\eta : F_1 \to F_2$ を G 集合の言葉で言い換えてみる。$\eta = \eta_*$, $X_i = F_i(*)$ $(i = 1, 2*)$ とおくと、η が自然変換である条件

$$F_2(g)\eta = \eta F_1(g) \quad (g \in G)$$

が成り立つことである。これをみたす写像 $\eta : X \to Y$ を G 同変写像 (G-equivariant map) という。

関手 $F : \mathcal{C} \to \mathcal{D}$ と関手 $G : \mathcal{D} \to \mathcal{C}$ が互いに逆になっているとき、すなわち $GF = Id_\mathcal{C}$, $FG = Id_\mathcal{D}$ をみたすとき、F と G は互いに逆であり、G は F の逆関手であるという。しかし、圏の中での同型な対象が多く存在しうることから、この当然の定義はあまり実用的ではなく、次の圏同値が有用な概念である。

定義 3.1.41 (圏同値) 関手 $F : \mathcal{C} \to \mathcal{D}$ に対して、関手 $G : \mathcal{D} \to \mathcal{C}$ が存在して関手 GF と $Id_\mathcal{C}$ が同値で、また FG と $Id_\mathcal{D}$ が同値であるとき、関手 F は圏 $\mathcal{C}$ と $\mathcal{D}$ の間の圏同値 (equivalence of categories) を与えるという。このとき、圏 $\mathcal{C}$ と $\mathcal{D}$ は同値 (equivalent)、あるいは圏同値であるという。

命題 3.1.42 関手 $F : \mathcal{C} \to \mathcal{D}$ が圏同値であるために、次の 2 条件は必要十分である。

   i) F は忠実かつ充満である。   ii) F は本質的に全射である。

証明 必要性は明らか。条件 i), ii) を仮定して関手 $G : \mathcal{D} \to \mathcal{C}$ を構成しよう。条件 ii) より $\forall X' \in \mathcal{D}$ に対して $X' \simeq F(X)$ なる $X \in \mathcal{C}$ を選び、$X = G(X')$ とおく。また、先の同型を $\alpha_{X'} : X' \xrightarrow{\sim} F(X)$ とする。$u' : X' \to Y' \in \mathcal{D}(X', Y')$ に対して $X = G(X'), Y = G(Y')$ とおき、同型 $F_{X,Y} : \mathcal{C}(X, Y) \to \mathcal{D}(X', Y')$ による逆像 $u = F_{X,Y}^{-1}(\alpha_{Y'} u' \alpha_{X'}^{-1}) \in \mathcal{C}(G(X'), G(Y'))$ を $G(u')$ とする。こうし

て定めた G が $\mathcal{D}$ から $\mathcal{C}$ への関手であり，$GF \simeq Id_{\mathcal{C}}$, $FG \simeq Id_{\mathcal{D}}$ であることの確認は略す．□

問 3.1.43 この証明の最後の部分の $GF \simeq Id_{\mathcal{C}}$, $FG \simeq Id_{\mathcal{D}}$ であることを確かめよ．

例 3.1.44 (有限次元ベクトル空間の双対) 体 k 上の k ベクトル空間の圏を $k\text{-}Vec$ と記した．$k\text{-}Vec \ni V$ に対して，V の双対空間を対応させる (反変) 関手

$$(\ )^* : k\text{-}Vec \to k\text{-}Vec \ ; \ V \mapsto V^* := \mathrm{Hom}_k(V, k)$$

が考えられる．特に，体 k 上の有限次元 k ベクトル空間のなす充満部分圏 $k\text{-}Vec^f$ にこの関手を制限して考えると，$(k\text{-}Vec^f \ni V$ について $\dim V = \dim V^* < \infty$ なので) (反変) 関手

$$(\ )^* : k\text{-}Vec^f \to k\text{-}Vec^f \ ; \ V \mapsto V^* := \mathrm{Hom}_k(V, k)$$

が得られる．有限次元ベクトル空間の自己双対性により，関手 $(\ )^*$ はそれ自身の逆関手であることがわかり，$(\ )^*$ は圏同値である．

問 3.1.45 1) k ベクトル空間 V に対して $\theta_V : V \to (V^*)^*$ を

$$\theta_V(v)(\ell) := \ell(v) \quad (v \in V, \ \ell \in V^*)$$

と定めると，線形写像であり，単射であることを示せ．

2) V が有限次元ならば，θ_V は同型であることを示せ．

3) $D = (\ )^*$ とおくとき，$\theta : id_{k\text{-}Vec_k^f} \to D \circ D = D^2$ は自然変換であることを確かめよ．

例 3.1.46 (関手のなす圏・前層) 圏 $\mathcal{C}, \mathcal{D}$ に対して，

$$Ob(Fct(\mathcal{C}, \mathcal{D})) := \mathcal{C} \text{ から } \mathcal{D} \text{ への関手全体のなすクラス}$$

$$\mathrm{Hom}_{Fct(\mathcal{C}, \mathcal{D})}(F, G) := F \text{ から } G \text{ への自然変換の全体のなす集合}$$

とおくと，圏 $Fct(\mathcal{C}, \mathcal{D})$ が定まる．これを $\mathcal{C}$ から $\mathcal{D}$ への関手のなす圏という．$\mathcal{D}^{\mathcal{C}}$ と記すこともある．

$\hat{\mathcal{C}} := Fct(\mathcal{C}^{\circ}, Set)$ とおく．$\hat{\mathcal{C}}$ の対象を集合に値をとる (集合の) 前層 (presheaf with values in sets) という．

例 3.1.47 圏 **2** を $Ob(\mathbf{2}) = \{1, 2\}$, $\mathbf{2}(i, i) = \{id_i\}$, $\mathbf{2}(i, j) = \emptyset$ $(i \neq j)$ と定める. このとき圏 $\mathcal{C}$ に対して,

$$Fct(\mathbf{2}, \mathcal{C}) \simeq \mathcal{C} \times \mathcal{C} \; ; \; F \mapsto (F(1), F(2))$$

なる自然な圏同値が存在する.

例 3.1.48 群 G を唯一つの対象 $\{*\}$ をもつ圏とみる. (例 3.1.40)

このとき, $Fct(G, Set)$ は G 集合と G 同変写像のなす圏と同一視できる.

例 3.1.49 (単体的対象) 単体のなす圏 (3.1.6) Δ から圏 $\mathcal{C}$ への反変関手のなす圏 $S\mathcal{C} = Fct(\Delta^\circ, \mathcal{C})$ の対象を, $\mathcal{C}$ の単体的対象という. 単体的対象 F に対して $X_n = F([n])$ とおき, F の代わりに $X_. = \{X_n\}_{n \in \mathbb{Z}_{\geq 0}}$ と記すことが多い.

特に集合の圏 $\mathcal{C} = Set$ の場合, $Fct(\Delta^\circ, Set)$ を $SSet$ と記し, 単体的集合の圏という. 同様に, アーベル群の圏 $\mathcal{C} = Ab$ の場合に, 単体的アーベル群の圏 $SAb = Fct(\Delta^\circ, Ab)$ が考えられる.

Tea Break 圏論の始まり

圏の概念は, 1945 年の Eilenberg–MacLane の論文 General Theory of Natural Equivalences において初めて登場した. そこでは, 彼らの 1942 年の論文において必要であった同型の自然性の定式化を, 関手の間の自然変換として記述するために, 圏の概念が導入された. その中で最初にあげられた例が, 有限次元ベクトル空間の自己双対性の定理 (例 3.1.44) である.

代数的トポロジーにおいて圏の概念が導入されると, ホモロジー・コホモロジーを扱う環論・整数論, 層係数のコホモロジーを扱う複素多様体, 代数幾何学に応用されつつ, ホモロジー代数学を中心に広まっていった. ホモロジー・コホモロジーは関手の重要な一例であり, 圏と関手の理論はホモロジー代数と一体となって発展してきた. ホモロジー代数の歴史については, Kashiwara-Schapira[27], Weibel[29] に詳しい記述がある.

19 世紀末から 20 世紀初頭にかけては, 数学の抽象化のうねりが広がっていった. 群・体, 環の概念, 多様体の概念, 計量の概念等々が導入されて, 集合の上部構造がいろいろと登場していた背景では, 圏の概念の導入は極めて自然であったといえよう.

20 世紀最後の四半世紀には, 圏自身が研究の対象と意識されることが多くなっ

た. 例えば, 複素多様体上の偏屈層 (perverse sheaf) は, 構成可能層の複体だが, その全体はアーベル圏をなす. このような幾何学に起源をもつ理論も, 三角圏とその t 構造という一般的な圏論内の概念として整理され, さらに適用範囲が広がってゆく.

3.2　表現可能関手と極限

3.2.1　表現可能関手

普遍的な性質をもつ対象を定式化するのに圏論は適しているが, その基礎となるのが表現可能関手である. 例 3.1.30 で対象が表現する関手 h_Z, h^Z を導入した.

定義 3.2.1 (表現可能関手)　関手 $F : \mathcal{C} \to Set$ に対して, 対象 $Z \in Ob(\mathcal{C})$ と同型 $\eta : F \to h_Z$ が存在するとき, 共変関手 F は表現可能 (representable) であるという. 組 (η, Z) あるいは η を関手 F の表現 (representation) という.

関手 $F : \mathcal{C}^\circ \to Set$ に対して, 対象 $Z \in Ob(\mathcal{C})$ と同型 $\eta : F \to h^Z$ が存在するとき, 反変関手 F は表現可能であるという.

例 3.2.2　単体的集合の圏 $SSet = Fct(\Delta^\circ, Set)$ (例 3.1.49) において, $[n] \in \Delta$ が表現する関手 $h^{[n]}$ を $\Delta[n]$ と記す. 定義により $\Delta[n]_m = \Delta([m], [n])$ である.

表現可能関手をもとに, いろいろな概念を導入することができる. 極限・余極限などについては次の節にゆずり, ここでは始対象・終対象を導入しよう.

定義 3.2.3 (始対象・終対象)　関手 $F : \mathcal{C} \to Set$ を $F(X) = \{*\}$ $(\forall X \in \mathcal{C})$ と定義する ($\{*\}$ は 1 元集合). この関手が表現可能であるとき, この関手を表現する対象を始対象 (initial object) という. すなわち, 対象 $I \in \mathcal{C}$ から任意の対象 X へ射が唯一つ存在するとき, I を始対象という.

反変関手 $F : \mathcal{C}^\circ \to Set$ を $F(X) = \{*\}$ $(\forall X \in \mathcal{C})$ と定義する. この関手が表現可能であるとき, この関手を表現する対象を終対象 (final object) という.

例 3.2.4　集合の圏 $\mathcal{C} = Set$ においては, 空集合 $\emptyset$ が始対象であり, 1 元集合 $\{*\}$ が終対象である. 群の圏 Gp, アーベル群の圏 Ab においては, 単位群 $\{e\}$ が始

対象かつ終対象である.

例 3.2.5 体を対象とし, 体の準同型を射とする圏を $Field$ とする. このとき, $Field$ には始対象は存在しない. 実際, 異なる標数の体の間に体の準同型は存在しない.

例 3.2.6 例 3.2.56 の圏 $\mathcal{C}\backslash X$ において, $id_X : X \to X$ が始対象であり, C/X において $id_X : X \to X$ が終対象である.

定義 3.2.7 (普遍射・普遍元) 関手 $F : \mathcal{D} \to \mathcal{C}$ と対象 $C \in \mathcal{C}$ に対して, 対象 $D \in \mathcal{D}$ と射 $u : C \to F(D)$ の組 (D, u) が次の条件をみたすとき, C から F への**普遍射** (universal morphism) という.

任意の組 (E, v) $(E \in \mathcal{D},\ v : C \to F(E))$ に対して, 射 $v' : D \to E$ であって $v = F(v') \circ u$ をみたすものが唯一つ存在する.

関手 $\mathcal{C}(C,\ ) : \mathcal{C} \to Set$ と $F : \mathcal{D} \to \mathcal{C}$ の合成関手

$$\mathcal{C}(C,\ ) \circ F : \mathcal{D} \to Set\ ;\ E \mapsto \mathcal{C}(C, F(E))$$

を考える. 組 (D, u) が C から F への普遍射であることは, $\mathcal{C}(C,\ ) \circ F = \mathcal{C}(C, F(\ ))$ が対象 D により表現可能であり, 関手の同型 $\eta : h_D \xrightarrow{\sim} \mathcal{C}(C, F(\ ))$ のもと $\eta(id_D) = u$ となることと同値である.

双対な概念である F から C への普遍射も同様に定義される.

関手 $F : \mathcal{D} \to Set$ に対して, 対象 $D \in \mathcal{D}$ と元 $e \in F(D)$ の組 (D, e) が次の条件をみたすとき, 関手 F の**普遍元** (universal element) という.

任意の組 (E, f) $(E \in \mathcal{D},\ f \in F(E))$ に対して, 射 $f' : D \to E$ であって $f = F(f')(e)$ をみたすものが唯一つ存在する.

普遍射を普遍写像と呼んだり, 普遍射の存在についての問題を普遍写像問題とも呼ぶことがある. また, 元 $e \in F(D)$ は (集合の圏における) 射 $e : \{*\} \to F(E)$ と同一視できるので, 関手 $F : \mathcal{D} \to Set$ の普遍元は $\{*\}$ から F への普遍射に他ならない.

例 3.2.8 (商群) 群 G とその正規部分群 H を考える. 商群 G/H と自然な全

射準同型 $\pi : G \to G/H$ の組 $(G/H, \pi)$ は，次の関手の普遍元である．

$$F : Gp \to Set \; ; \; F(G') = \{ f \in Gp(G, G') \mid H \subset \mathrm{Ker}\, f \}$$

$$F(h)(f) = h \circ f \quad (h \in Gp(G', G''), \quad f \in F(G'))$$

実際，(G', f) を群 G' と元 $f \in F(G')$ の組とすると，群の準同型定理により $f = \overline{f} \circ \pi$ と分解する準同型 $\overline{f} : G/H \to G'$ が一意的に存在する．

$\pi \in F(G/H)$ であり，$F(\overline{f}) : F(G/H) \to F(G')$ は $\overline{f} \circ \pi = F(\overline{f})(\pi)$ をみたしている．

米田の補題 圏 $\mathcal{C}$ に対して集合に値をとる前層 (定義 3.1.46) の圏 $\widehat{\mathcal{C}} = Fct(\mathcal{C}^{op}, Set)$ は，元の圏 $\mathcal{C}$ を拡大した圏とみることができることを主張するのが次の定理の系である．

定理 3.2.9 関手 $F : \mathcal{C}^{op} \to Set$ と $\mathcal{C}$ の対象 X について次の全単射が存在する．

$$\gamma : \widehat{\mathcal{C}}(h^X, F) \to F(X) \quad ; \quad \gamma(\eta) = \eta_X(id_X) \quad (\eta \in \hat{\mathcal{C}}(h^X, F))$$

証明 γ の逆写像 $\delta : F(X) \to \hat{\mathcal{C}}(h^X, F)$ を $(m \in F(X),\ f \in \mathcal{C}(Y, X))$

$$\delta(m)_Y : h^X(Y) \to F(Y) \; ; \; \delta(m)_Y(f) = F(f)(m)$$

と定義しよう．右辺は $F(f) : F(X) \to F(Y)$ による $m \in F(X)$ の像である．まず $\delta \circ \gamma$ を計算する．$\eta \in \hat{\mathcal{C}}(h^X, F)$ に対して，$\delta \circ \gamma(\eta) = \zeta$ とおくと，

$$\zeta_Y(f) = \delta(\gamma(\eta))_Y(f) = F(f)(\gamma(\eta)) = F(f)(\eta_X(id_X))$$

となる．ところで，自然変換の定義から $F(f)\eta_X = \eta_Y h^X(f)$ が成り立ち，$h^X(f)(g) = g \circ f$ だから，

$$F(f)(\eta_X(id_X)) = \eta_Y h^X(f)(id_X) = \eta_Y(f)$$

となり，$\zeta_Y = \eta_Y$ を得る．

次に $\gamma \circ \delta$ を計算する．$m \in F(X)$ に対して，

$$\gamma(\delta(m)) = \delta(m)_X(id_X) = F(id_X)(m) = id_{F(X)}(m) = m$$

となる．すなわち，$\gamma \circ \delta = id_{F(X)}$ である．□

126   3. 圏 と 関 手

系 3.2.10 (米田の補題) 圏 $\mathcal{C}$ に対して関手

$$h : \mathcal{C} \longrightarrow \widehat{\mathcal{C}} \ ; \ X \mapsto h^X$$

は忠実充満である.

証明 $F = h^Z$ の場合を考えると

$$\widehat{\mathcal{C}}(h^X, h^Z) \simeq h^Z(X) = \mathcal{C}(X, Z)$$

となり, 定理の証明中の δ は

$$\delta(m)_Y(f) = h^Z(f)(m) = m \circ f = h^f(m) \quad (m \in h^Z(X), f \in \mathcal{C}(Y, X))$$

であり h による対応となっている. □

　この忠実充満な関手 h により, $\mathcal{C}$ を $\widehat{\mathcal{C}}$ の部分圏とみなすことができる. この h を米田の埋め込み (Yoneda embedding) としばしば呼ぶ. 定理 3.2.9 を米田の補題と呼ぶことも多い.

注意 3.2.11 圏 $\mathcal{C}$ の対象 X, S に対して, $\mathcal{C}(S, X) = h^X(S)$ を $X(S)$ とも記すことがある. $\mathcal{C} = Set$ で $S = \{*\}$ の場合, $X(S) \simeq X$ と集合 X が復元される. これから一般の場合, $X(S)$ を X の S に値をとる点と呼ぶことがある.

　米田の補題は, X のすべての対象 S に値をとる点を考えれば, X は (同型を除き) 回復できることを示す.

3.2.2　極限・余極限

　ここでは, 集合や加群の圏で可能である積, 引き戻し, といった新たな対象をつくるさまざまな構成法を包括する極限と, その双対である余極限を取り上げる.

　まず, 積を圏の言葉で定式化しよう.

定義 3.2.12 (積) 圏 $\mathcal{C}$ の対象 X, Y に対して, 対象 Z と射の組 $p_1 : Z \to X, p_2 : Z \to Y$ が次の条件をみたすとき, (Z, p_1, p_2) (あるいは略して Z) を X と Y の積 (product) である, という.

　　Pr)　任意の対象 $D \in \mathcal{C}$ と射の組 $f_1 : D \to X, f_2 : D \to Y$ に対して, 射 $f : D \to Z$ であって $f_i = p_i \circ f \ (i = 1, 2)$ が成り立つものが唯一つ存在する.

3.2 表現可能関手と極限

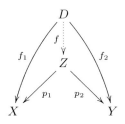

次に示すように，X と Y の積は同型を除き唯一つ存在するので，Z を $X \times Y$ と記す．

(Z', p_1', p_2') をもう一つの X と Y の積とすると，Z のみたす条件 (Pr) で $D = Z'$ としたときの射 f を $f : Z' \to Z$ として，Z' のみたす条件 (Pr) で $D = Z$ としたときの射 f を $g : Z \to Z'$ とする．すると，fg と id_Z は $p_i id_Z = p_i = p_i fg$ $(i = 1, 2)$ をみたすので一意性により $fg = id_Z$ が成り立つ．同様に $gf = id_{Z'}$ が成り立つゆえに f, g は同型である．

例 3.2.13 Set における積は，集合の直積 (と標準射影の組) である．

位相空間の積は，直積集合に直積位相を与えた位相空間である．

群，環，加群のそれぞれの圏における積は，直積集合に成分ごとの演算を与えて得られる．

例 3.2.14 順序集合 $(A, \preccurlyeq)$ を圏とみなす (例 3.1.5)．すると $a, b \in A$ の (圏における) 積とは，$\{a, b\}$ の下限 $\inf\{a, b\} = a \wedge b$ に他ならない．特に，全順序集合においては圏としての積は存在する．

例えば，集合 B のべき集合 $A = 2^B$ で包含関係を順序とすると，部分集合 $A_1, A_2 \subset A$ の (圏としての) 積は，共通部分 $A_1 \cap A_2$ に他ならない．

もう一つ，等化子なる概念を導入しよう．

定義 3.2.15 (等化子) 圏 $\mathcal{C}$ の対象 X, Y 間の射 $s, t : X \to Y$ に対して，対象 Z と射 $i : Z \to X$ の組で $si = ti$ をみたしている組が次の条件をみたすとき，(Z, i) (あるいは略して Z) を $s, t : X \to Y$ の等化子 (equalizer) である，という．

Eq) 任意の対象 $D \in \mathcal{C}$ と射 $f : D \to X$ の組で $sf = tf$ をみたしている組に対して，射 $\overline{f} : D \to Z$ であって $f = i\overline{f}$ が成り立つものが唯一つ存在

する.

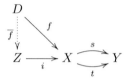

(存在すれば) Z は同型を除き唯一つであるので,それを $Eq(s,t)$ と記す.

$if = ig$ とすると,$sif = tig$ であるが,等化子の普遍性から $f = g$ となるので,$i : Eq(s,t) \to X$ は単射である.

例 3.2.16 圏 Set における $s, t : X \to Y$ の等化子は,

$$Eq(s,t) = \{(x,y) \in X \mid s(x) = t(x) \}$$

で与えられる.位相空間の圏 Top においては,連続写像 $s, t : X \to Y$ の等化子は,集合としての $Eq(s,t)$ に X からの誘導位相を与えて得られる.

例 3.2.17 環 R 上の左加群の圏 $R\text{-}Mod$ において,準同型 $u, v : M \to N$ の等化子は,集合としての $Eq(u,v)$ に M の部分加群の構造を与えて得られる.また,$Eq(u,v) = \mathrm{Ker}(u - v)$ であることに注意する.

上記の積と等化子に共通のパターンは,

といった $\mathcal{C}$ での図式から出発して,共通の条件をみたす対象の中で普遍的なものとして定義をしていることである.

定義 3.2.18 (圏図式) (小さな) 圏 $\mathcal{I}$ と圏 $\mathcal{C}$ に対し,関手 $F : \mathcal{I} \to \mathcal{C}$ を $\mathcal{C}$ における $\mathcal{I}$ の形の圏図式 (diagram of shape $\mathcal{I}$),あるいは単に図式という.

$\mathcal{C}$ における $\mathcal{I}$ の形の圏図式の全体は,関手のなす圏 $Fct(\mathcal{I}, \mathcal{C}) = \mathcal{C}^{\mathcal{I}}$ である.$\mathcal{C}^{\mathcal{I}}$ の対象を $\mathcal{I}$ を添え字圏 (index category) とする帰納系 (inductive system) ということがある.

また,$\mathcal{I}^{op}$ の形の圏図式,すなわち $\mathcal{C}^{\mathcal{I}^{op}}$ の対象を $\mathcal{I}$ を添え字圏とする射影系 (projective system) ということがある.

例 **3.2.19** 1) 2元集合 $\{1,2\}$ を $Ob(\mathcal{I})$ とし，id_1, id_2 のみを射とする圏 $\mathcal{I}$ を考えると，圏 $\mathcal{C}$ の対象 X, Y を並べた

$$X \quad Y$$

は $\mathcal{I}$ の形の圏図式である．この $\mathcal{I}$ を模式的に $\boxed{\bullet\ \bullet}$ と表す．

2) 2元集合 $\{1,2\}$ を $Ob(\mathcal{I})$ とし，射として id_1, id_2 に加えて $\mathcal{I}(1,2)$ が2元集合 (かつ $\mathcal{I}(1,2) = \phi$) であるような圏 $\mathcal{I}$ を考えると，

$$X \underset{t}{\overset{s}{\rightrightarrows}} Y$$

は圏 $\mathcal{C}$ における $\mathcal{I}$ の形の圏図式である．この $\mathcal{I}$ を模式的に $\boxed{\bullet \rightrightarrows \bullet}$ と表す．

3) $Ob(\mathcal{I}) = \{1,2,3\}$ で，id_1, id_2, id_3 と $\mathcal{I}(1,3) = \{*\}, \mathcal{I}(2,3) = \{*\}$ 以外は射をもたない圏 $\mathcal{I}$ を考えると，

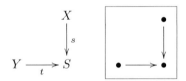

が圏 $\mathcal{C}$ における $\mathcal{I}$ の形の圏図式である．右の図は $\mathcal{I}$ を模式的に表したものである．この形の図式は引き戻しの定義で使われる．

圏 $\mathcal{C}, \mathcal{I}$ と $X \in \mathcal{C}$ に対し，

$$\Delta(X)(i) = X, \quad \Delta(X)(u) = id_X \quad (i \in \mathcal{I}, u \in \mathcal{I}(i,j))$$

とおいて関手 $\Delta(X): \mathcal{I} \to \mathcal{C}$ すなわち圏図式 $\Delta(X) \in \mathcal{C}^{\mathcal{I}}$ が得られ，さらに関手 $\Delta: \mathcal{C} \longrightarrow \mathcal{C}^{\mathcal{I}}; X \mapsto \Delta(X)$ が得られる．これを対角関手ともいう．

定義 **3.2.20** (錐・極限)　$F \in \mathcal{C}^{\mathcal{I}}$ を圏 $\mathcal{C}$ における $\mathcal{I}$ の形の圏図式とする．

1) F 上の錐 (cone) とは，対象 $Z \in \mathcal{C}$ と射の族 $(Z \xrightarrow{f_i} F(i))_{i \in \mathcal{I}}$ であって，任意の射 $u \in \mathcal{I}(i,j)$ に対して

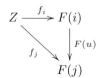

が可換であるものをいう. これは, 自然変換 $f : \Delta(Z) \to F$ に他ならない.

Z を固定したときの $(Z \xrightarrow{f_i} F(i))_{i \in \mathcal{I}}$ を Z と頂点 (vertex) とする F 上の錐という.

2) F の極限 (limit) とは, F 上の錐 $(L, (p_i : L \to F(i))_{i \in \mathcal{I}})$ であって, 次の条件をみたすものをいう.

L) 任意の F 上の錐 $(Z, (f_i : Z \to F(i))_{i \in \mathcal{I}})$ に対して射 $\overline{f} : Z \to L$ で $p_i \overline{f} = f_i$ をみたすものが唯一つ存在する.

言い換えると, F の極限は対象 $L \in \mathcal{C}$ と自然変換 $p : \Delta(L) \to F$ の組であって, 任意の F 上の錐 $f : \Delta(Z) \to F$ に対し射 $\overline{f} : Z \to L$ であって $f = p \circ \Delta(\overline{f})$ が成り立つものが唯一つ存在するものである.

普遍性の条件により定義されるので F の極限は同型を除き唯一つであり, それを $C = \lim F$ あるいは $\varprojlim F$ と記す.

極限を射影極限 (projective limit) あるいは逆極限 (inverse limit) ともいうことがある. 小さな圏を形とする極限を小さな極限という. また, 射の全体が有限集合をなす圏を形とする極限を有限な極限という.

例 3.2.21 (積) 圏 $\mathcal{I}$ が離散的, すなわち恒等射のみが射である圏であるとき, 極限 $\lim F$ を積 (product) と呼び, $\prod_{i \in \mathcal{I}} F(i)$ と記す. 極限の定義にある $p_i : \lim F = \prod_{i \in \mathcal{I}} F(i) \to F(i)$ を i 成分への射影という.

$\mathcal{I}$ が $\boxed{\bullet \ \bullet} = \{1, 2\}$ の場合, $\prod_{i \in \mathcal{I}} F(i)$ は 2 つの対象の積 $F(1) \times F(2)$ に他ならない.

例 3.2.22 (引き戻し) 例 3.2.19 の 3) の圏 $\mathcal{I}$ について, $\mathcal{I}$ の形の圏図式 F は

$$
\begin{array}{ccc}
& & X \\
& & \downarrow{\scriptstyle s} \\
Y & \xrightarrow{t} & S
\end{array}
$$

という図式となる. $(F(1) = X, F(2) = Y, F(3) = S)$

F の極限が存在するとき, $\lim F$ を引き戻し (pullback), あるいはファイバー積 (fiber product) といい, $X \times_S Y$ と記す.

問 3.2.23 $X, Y \in \mathcal{C}$ の積 $X \times Y$ は，対象 Z と射の組 $p : Z \to X, q : Z \to Y$ であって，次の条件をみたすもの $(Z; p, q)$ で与えられることを極限の定義から確かめよ．

　対象 V と射の組 $s : V \to X, t : V \to Y$ に対して，射 $u : V \to Z$ であって，$s = p \circ u, t = q \circ u$ をみたすものが唯一つ存在する．

例 3.2.24 (集合の圏での極限)　集合の圏 Set での $\mathcal{I}$ の形の圏図式 $F : \mathcal{I} \to Set$ に対して，

$$\varprojlim F = \Big\{ (x_i)_{i \in \mathcal{I}} \in \prod_{i \in \mathcal{I}} F(i) \ \Big| \ F(f)(x_i) = x_j \ (\forall \ f \in \mathcal{I}(i, j)) \Big\}$$

とおき，直積からの射影の制限 $\varprojlim F \to F(i); \ (x_j)_{j \in \mathcal{I}} \to x_i$ を $\alpha(i) : \Delta(\varprojlim F)(i) \to F(i)$ として $\alpha : \Delta(\varprojlim F) \to F$ を定めると，極限のみたすべき普遍性の条件をみたし，$\varprojlim F$ は極限である．

　対象の下部構造が集合で与えられる群の圏 Gp, 左 A 加群の圏 $A\text{-}Mod$ における極限も同じやり方で構成される．

命題 3.2.25 $\mathcal{C}$ を圏とする．

1) $\mathcal{C}$ において積と等化子がいつでも存在するならば，任意の極限は存在する．

2) $\mathcal{C}$ において，2 つの対象の積，終対象と等化子がいつでも存在するならば，任意の有限の極限は存在する．

証明　1) 積の存在を仮定すると，圏図式 $F : \mathcal{I} \to Set$ に対して

$$\prod_{i \in \mathcal{I}} F(i) \ \overset{s}{\underset{t}{\rightrightarrows}} \ \prod_{u : i \to k \in \mathcal{I}} F(k)$$

を考える．右の積はすべての射について積を考える．$p_j : P = \prod_{i \in \mathcal{I}} F(i) \to F(j)$ を j 成分への射影として，射 s の $u : j \to k$ 成分は $F(u) \circ p_j$ とする．また，射 t の $u : j \to k$ 成分は p_k とする．

　s, t の等化子を $L = Eq(s, t) \overset{g}{\to} P$, $q_i = p_i \circ g$ とおく．すると，明らかに $(L, q_i : L \to F(i))$ は F 上の錐である．任意の F 上の錐 $(Z, (f_i : Z \to F(i))_{i \in \mathcal{I}})$ が与えられると，積の普遍性から $\overline{f} : Z \to P$ が定まる．$s\overline{f}, t\overline{f}$ の $u : j \to k$ 成分はそれぞれ $(F(u) \circ p_j) \circ \overline{f} = F(u) \circ f_j$, $p_k \circ \overline{f} = f_k$ となるが，Z が錐であ

るからこの二つは一致する．すると等化子の普遍性から $\overline{f} = g \circ f$ と分解する $f : Z \to L$ が唯一つ存在する．すると $q_i f = (p_i g) f = p_i \overline{f} = f_i$ だから，L は F の極限である．

2) 二つの対象の積が存在すれば，任意有限個数の対象の積が存在する．1) の証明に出てくる構成が，$\mathcal{I}$ が有限の場合にも同様に使えるので，1) の証明のやり方で 2) も示される．□

定義 3.2.26 (余錐・余極限) $F \in \mathcal{C}^{\mathcal{I}}$ を圏 $\mathcal{C}$ における $\mathcal{I}$ の形の圏図式とする．

1) F 上の余錐 (cocone) とは，対象 $Z \in \mathcal{C}$ と射の族 $(F(i) \xrightarrow{f_i} Z)_{i \in \mathcal{I}}$ であって，任意の射 $u \in \mathcal{I}(i,j)$ に対して

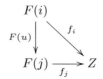

が可換であるものをいう．これは，自然変換 $f : F \to \Delta(Z)$ に他ならない．

2) F の余極限 (colimit) とは，F 上の余錐 $(L, (p_i : F(i) \to L)_{i \in \mathcal{I}})$ であって，次の条件をみたすものをいう．

cL) 任意の F 上の余錐 $(Z, (f_i : F(i) \to Z)_{i \in \mathcal{I}})$ に対して射 $\overline{f} : L \to Z$ で $\overline{f} p_i = f_i$ をみたすものが唯一つ存在する．

言い換えると，F の余極限は対象 $L \in \mathcal{C}$ と自然変換 $p : F \to \Delta(L)$ の組であって，任意の F 上の余錐 $f : F \to \Delta(Z)$ に対し射 $\overline{f} : L \to Z$ であって $f = \Delta(\overline{f}) \circ p$ が成り立つものが唯一つ存在するものである．

普遍性の条件により定義されるので F の余極限は同型を除き唯一つであり，それを $C = \operatorname{colim} F$ あるいは $\underrightarrow{\lim} F$ と記す．

余極限を帰納極限 (inductive limit) あるいは順極限 (direct limit) ともいうことがある．小さな圏を形とする余極限を小さな余極限という．また，射の全体が有限集合をなす圏を形とする余極限を有限な余極限という．

定義 3.2.27 (有向な圏) 圏 $\mathcal{I}$ が次の 3 条件をみたすとき，$\mathcal{I}$ は有向 (directed or filtrant) であるという．

fil 1)　$Ob(\mathcal{I}) \neq \emptyset$.

fil 2)　$\forall i, j \in \mathcal{I}$ に対して，$k \in \mathcal{I}$ と射 $i \to k$, $j \to k$ が存在する.

fil 3)　$\forall f, g : i \to j \in \mathcal{I}$ に対して，$h : j \to k$ であって $h \circ f = h \circ g$ なるものが存在する.

例 3.2.28 (余積)　離散的な添え字圏 $\mathcal{I}$ からの余極限は，(存在すれば) 余積 (coproduct) と呼ばれ，$\displaystyle\coprod_{i \in \mathcal{I}} F(i)$ と記される. 余積はしばしば和 (sum) と呼ばれる.

Set における余積は，集合の (共通部分のない合併) である. 位相空間の圏における余積は，合併集合に自然な位相を与えて得られる. 群の圏における余積は，2 つの群から生成される自由群で与えられる. 環の圏における余積は，テンソル積に自然な環の構造を与えて得られる.

加群の圏における加群 M, N の余積は，直和 (定義 2.2.11) $M \oplus N$, すなわち直積集合 $M \times N$ に成分同士の和と，成分を一斉にスカラー倍することで定義される加群に同型である.

問 3.2.29　$X, Y \in \mathcal{C}$ の余積 $X \coprod Y$ は，対象 Z と射の組 $i : X \to Z, j : Y \to Z$ であって，次の条件をみたすもの $(Z; i, j)$ で与えられることを余極限の定義から確かめよ.

　　対象 U と射の組 $f : X \to U, g : Y \to U$ に対して，射 $h : Z \to U$ であって，$f = h \circ i, g = h \circ j$ をみたすものが唯一つ存在する.

問 3.2.30　$M, N \in Ab$ の余積は，アーベル群の直和 $M \oplus N$ で与えられることを確かめよ.

例 3.2.31 (始対象・終対象)　空集合に対応する離散的な圏 $\emptyset$ の形の圏図式の極限は，終対象 (に同型) である. 同様に，空集合に対応する離散的な添え字圏 $\emptyset$ の形の圏図式の余極限は始対象 (に同型) である.

例 3.2.32 (余等化子)　$\boxed{\bullet \rightrightarrows \bullet}$ の形の余極限 (が存在するとき，それ) を余等化子 (coequalizer) という. 射 $s, t : X \rightrightarrows Y$ の余等化子を $Coeq(s, t)$ と記す.

集合の圏 Set において，写像 $s, t : X \rightrightarrows Y$ が与えられたとき，Y の関係 (のグラフ) $R' = \{(s(x), t(x)) \in Y \times Y \mid x \in X\}$ が生成する同値関係 (R' を含むすべて同値関係のグラフの共通部分) を R とする. 自然な射影 $p : Y \to Y/R$ が

s, t の余等化子を与えることがわかる.

例 3.2.33 (集合の圏での余極限) 集合の圏 Set での帰納系 $F : \mathcal{I} \to Set$ に対して, $\displaystyle\coprod_{i \in \mathcal{I}} F(i)$ に次の同値関係を定める:

$$x_i \sim x_j \overset{\mathrm{def}}{\Longleftrightarrow} F(f)(x_i) = x_j \quad (\exists\, f \in \mathcal{I}(i, j))$$

$\displaystyle\varinjlim F = \coprod_{i \in \mathcal{I}} F(i)/\sim$ とおき, 自然な単射と標準射影の合成 $F(i) \to \displaystyle\coprod_{i \in \mathcal{I}} F(i)$ $\to \varinjlim F$ を $\alpha(i) : F(i) \to \Delta(\varinjlim F)(i)$ として $\alpha : F \to \Delta(\varinjlim F)$ を定めると, 余極限のみたすべき普遍性の条件をみたし, $\varinjlim F$ は余極限である. 対象の下部構造が集合で与えられる群の圏 Gp, 左 A 加群の圏 $A\text{-}Mod$ における極限・余極限も同じやり方で構成される.

命題 3.2.34 $F \in \mathcal{C}^{\mathcal{I}}$ を圏 $\mathcal{C}$ における $\mathcal{I}$ の形の圏図式とする. $X \in \mathcal{C}$ とする.

$\mathcal{C}(X, F) : \mathcal{I} \to Set; \mathcal{C}(X, F)(i) = \mathcal{C}(X, F(i))$ は集合の圏における $\mathcal{I}$ の形の圏図式であるが, 極限 $\lim F$ が存在するとき, 次の標準同型が存在する.

$$\mathcal{C}(X, \lim F) = \lim \mathcal{C}(X, F)$$

また, $\mathcal{C}(F, X) : \mathcal{I} \to Set; \mathcal{C}(F, X)(i) = \mathcal{C}(F(i), X)$ は集合の圏における $\mathcal{I}$ の形の圏図式であるが, 余極限 $\operatorname{colim} F$ が存在するとき, 次の標準同型が存在する.

$$\mathcal{C}(\operatorname{colim} F, X) = \lim \mathcal{C}(F, X)$$

証明 前半を証明する. 後半は $\mathcal{C}^{op}$ における極限は $\mathcal{C}$ における余極限であることに注意すると前半から導かれる.

右辺 $\lim \mathcal{C}(X, F)$ の元は, 例 3.2.24 により X を頂点とする錐に他ならない. 他方, 左辺の $\mathcal{C}(X, \lim F) = h^{\lim F}(X)$ の元, すなわち射 $X \to \lim F$ は極限の条件 (L) により X を頂点とする錐と 1 対 1 に対応する.

以上から, 次の対応が得られた.

$$\mathcal{C}(X, \lim F) = \{X \text{ を頂点とする錐}\} = \lim \mathcal{C}(X, F) \qquad \square$$

定義 3.2.35 (完備な圏・余完備な圏) 圏 $\mathcal{C}$ において, 任意の (小さな) 極限が存在するとき, 圏 $\mathcal{C}$ は完備 (complete) である, という.

圏 $\mathcal{C}$ において, 任意の (小さな) 余極限が存在するとき, 圏 $\mathcal{C}$ は余完備 (cocomplete) である, という.

例 3.2.36 集合の圏 Set, 群の圏 Gp は完備かつ余完備な圏である.

環 A に対して, 左 A 加群の圏 $A\text{-}Mod$ は完備かつ余完備な圏である.

命題 3.2.37 $F \in \mathcal{C}^{\mathcal{I}}$ を圏 $\mathcal{C}$ における $\mathcal{I}$ の形の圏図式として F の極限が存在するとき, 任意の対象 $X \in \mathcal{C}$ について次が成り立つ.

$$\mathcal{C}(X, \lim F) \cong \mathcal{C}^{\mathcal{I}}(\Delta(X), F)$$

同様に, $\mathcal{I}$ の形の圏図式 $F \in \mathcal{C}^{\mathcal{I}}$ の余極限が存在するとき, 任意の対象 $X \in \mathcal{C}$ について次が成り立つ.

$$\mathcal{C}(\operatorname{colim} F, X) \cong \mathcal{C}^{\mathcal{I}}(F, \Delta(X))$$

証明 極限について示そう. 極限を $C = \lim F$ と自然変換 $\alpha : \Delta(C) \to F$ の組とする. $X \in \mathcal{C}$ に対して

$$\eta_X : \mathcal{C}(X, \lim F) \to \mathcal{C}^{\mathcal{I}}(\Delta(X), F) \; ; \; (f : X \to C) \mapsto \eta_X(f) = \alpha \circ \Delta(f)$$

とおく. すると $g : X \to Y$ に対して $\eta_X \circ \mathcal{C}(g, \lim F) = \mathcal{C}^{\mathcal{I}}(\Delta(Y), F) \circ \eta_Y$ であることが確かめられ, η が自然変換であることがわかる.

一方, 極限がみたす条件 $(*)$ により η_X は全射であり, また $\eta_X(f) = \alpha \circ \Delta(f)$ となる f も唯一つであるから, η_X は単射でもある. よって確かめられた.

余極限の場合も同様に示せる. $\square$

逆に $\mathcal{I}$ の形の圏図式 $F \in \mathcal{C}^{\mathcal{I}}$ について, 命題の自然な同型が存在するならば, 極限の存在が導かれる.

定義 3.2.38 (共終な関手) 関手 $\phi : \mathcal{J} \to \mathcal{I}$ について, カンマ圏 $(i \Rightarrow \phi) = \mathcal{J}^i$ が連結であるとき, ϕ を共終な (cofinal) 関手という.

例 3.2.39 $\mathcal{J}$ を有向な圏 $\mathcal{I}$ の部分圏とする. 任意の $i \in \mathcal{I}$ に対し $j \in \mathcal{J}$ であって, 射 $i \to j$ が存在するならば, 包含関手 $\iota : \mathcal{J} \to \mathcal{I}$ は共終な関手である.

命題 3.2.40 関手 $\phi : \mathcal{J} \to \mathcal{I}$ は共終であるとする. 余完備な圏 $\mathcal{C}$ と任意の関手 $F : \mathcal{I} \to \mathcal{C}$ について, 自然な射 $\lambda : \varinjlim(F \circ \phi) \to \varinjlim F$ は同型である.

証明 λ の逆 $\mu : \varinjlim F \to \varinjlim(F \circ \phi)$ を構成する. $i_0 \in \mathcal{I}, j \in (i_0 \Rightarrow \phi) = \mathcal{J}^{i_0}$ に対して射 $i_0 \to \phi(j)$ から $F(i_0) \to F(\phi(j))$ が得られ,

$$\varinjlim_{i_0 \in \mathcal{J}^{i_0}} F(i_0) \to \varinjlim_{i_0 \in \mathcal{J}^{i_0}} F(\phi(j)) \simeq \varinjlim F \circ \phi \circ \iota^{i_0} \to \varinjlim F \circ \phi$$

が導かれる. ここで $\iota^{i_0} : \mathcal{J}^{i_0} \to \mathcal{J}$ は忘却関手である. $\mathcal{J}^{i_0}$ が連結だから, $\varinjlim_{i_0 \in \mathcal{J}^{i_0}} F(i_0) \simeq F(i_0)$ となる. よって $F(i_0) \to \varinjlim F \circ \phi$ が得られ, $i_0 \in \mathcal{I}$ について余極限をとり, $\mu : \varinjlim F \to \varinjlim F \circ \phi$ が得られる. λ, μ が互いに逆であることの確認は読者に委ねる. $\square$

定義 3.2.41 (コンパクトな対象)　完備な圏 $\mathcal{C}$ の対象 X は, 任意の有向な添え字圏に関する (小さな) 帰納系 $F \in \mathcal{C}^{\mathcal{I}}$ について, $\varinjlim \mathcal{C}(X, F) \simeq \mathcal{C}(X, \varinjlim F)$ が同型であるとき, コンパクト (compact) であるという. 有限表示 (of finite presentation) の対象ということもある.

例 3.2.42　圏 Set のコンパクトな対象は, 有限集合に他ならない.

　最後に関手のなす圏において表現可能関手が基本的であることを示唆する定理を紹介する.

定理 3.2.43　小さな圏 $\mathcal{C}$ からの関手 $F : \mathcal{C} \to Set$ に対して, 関手のなす圏 $Fct(\mathcal{C}, Set)$ での適当な圏図式 $\mathcal{F} : \mathcal{J} \to Fct(\mathcal{C}, Set)$ が存在して, $\mathcal{F}(j) = h_{C_j}$ は表現可能関手であり, $\operatorname{colim} \mathcal{F} \simeq F$ が成り立つ.

　反変関手 $F : \mathcal{C}^{op} \to Set$ に対しても同様に適当な圏図式 $\mathcal{F} : \mathcal{J} \to Fct(\mathcal{C}^{op}, Set)$ が存在して, $\mathcal{F}(j) = h^{C_j}$ は表現可能関手であり, $\operatorname{colim} \mathcal{F} \simeq F$ が成り立つ.

問 3.2.44　$Ob(\mathcal{J}) = \{(C, x) \mid C \in Ob(\mathcal{C}), x \in F(C)\}$ を考え, $\mathcal{J}((C, x), (C', x')) = \{f \in \mathcal{C}^{op}(C, C') = \mathcal{C}(C', C) \mid F(f)x' = x\}$ とおいて圏 $\mathcal{J}$ を定義し, 関手 $\mathcal{F} : \mathcal{J} \to Fct(\mathcal{C}, Set) = \widehat{\mathcal{C}}^{op}$ を $\mathcal{F}(C, x) = h_C$, $\mathcal{F}(f) = h_f : \mathcal{F}(C, x) \to \mathcal{F}(C', x')$ と定義する.

　米田の補題 3.2.9 による全単射 $\gamma^{-1} : F(C) \xrightarrow{\sim} \widehat{\mathcal{C}}^{op}(h_C, F)$ により, $\alpha_{(C, x)} : \mathcal{F}(C, x) = h_C \to \Delta(F)(C, x) = F$ $(x \in F(C))$ を射 $\gamma^{-1}(x)$ と定義すると, 自然変換 $\alpha : \mathcal{F} \to \Delta(F)$ が定まる. このとき, 組 (F, α) が $\mathcal{F}$ の余極限であることを示せ.

3.2.3 随 伴 関 手

定義 3.2.45 (随伴関手) 関手 $F : \mathcal{C} \to \mathcal{D}$ と関手 $G : \mathcal{D} \to \mathcal{C}$ が $\forall X \in \mathcal{C}, Y \in \mathcal{D}$ について自然な対応

$$\mathcal{D}(F(X), Y) \xrightarrow{\sim} \mathcal{C}(X, G(Y))$$

が存在するとき，関手 G は関手 F の右随伴関手である，また関手 F は関手 G の左随伴関手であるという．

これは，$\mathcal{C} \times \mathcal{D} \to Set$ なる双関手 $\mathcal{D}(F(\ ),\ )$ と $\mathcal{C}(\ , G(\ ))$ の間に関手の同値が存在することといってもよい．この同値を θ として，$\langle F, G, \theta \rangle$ を $\mathcal{C}$ から $\mathcal{D}$ への随伴対応という．

θ の自然性は次の二つの可換図式に示される: $(f : X' \to X \in Mor(\mathcal{C})$，$g : Y \to Y' \in Mor(\mathcal{D}))$

$$
\begin{array}{ccc}
\mathcal{D}(F(X), Y) & \xrightarrow{\ \theta\ } & \mathcal{C}(X, G(Y)) \\
\mathcal{D}(F(X), g) \downarrow & & \downarrow \mathcal{C}(X, G(g)) \\
\mathcal{D}(F(X), Y') & \xrightarrow{\ \theta\ } & \mathcal{C}(X, G(Y'))
\end{array}
\qquad
\begin{array}{ccc}
\mathcal{D}(F(X), Y) & \xrightarrow{\ \theta\ } & \mathcal{C}(X, G(Y)) \\
\mathcal{D}(F(f), Y) \downarrow & & \downarrow \mathcal{C}(f, G(Y)) \\
\mathcal{D}(F(X'), Y) & \xrightarrow{\ \theta\ } & \mathcal{C}(X', G(Y))
\end{array}
$$

$a \in \mathcal{D}(F(X), Y)$ に対して，それぞれ

$$G(g)\theta(a) = \theta(ga), \qquad \theta(a)f = \theta(aF(f)) \tag{#}$$

を意味している．

例 3.2.46 環 A 上の左加群の圏から集合の圏への忘却関手 $Forget : A\text{-}Mod \to Set$ に対して，与えられた集合を基底とする自由左 A 加群を対応させる関手 $Free : Set \to A\text{-}Mod;\ X \mapsto Free(X)$ は左随伴関手である:

$$A\text{-}Mod(Free(X), M) \simeq Set(X, Forget(M))$$

これを $\mathrm{Hom}_A(Free(X), M) \simeq Set(X, M)$ と記すことも多い．$X \ni x$ に対応する基底の元を e_x として $Free(X) = \oplus_{x \in X} A e_x$ となるが，X が生成する自由左 A 加群という．

例 3.2.47 単体的集合の圏 $SSet = Fct(\Delta^\circ, Set)$ において，$\Delta[n]_{.} = h^{[n]}$ であった．定理 3.2.9 により $X_n = SSet(\Delta[n]_{.}, X_{.})$ が成り立つ．

138   3. 圏 と 関 手

例 3.2.48 アーベル群の圏を群の圏に包含する関手 $I : Ab \to Gp;\ I(M) = M$ の左随伴関手がアーベル化の関手 $^{ab} : Gp \to Ab;\ G \mapsto G^{ab} = G/[G,G]$ で与えられる:

$$Ab(G^{ab}, M) \simeq Gp(G, M)$$

ここで $[G,G]$ は交換子 $[g,h] = ghg^{-1}h^{-1}\ (g, h \in G)$ で生成される部分群である. 実際, 群の準同型 $f : G \to M$ で M が可換なので $f([G,G]) = 0$ となるので, f は必ず $G \to G^{ab} \to M$ と経由する.

問 3.2.49 1) 集合 X に対し, X の元を形式的に基底とする k ベクトル空間 $G(X)$ が定義できる (有限個の X の元を除いて値が 0 である k 値写像のなす k ベクトル空間 $k^{(X)}$ と一致する).

体 k 上のベクトル空間の圏 $k\text{-}Vec$ から集合の圏への忘却関手を $F = Forget : k\text{-}Vec \to Set$ とすると, G は F の左随伴関手であることを示せ.

2)* 可換整域 R の分数体を $Frac(R)$ と記す. 単射環準同型のみを射とする可換整域の圏 Dom_m から体の圏 $Field$ への関手 $Frac : Dom_m \to Field$ は, 忘却関手 $Forget : Field \to Dom_m$ の左随伴関手であることを示せ.

命題 3.2.50 関手 $G : \mathcal{D} \to \mathcal{C}$ の左随伴関手が存在するための必要十分条件は, 各 $X \in \mathcal{C}$ について関手 $h_X^{\mathcal{C}} \circ G : \mathcal{D} \to Set\ ;\ Y \mapsto \mathcal{C}(X, G(Y))$ が $F(X) \in \mathcal{D}$ により表現可能であり, 表現 $h_{F(X)}^{\mathcal{D}} \xrightarrow{\sim} h_X^{\mathcal{C}} \circ G$ が X について自然であることである.

証明 $\forall X \in \mathcal{C}, Y \in \mathcal{D}$ についての自然な対応 $\mathcal{D}(F(X), Y) \xrightarrow{\sim} \mathcal{C}(X, G(Y))$ が存在することは, 関手 $h_X^{\mathcal{C}} \circ G$ が $F(X) \in \mathcal{D}$ により表現可能であること, および表現 $h_{F(X)}^{\mathcal{D}} \xrightarrow{\sim} h_X^{\mathcal{C}} \circ G$ が X について自然であることを意味する ($Y \in \mathcal{D}$ についての自然であることは, この表現が自然変換であることを意味している). □

命題 3.2.51 (随伴関手と極限) 関手 $F : \mathcal{C} \to \mathcal{D}$ が関手 $G : \mathcal{D} \to \mathcal{C}$ の左随伴関手であるとする. このとき, F は $\mathcal{C}$ での余極限を余極限に移す. また, G は $\mathcal{D}$ での極限を極限に移す.

証明 帰納系 $L : \mathcal{I} \to \mathcal{C}$ に対して,

$$\mathcal{D}(F(\operatorname{colim} L), D) \simeq \mathcal{C}(\operatorname{colim} L, G(D)) = \lim \mathcal{C}(L, G(D))$$

$$\simeq \lim \mathcal{C}(F(L), D) = \mathcal{C}(\operatorname{colim} F(L), D)$$

となり，F が余極限を保つことが示せた．G が極限を保つことも同様である．□

例 3.2.52 体を対象として体の準同型を射とする圏を $Field$ とする．このとき，忘却関手 $U : Field \to Set$ の左随伴関手は存在しない．

　実際，左随伴関手 $F : Set \to Field$ が存在したならば，F は余極限を保つから，特に始対象を保ち，$Field$ に始対象 $F(\phi)$ が存在することになるが，$Field$ には始対象は存在しない．

ユニット・余ユニット　$\langle F, G, \theta \rangle$ を随伴対応とする．各 $X \in \mathcal{C}$ に対して，$id_{F(X)} \in \mathcal{D}(F(X), F(X))$ の θ による像を $\eta_X : X \to GF(X)$ とする：
$\eta_X = \theta(id_{F(X)})$

　すると $\eta : id_{\mathcal{C}} \to GF$ は自然変換である．すなわち $h : X \to X'$ に対して

$$
\begin{array}{ccc}
 & \eta_X & \\
X & \xrightarrow{\sim} & GF(X) \\
h \downarrow & \searrow & \downarrow GF(h) \\
X' & \xrightarrow{\sim} & GF(X') \\
 & \eta_{X'} &
\end{array}
$$

は可換である．右上の三角形の可換性は $(\#)$ の第一式で $a = id_{F(X)}, g = F(h)$ として，左下の三角形の可換性は $(\#)$ の第二式で $a = id_{F(X')}, f = h$ として従う．

　η を用いると，随伴対応の θ は $a : F(X) \to Y$ に対して $\theta(a) = G(a)\eta_X$ と与えられる．実際，$(\#)$ の第一式により $\theta(a) = \theta(a \circ id_{F(X)}) = G(a)\theta(id_{F(X)}) = G(a)\eta_X$ とわかる．η を随伴対応のユニット (unit) と呼ぶ．

　ユニットに対して双対的に，各 $Y \in \mathcal{D}$ に対して，$id_{G(Y)} \in \mathcal{C}(G(Y), G(Y))$ の θ^{-1} による像を $\epsilon_Y : FG(Y) \to Y$ とする：$\epsilon_Y = \theta^{-1}(id_{G(Y)})$

　すると $\epsilon : FG \to id_{\mathcal{D}}$ は自然変換であり，θ^{-1} は $b : X \to G(Y)$ に対して $\theta^{-1}(b) = \epsilon_Y F(b)$ と与えられる．ϵ を随伴対応の余ユニット (counit) と呼ぶ．

例 3.2.53 例 3.2.46 においてのユニット $\eta_X : X \to Forget(Free(X))$ は，

$\eta_X(x) = e_x$ なる (包含) 写像である. 余ユニット $\epsilon_M : Free(Forget(M)) = M^{(M)} \to M$ は, $\epsilon_M(e_m) = m$ $(m \in M)$ なる準同型である.

例 3.2.48 においてのユニット $\eta_G : G \to I(G^{ab}) = G/[G,G]$ は, 商群への標準射影である. 余ユニット $\epsilon_M : I(M)^{ab} = M \to M$ は恒等写像である.

ユニットと余ユニットについて,

$$G \xrightarrow{\eta G} GFG \xrightarrow{G\epsilon} G, \qquad F \xrightarrow{F\eta} FGF \xrightarrow{\epsilon F} F$$

は恒等的自然変換である (これを三角形図式の可換性に表せるので三角等式という).

以上から, 次の定理はほとんど明らかであろう.

定理 3.2.54 (随伴対応と同値なデータ)　随伴対応 $\langle F, G, \theta \rangle$ は次のどのデータとも同値となる.

a)　関手 F, G と自然変換 $\eta : id_{\mathcal{C}} \to GF$ であって, $\eta_X : X \to GF(X)$ は X から G への普遍射であるものが存在する. このとき θ は $\theta(a) = G(a)\eta_X$ と与えられる.

b)　関手 F, G と自然変換 $\epsilon : FG \to id_{\mathcal{D}}$ であって, $\epsilon_Y : FG(Y) \to Y$ は F から Y への普遍射であるものが存在する. このとき θ^{-1} は $\theta^{-1}(b) = \epsilon_Y F(b)$ と与えられる.

c)　関手 F, G と自然変換 $\eta : id_{\mathcal{C}} \to GF$ および $\epsilon : FG \to id_{\mathcal{D}}$ であって, $G \xrightarrow{\eta G} GFG \xrightarrow{G\epsilon} G$, $F \xrightarrow{F\eta} FGF \xrightarrow{\epsilon F} F$ が恒等変換であるものが存在する (三角等式が成り立つ). このとき θ と θ^{-1} は $\theta(a) = G(a)\eta_X$, $\theta^{-1}(b) = \epsilon_Y F(b)$ で与えられる.

この定理により, 随伴対応を $\langle F, G, \eta, \epsilon \rangle$ と表すこともある.

補題 3.2.55　$\langle F, G, \eta, \epsilon \rangle$ を随伴対応とする. $g : F(X) \to Y, f : X \to G(Y)$ $(X \in \mathcal{C}, Y \in \mathcal{D})$ に対して, 次が成り立つ.

$$\theta(g) = G(g) \circ \eta_X, \qquad \theta^{-1}(f) = \epsilon_Y \circ F(f)$$

証明　θ の自然性から, $\theta(g) = \theta(g \circ id_{F(X)}) = G(g) \circ \theta(id_{F(X)})$ となり, また, $\theta^{-1}(f) = \theta^{-1}(id_{G(Y)} \circ f) = \theta^{-1}(id_{G(Y)}) \circ F(f)$ となる. $\square$

補題 3.2.56 $\langle F, G, \eta, \epsilon \rangle$ を随伴対応とする. このとき, $X \in \mathcal{C}$ に対して, $\eta_X : X \to G(F(X))$ はカンマ圏 $(X \Rightarrow G)$ の始対象である.

証明 $(Y, h : X \to G(Y))$ をカンマ圏 $(X \Rightarrow G)$ の対象とする (例 3.1.37 参照). $(F(X), \eta_X : X \to G(F(X)))$ から $(Y, h : X \to G(Y))$ への射が唯一つ存在することをいう. 射 $g : F(X) \to Y$ がこのカンマ圏の射であるためには, 次の図式が可換であることが必要十分である.

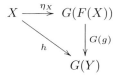

上の補題により, 可換性は $h = G(g) \circ \eta_X = \theta(g)$ すなわち $g = \theta^{-1}(h)$ を意味する. したがって, g は唯一つ存在する. □

定理 3.2.57 関手 $F : \mathcal{C} \to \mathcal{D}$, $G : \mathcal{D} \to \mathcal{C}$ が与えられたとする. このとき, 次の対応は全単射である.

$\{\theta : \mathcal{D}(F(-), -) \to \mathcal{C}(-, G(-)) \mid (F, G, \theta)$ は随伴対応 $\}$

$\longrightarrow \{\eta : id_\mathcal{C} \to GF \mid \eta_X$ はカンマ圏 $(X \Rightarrow G)$ の始対象 $(\forall \, X \in \mathcal{C})\}$

$\theta \quad \mapsto \quad$ ユニット η

証明 上の補題により, この対応の定義には意味がある. そこで逆の対応を構成すればよい. そこで, 自然変換 $\eta : id_\mathcal{C} \to GF$ であって, 各 $X \in \mathcal{C}$ に対し η_X が $(X \Rightarrow G)$ の始対象であるものが与えられたとする. ところで θ を構成するには, 定理 3.2.54 により自然変換 $\epsilon : FG \to id_\mathcal{D}$ であって, $G \xrightarrow{\eta G} GFG \xrightarrow{G\epsilon} G$, $F \xrightarrow{F\eta} FGF \xrightarrow{\epsilon F} F$ が恒等変換である (三角等式が成り立つ) ものが唯一つ存在することを示せばよい.

まず一意性を示す. $\epsilon, \epsilon' : FG \to id_\mathcal{D}$ をそのような自然変換とする. 図式

$$\begin{array}{ccc} G(Y) & \xrightarrow{\eta_{G(Y)}} & G(FG(Y)) \\ & \searrow{id} & \downarrow{G(\epsilon_Y)} \\ & & G(Y) \end{array}$$

の可換性から, ϵ_Y は圏 $(G(Y) \Rightarrow G)$ の射 $(FG(Y), G(Y) \xrightarrow{\eta_{G(Y)}} G(FG(Y)))$

$\to (Y, G(Y) \xrightarrow{id} G(Y)))$ を定めている. ϵ'_Y についても同様である. 仮定より $\eta_{G(Y)}$ は始対象だから, $\epsilon_Y = \epsilon'_Y$ である.

一意性の証明から, $Y \in \mathcal{D}$ に対して唯一つ存在する射 $(FG(Y), \eta_{G(Y)}) \to (Y, id_{G(Y)})$ を ϵ_Y と定める. η が自然変換であることと, 三角等式が成り立つことを確かめよう. $\mathcal{D}$ の射 $g : Y \to Y'$ に対して,

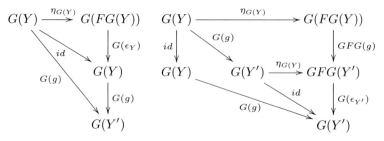

は可換図式である. これは $g \circ \epsilon_Y$ と $\epsilon_{Y'} \circ FG(g)$ がともに $(G(Y) \Rightarrow G)$ の射 $(FG(Y), \eta_{G(Y)}) \to (FG(Y), G(g))$ であることを意味する. $(FG(Y), \eta_{G(Y)})$ は始対象だから, $g \circ \epsilon_Y = \epsilon_{Y'} \circ FG(g)$ となり, 自然性が示せた.

三角等式の一つ $G \xrightarrow{\eta G} GFG \xrightarrow{G\epsilon} G = id$ が成り立つことは ϵ_Y の定め方から明らか. もう一つの等式 $F \xrightarrow{F\eta} FGF \xrightarrow{\epsilon F} F = id$ は, 各 $X \in \mathcal{C}$ について

$$F(X) \xrightarrow{F(\eta_X)} FGF(X)$$
$$id \searrow \quad \downarrow \epsilon_{F(X)}$$
$$F(X)$$

が可換であることに他ならない.

ところで, 自明な可換図式と η の自然性による可換図式

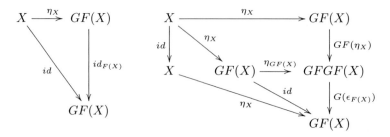

を比較して, η_X が始対象であることから $\epsilon_{F(X)} \circ F(\eta_X) = id_{F(X)}$ を得る. □

3.2 表現可能関手と極限　　143

系 3.2.58　関手 $G: \mathcal{D} \to \mathcal{C}$ が与えられたとする．G の左随伴関手が存在するために，次は必要かつ十分な条件である．

　　各 $X \in \mathcal{C}$ に対して，圏 $(X \Rightarrow G)$ に始対象が存在する．

証明　必要性は補題 3.2.56 に他ならない．

　逆にこの条件を仮定し，$X \in \mathcal{C}$ に対して $(X \Rightarrow G)$ の始対象を $(F(X), \eta_X : X \to G(F(X)))$ とする．F を関手にするために，$\mathcal{C}$ の射 $f: X \to X'$ に対して，$(F(X'), \eta_{X'} \circ f : X \to G(F(X')))$ を考えると始対象の定義から $(X \Rightarrow G)$ の射 $(F(X), \eta_X : X \to G(F(X))) \to (F(X'), \eta_{X'} \circ f : X \to G(F(X')))$ を与える $h: F(X) \to F(X')$ が存在する．この射 h を $F(f)$ と呼ぶことにする．F の関手性は始対象の定義から導ける．さらに $F(f)$ の定義から，図式

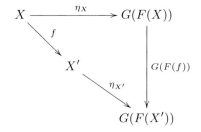

は可換である．よって，η が自然変換 $id \to GF$ であることがわかる．上の定理により，F は G の左随伴関手である．□

問 3.2.59　上の系の証明で定義した F が関手性をみたすことを示せ．

定義 3.2.60 (弱始集合)　$\mathcal{S}$ を圏 $\mathcal{C}$ の対象の集合 $Ob(\mathcal{C})$ の部分集合とする．任意の $X \in \mathcal{C}$ に対して $S \in \mathcal{S}$ が存在して $\mathcal{C}(S, X) \neq \phi$ となるとき，$\mathcal{S}$ を $\mathcal{C}$ の弱始集合 (weakly initial set) という．

　始対象 I が存在する圏では，$\{I\}$ は弱始集合である．弱始集合は始対象の代わりを務める．

命題 3.2.61　$\mathcal{C}$ を弱始集合の存在する完備な圏とすると，$\mathcal{C}$ には始対象が存在する．

証明　$\mathcal{S}$ を $\mathcal{C}$ の弱始集合とする．$\mathcal{S}$ を対象の集合とする $\mathcal{C}$ の充満部分圏とする．

144   3. 圏 と 関 手

包含関手 $\mathcal{S} \hookrightarrow \mathcal{C}$ を圏図式とみると，$\mathcal{C}$ の完備性により極限 (錐) $(L, (p_S : L \to S)_{S \in \mathcal{S}})$ が存在する．この L が始対象であることを示そう．

$X \in \mathcal{C}$ に対して，唯一つの射 $L \to X$ が存在することを示そう．弱始集合の定義により $S \in \mathcal{S}$ と $j : S \to X$ が存在するので，$jp_S : L \to X$ は存在する．二つの $f, g : L \to X$ があったとして，等化子

$$E \xrightarrow{\ i\ } L \overset{f}{\underset{g}{\rightrightarrows}} X$$

を考える．そして $T \in \mathcal{S}$, $h : T \to E$ を選び，合成 $L \xrightarrow{p_T} T \xrightarrow{h} E \xrightarrow{i} L$ をつくる．錐の条件により任意の $T' \in \mathcal{S}$ に対して $(p_{T'}ih)p_T = p_{T'}$ であるから，

$$p_{T'}(ihp_T) = (p_{T'}ih)p_T = p_{T'} = p_{T'}id_L$$

となり，極限の定義から $ihp_T = id_L$ となる．したがって $f = (fi)hp_S = (gi)hp_S = g$ となり，命題は示せた．$\square$

定理 3.2.62 (随伴関手定理) $\mathcal{D}$ を完備な (小さな) 圏とする．関手 $G : \mathcal{D} \to \mathcal{C}$ の左随伴関手が存在するための必要十分条件は，G が任意の (小さな) 極限を保ち，各 $X \in \mathcal{C}$ に対して，カンマ圏 $(X \Rightarrow G)$ には弱始集合が存在することである．

例 3.2.63 群の圏 Gp は完備であって，忘却関手 $U : Gp \to Set$ は極限を保ち，U の左随伴関手が存在する．

証明 命題 3.2.51 と補題 3.2.56 により，必要性はわかっている．そこで，十分性を示そう．系 3.2.58 により，カンマ圏 $(X \Rightarrow G)$ に始対象が存在することをいおう．

関手 $p_X : (X \Rightarrow G) \to \mathcal{D}$ を $p_X(Y, \eta : X \to G(Y)) = Y$, $p_X(u : Y \to Y') = u$ と定める．すると，次の補題が成り立つ．

補題 3.2.64 圏 $\mathcal{D}$ は完備であり，関手 $G : \mathcal{D} \to \mathcal{C}$ が任意の極限を保つとするとき，$(X \Rightarrow G)$ は完備である．

証明 $D : \mathcal{I} \to (X \Rightarrow G)$ を $\mathcal{I}$ の形の圏図式とし，$D(I) = (D(I), h_I : X \to G(D(I)))$ とおく．$\mathcal{D}$ の完備性により，$p_X \circ D$ の極限 $L = \lim\limits_{I} D(I) \in \mathcal{D}$ が存在する．$u_L : L \to D(I)$ を標準射とすると，G についての仮定より，

$G(L) = \lim_I G(D(I)) (\in \mathcal{C})$ であり, $h_I = G(u_L)h$ となる射 $h : X \to G(L)$ が存在する. すると, $(L, h : X \to G(L))$ は $(X \Rightarrow G)$ における極限である. (補題の証明終わり)

ちなみに $p_X(L, h : X \to G(L)) = L$ だから p_X は極限を保つ.

この補題と $(X \Rightarrow G)$ に弱始集合が存在するという仮定により, 命題 3.2.61 の前提条件が成り立つので, $(X \Rightarrow G)$ に始対象が存在することがわかる. □

Tea Break アイレンバーグとマックレーン

圏の概念は, この 2 人が導入したものであることを前に紹介した. 彼らがどのような数学者であったか, を簡単にみておこう.

サミュエル・アイレンバーグ (Samuel Eilenberg, 1913–1998, 図 3.1) はポーランド, ワルシャワで生まれ, ワルシャワ大学でボルスク (Borsuk) にトポロジーを学んでいる. ナチス・ドイツが勢力を拡大する中, 1939 年に米国に渡り, ヴェブレン (Veblen) やレフシッツ (Lefschetz) の助けを得て, ミシガン大学に職を得た. そこで 1941 年に, 講演に来たマックレーンと出会った. 1944 年には, 特異ホモロジー論を発表した.

アイレンバーグは, アンリ・カルタンと共にホモロジー代数の教科書を 1956 年に著した. この本はマックレーンの「ホモロジー」と共にホモロジー代数学の古典となっている.

また, フランスの数学者集団ブルバキの初期のメンバーであった. ブルバキの数学原論のシリーズに圏論を導入するよう提案したが, アンドレ・ヴェイユの反対で実現せず, ブルバキの数学原論は当初の目的を果たさなくなっていった.

ところで, アイレンバーグはアジア美術のコレクター・美術商としても活動し有名であったそうだ.

ソーンダース・マックレーン (Saunders MacLane, 1909–2005, 図 3.2) は, 米国コネチカットで生まれた. イェール大学で学士, シカゴ大学で修士となった後, 1931 年に当時の数学の中心であったドイツに留学した. 論理学に興味をもっていたマックレーンは, ゲッチンゲン大学でベルナイス (Bernays) の下で研究して 1934 年に学位を得た. その後米国に戻り, 1938 年からはハーバード大学で研究をした. 1941 年のバーコフ (Birkhoff) との共著は, ファン・デル・ヴェルデンの「現代代数学」と共に当時新しかったネーターらの代数学を伝える書籍であった. 同年にミシガン大学で連続講演をした折にアイレンバーグと出会い, 共同研究が始まった. 1947

年からはシカゴ大学の教授となった．1972 年の著書 *Categories for the Working Mathematician* (邦題『圏論の基礎』) は圏論の古典的教科書となった．数学の哲学にも関心をもち，1986 年に「数学 その形式と機能」を著している．

図 3.1 アイレンバーグ

図 3.2 マックレーン

3.3 加法圏とアーベル圏

加群の圏で成り立つ性質やホモロジー代数の手法を，統一的に扱い，かつ一般化して加群の層の圏に適用できるようにするために，アーベル圏が導入された．ここでは基本的定義や初等的な性質を扱う．

3.3.1 加 法 圏

定義 3.3.1 (前加法圏) 圏 $\mathcal{C}$ の定義で，$\forall\, X, Y \in Ob(\mathcal{C})$ ごとに与えられる $\hom_\mathcal{C}(X, Y) = \mathcal{C}(X, Y)$ がアーベル群の構造をもち，かつ射の合成 $m_{X,Y,Z} : \mathcal{C}(X, Y) \times \mathcal{C}(Y, Z) \longrightarrow \mathcal{C}(X, Z)$ が，直積のアーベル群からアーベル群への群準同型写像であるとき，圏 $\mathcal{C}$ を前加法圏 (preadditive category) と呼ぶ．

例 3.3.2 前加法圏 $\mathcal{C}$ で，$Ob(\mathcal{C})$ が 1 元集合 $\{*\}$ である場合，$\mathcal{C}(*, *)$ は (乗法の単位元をもつ) 環である．すなわち，対象が 1 元のみの前加法圏は環に他ならない．

定義 3.3.3 (ゼロ対象) 圏 $\mathcal{C}$ の対象であって，始対象かつ終対象であるものをゼロ対象 (zero object, null object) という．

3.3 加法圏とアーベル圏　　147

例 3.3.4　環 R について，零加群 0 は $R\text{-}Mod$ のゼロ対象である.

命題 3.3.5　X, Y を前加法圏 $\mathcal{C}$ の対象とする.

1) 積 $X \times Y$ が存在するとき，$p : X \times Y \to X, q : X \times Y \to Y$ を標準全射として，次の条件で定まる射 $i : X \to X \times Y, j : Y \to X \times Y$ を考える:

$$p \circ i = id_X, \ q \circ i = 0, \ p \circ j = 0, \ q \circ j = id_Y$$

このとき，$i \circ p + j \circ q = id_{X \times Y}$ が成り立つ.

2) $Z \in \mathcal{C}$ と射 $p : Z \to X, q : Z \to Y, \ i : X \to Z, j : Y \to Z$ が 1) の (仮定と結論の) 等式をみたすならば，$(p, q) : Z \to X \times Y$ および $i + j : X \coprod Y \to Z$ は同型である.

証明　1) 積についての例 3.2.21, 問 3.2.23 により $p \circ (i \circ p + j \circ q) = p, q \circ (i \circ p + j \circ q) = q$ を示せば，$i \circ p + j \circ q = id_{X \times Y}$ が結論できる. ところで，$p \circ (i \circ p + j \circ q) = p \circ (i \circ p) + p \circ (j \circ q) = id_X \circ p + 0 = p$ であり，同様に $(i \circ p + j \circ q) = q$ が示せる.

2) 米田の補題 3.2.10 により $h^{(p,q)} : h^Z \to h^{X \times Y}$ を示せばよいが, 命題 3.2.34 により $h^{X \times Y} \simeq h^X \times h^Y$ だから，$(h^p, h^q) : h^Z \to h^X \times h^Y$ を示せばよい.

ところが，$T \in \mathcal{C}$ を代入した $h^X(T)$ 等はアーベル群であり，圏 Ab においては，結論の同型があることはよく知られている. $i + j : X \coprod Y \to Z$ についても同様である (問 1.3.19 参照). $\square$

定義 3.3.6 (加法圏)　前加法圏 $\mathcal{C}$ において，ゼロ対象が存在し，任意の二つの対象の直和が存在するとき，$\mathcal{C}$ を加法圏 (additive category) という.

上の命題により，前加法圏において有限直積が存在すれば有限直和も存在するので，次の命題は明らかであろう.

命題 3.3.7　前加法圏 $\mathcal{C}$ において，任意の有限直積が存在するならば，$\mathcal{C}$ は加法圏である.

例 3.3.8　アーベル群のなす圏 Ab は加法圏である. より一般に，環 R に対して R 加群のなす圏 $R\text{-}Mod$ は加法圏である.

補題 3.3.9 加法圏 $\mathcal{C}$ において，射 $f, g \in \mathcal{C}(X, Y)$ の和は次の合成に一致する．

$$f + g = \sigma_Y \circ (f \oplus g) \circ \Delta_X$$

ここで，$\Delta_X = (id_X, id_X)$ は対角射，$f \oplus g : X \oplus X \to Y \oplus Y$ は射の直積，$\sigma_Y : Y \oplus Y \to Y$ は余対角射である．

証明 X 自身の直和 $Z = X \oplus X$ を特徴付ける射を $p_j : Z \to X, i_j : X \to Z$ $(j = 1, 2)$ とする．$p_j \circ i_k = \delta_{jk} id_X$, $i_1 \circ p_1 + i_2 \circ p_2 = id_Z$ がみたされている．すると，$i_1 + i_2 = \Delta_X$ であり，$\sigma_Y \circ (f \sqcup g) \circ i_1 = f, \sigma_Y \circ (f \sqcup g) \circ i_2 = g$ である．ゆえに，

$$\sigma_Y \circ (f \oplus g) \circ \Delta_X = \sigma_Y \circ (f \sqcup g) \circ (i_1 + i_2)$$
$$= \sigma_Y \circ (f \sqcup g) \circ i_1 + \sigma_Y \circ (f \sqcup g) \circ i_2 = f + g \qquad \square$$

定義 3.3.10 (加法関手) 前加法圏 $\mathcal{C}$ から前加法圏 $\mathcal{C}'$ への関手 $F : \mathcal{C} \to \mathcal{C}'$ について，$\forall\, X, Y \in Ob(\mathcal{C})$ に対して

$$F = F_{X,Y} : \mathcal{C}(X, Y) \to \mathcal{C}'(F(X), F(Y))$$

がアーベル群の準同型写像であるとき，F を加法関手という．

例 3.3.11 前加法圏 $\mathcal{C}$ において，$Ob(\mathcal{C}) \ni X, Y$ に対して $h_X(Y) = \mathcal{C}(X, Y)$ はアーベル群であり，射 $f : Y \to Y'$ に対して $h_X(f) = h_X(Y) \to h_X(Y')$ は群の準同型であるので，h_X を Ab に値をとる関手 $h_X : \mathcal{C} \to Ab$ とみることができる．その意味で，h_X は加法関手である．また，h^X は反変的な加法関手である．

命題 3.3.12 (加法関手がなす圏) $\mathcal{C}, \mathcal{C}'$ を前加法圏とする．関手 $F, G : \mathcal{C} \to \mathcal{C}'$ の間の自然変換 $\theta_1, \theta_2 : F \to G$ について，

$$(\theta_1 + \theta_2)_X = \theta_{1X} + \theta_{2X} \in \mathcal{C}'(F(X), G(X))$$

とおくと，$\theta_1 + \theta_2$ は F, G 間の自然変換となる．この和の定義により，$Fct(\mathcal{C}, \mathcal{C}')(F, G)$ はアーベル群となる．また，$H \in Fct(\mathcal{C}, \mathcal{C}')$ も加法関手として，合成

$$Fct(\mathcal{C}, \mathcal{C}')(F, G) \times Fct(\mathcal{C}, \mathcal{C}')(G, H) \to Fct(\mathcal{C}, \mathcal{C}')(F, H)$$

は双加法的，すなわちアーベル群の準同型である．

証明　自然変換の条件である

$$F(X) \xrightarrow{\theta_{iX}} G(X)$$
$$F(f) \downarrow \qquad \qquad \downarrow G(f) \qquad (i = 1, 2, \quad f \in \mathcal{C}(X, Y))$$
$$F(Y) \xrightarrow{\theta_{iY}} G(Y)$$

の可換性と $\mathcal{C}'$ の射の合成の双加法性から，同様の可換性 $G(f) \circ (\theta_{1X} + \theta_{2X}) = (\theta_{1X} + \theta_{2Y}) \circ F(f)$ が得られる.

$\theta_i \in Fct(\mathcal{C}, \mathcal{C}')(F, G), \eta \in Fct(\mathcal{C}, \mathcal{C}')(G, H) \ (i = 1, 2)$ について，

$$\eta \circ (\theta_1 + \theta_2) = \eta \circ \theta_1 + \eta \circ \theta_2$$

を示したい. 各 $X \in \mathcal{C}$ での等式

$$\eta_X \circ (\theta_1 + \theta_2)_X = \eta_X \circ \theta_{1X} + \eta_X \circ \theta_{2X}$$

は $\mathcal{C}'$ の射の合成の双加法性から確かめられる. 同様に $(\eta_1 + \eta_2) \circ \theta = \eta_1 \circ \theta + \eta_2 \circ \eta$ も確かめられる. よって，$Fct(\mathcal{C}, \mathcal{C}')$ での射の合成の双加法性が示せた. □

　前加法圏 $\mathcal{C}$ から前加法圏 $\mathcal{C}'$ への加法関手を対象とし，加法関手間の自然変換を射とする，圏 $Fct(\mathcal{C}, \mathcal{C}')$ の充満部分圏を $Fct_{ad}(\mathcal{C}, \mathcal{C}')$ と記す. この命題により，この部分圏も $Fct(\mathcal{C}, \mathcal{C}')$ と同様に前加法圏である.

命題 3.3.13　前加法圏 $\mathcal{C}$ からアーベル群の圏 Ab への加法関手の圏 $Fct_{ad}(\mathcal{C}, Ab)$ は加法圏である.

証明　まず，$Fct(\mathcal{C}, Ab)$ は前加法圏だから，ゼロ対象と直和の存在を示せばよい. 恒等的に $0 \in Ab$ を対応させる関手 0 がゼロ対象であることは明らか. また，関手 $F, G \in Fct(\mathcal{C}, Ab), X, Y \in \mathcal{C}, f \in \mathcal{C}(X, Y)$ について

$$(F \oplus G)(X) = F(X) \oplus G(X), \qquad (F \oplus G)(f) = F(f) \oplus G(f)$$

とおいて定まる関手 $F \oplus G$ が，直和の普遍性をもつことが確かめられる. □

定義 3.3.14 (R 線型な圏)　R を環とする. 加法圏 $\mathcal{C}$ において，アーベル群 $\hom_{\mathcal{C}}(X, Y) = \mathcal{C}(X, Y) \ (\forall X, Y \in Ob(\mathcal{C}))$ が R 加群の構造をもち，かつ射の合成 $m_{X,Y,Z} : \mathcal{C}(X, Y) \times \mathcal{C}(Y, Z) \longrightarrow \mathcal{C}(X, Z)$ が，R 加群の準同型であるとき，圏 $\mathcal{C}$ を R 線型な圏 (R-linear category) と呼ぶ.

$R_0 = Z(R)$ を環 R の中心 (例 2.1.18) とするとき,R 加群のなす圏 $R\text{-}Mod$ は R_0 線型な圏である.すなわち,$R\text{-}Mod \ni M, N$ に対して $R\text{-}Mod(M,N)$ は自然に R_0 加群の構造をもつ.特に,R が可換であれば,$R\text{-}Mod$ は R 線型な圏である.

命題 3.3.15 加法圏間の関手 $F : \mathcal{C} \to \mathcal{C}'$ が加法的であるために,F が有限直積と交換することは,必要かつ十分である.

証明 F が加法関手と仮定する.X_1, X_2 の直和 $Z = X_1 \oplus X_2$ は命題 3.3.5 により,$p_j : Z \to X_j, i_j : X_j \to Z$ $(j = 1,2)$ であって $p_j \circ i_k = \delta_{jk} id_{X_j}$,$i_1 \circ p_1 + i_2 \circ p_2 = id_Z$ をみたす射の存在で特徴づけられる.すると $F(p_j) : F(Z) \to F(X_j), F(i_j) : F(X_j) \to F(Z)$ $(j = 1,2)$ は $F(p_j) \circ F(i_k) = \delta_{jk} id_{F(X_j)}$,$F(i_1) \circ F(p_1) + F(i_2) \circ F(p_2) = id_{F(Z)}$ をみたすので,$F(X_1 \oplus X_2) \simeq F(X_1) \oplus F(X_2)$ が示された.

逆に,F が有限直積と交換すると仮定すると,対角射・余対角射について $F(\Delta_X) = \Delta_{F(X)}, F(\sigma_X) = \sigma_{F(X)}$ となる.すると射 $f, g \in \mathcal{C}(X, Y)$ について

$$F(f + g) = F(\sigma_Y \circ (f \oplus g) \circ \Delta_X) = F(\sigma_Y) \circ F(f \oplus g) \circ F(\Delta_X)$$
$$= \sigma_{F(Y)} \circ \big(F(f) \oplus F(g)\big) \circ \Delta_{F(X)} = F(f) + F(g)$$

となるので示された.□

命題 3.3.16 加法圏の間の加法的関手 $G : \mathcal{D} \to \mathcal{C}$ に左随伴関手 $F : \mathcal{C} \to \mathcal{D}$ が存在するとき,F も加法的であり,随伴対応

$$\theta : \mathcal{D}(F(X), Y) \xrightarrow{\sim} \mathcal{C}(X, G(Y))$$

はアーベル群の同型である.

証明 随伴対応から F は有限直積と交換するので,命題 3.3.15 により F は加法的である.$\eta_X : X \to G(F(X))$ を随伴対応のユニットとする.$f, g \in \mathcal{D}(F(X), Y)$ に対して,$\theta(f) = G(f) \circ \eta_X$ が成り立つ.すると θ が準同型であることが次の通りに確かめられる.

$$\theta(f+g) = G(f+g) \circ \eta_X = (G(f) + G(g)) \circ \eta_X$$
$$= G(f) \circ \eta_X + G(g) \circ \eta_X = \theta(f) + \theta(g)$$

3.3.2 アーベル圏

ここで導入するアーベル圏は，準同型定理が成立することを条件として加群の圏を一般化したものであり，グロタンディークにより導入された.

定義 3.3.17 (核, 余核) 加法圏 $\mathcal{C}$ の射 $f : X \to Y$ について，射 $i : K \to X$ が次の 2 条件をみたすとき，$i : K \to X$ を f の核 (kernel) であるという.

1) $f \circ i = 0$
2) $f \circ j = 0$ なる任意の射 $j : Z \to X$ に対して射 $k : Z \to K$ であって $i \circ k = j$ なる射が唯一つ存在する.

同様に，加法圏 $\mathcal{C}$ の射 $f : X \to Y$ について，射 $p : Y \to C$ が次の 2 条件をみたすとき，$p : Y \to C$ を f の余核 (cokernel) であるという.

1) $p \circ f = 0$
2) $q \circ f = 0$ なる任意の射 $q : X \to Z$ に対して射 $r : C \to Z$ であって $p \circ r = q$ なる射が唯一つ存在する.

$$
\begin{array}{ccc}
& Z & \\
{}^{\exists!}k \swarrow & i\downarrow & \searrow 0 \\
K \xrightarrow{\ j\ } & X & \xrightarrow{\ f\ } Y
\end{array}
\qquad
\begin{array}{ccc}
X \xrightarrow{\ f\ } & Y & \xrightarrow{\ p\ } C \\
0 \searrow & \downarrow q & \swarrow {}^{\exists!}r \\
& Z &
\end{array}
$$

核も余核も存在するとは限らないが，存在すれば同型を除き一意的であるので，(存在する場合に射を略して) $\mathrm{Ker}\, f$, Coker と記す.

核・余核の定義から $\mathrm{Ker}\, f = Eq(f, 0)$, $\mathrm{Coker}\, f = Coeq(f, 0)$ である. すると，次の補題はほぼ明らかであろう.

補題 3.3.18 f の核 $i : \mathrm{Ker}\, f \to X$ が存在するとき，i は単射であり，X の部分対象 $j : S \to X$ で $f \circ j = 0$ となるものの中で最大の部分対象を表現する.

同様に，f の余核 $p : Y \to \mathrm{Coker}\, f$ が存在するとき，p は全射であり，Y の商対象 $q : Y \to Q$ で $q \circ f = 0$ となるものの中で最大の商対象を表現する.

定義 3.3.19 (像, 余像) 加法圏 $\mathcal{C}$ の任意の射 $f : X \to Y$ について，

$$\operatorname{Coim} f := \operatorname{Coker}(\operatorname{Ker} f \longrightarrow X), \qquad \operatorname{Im} f := \operatorname{Ker}(Y \to \operatorname{Coker} f)$$

とおき，(もし存在すれば) f の像，余像という．

補題 3.3.20 f の像 $\operatorname{Coim} f$，余像 $\operatorname{Im} f$ が存在するとき

$$
\begin{array}{ccccccc}
\operatorname{Ker} f & \xrightarrow{i} & X & \xrightarrow{f} & Y & \xrightarrow{p} & \operatorname{Coker} f \\
& & \kappa \downarrow & & \uparrow \iota & & \\
& & \operatorname{Coim} f & \xrightarrow{\bar{f}} & \operatorname{Im} f & &
\end{array}
$$

を可換にする標準的な射 $\bar{f}$ が存在する．

証明 実際，$f \circ i = 0$ ゆえ $\operatorname{Coim} f$ の定義により，

$$
\begin{array}{ccc}
\operatorname{Ker} f & \xrightarrow{i} \quad X & \longrightarrow \operatorname{Coim} f \\
& {}_{0}\searrow \quad \downarrow f \quad \swarrow {}^{\exists! } r \\
& Y &
\end{array}
$$

を可換にする $r : \operatorname{Coim} f \to Y$ が存在する．すると $0 = p \circ f = p \circ r \circ \kappa$ であり，$\kappa : X \to \operatorname{Coim} f$ は全射ゆえ $p \circ r = 0$ である．$\operatorname{Im} f$ の定義により，

$$
\begin{array}{ccc}
& \operatorname{Coim} f & \\
{}^{\exists!}\ \bar{f}\swarrow \quad & r\downarrow & \quad \searrow 0 \\
\operatorname{Im} f \xrightarrow{\iota} & Y & \xrightarrow{p} \operatorname{Coker} f
\end{array}
$$

を可換にする $\bar{f} : \operatorname{Coim} f \to \operatorname{Im} f$ が存在する．$\square$

定義 3.3.21 (アーベル圏) 加法圏 $\mathcal{C}$ の任意の射 $f : X \to Y$ について，核 $\operatorname{Ker} f$，余核 $\operatorname{Coker} f$ が存在して，標準的な射

$$\operatorname{Coim} f \longrightarrow \operatorname{Im} f$$

が同型であるとき，$\mathcal{C}$ をアーベル圏 (abelian category) であるという．

二つ目の条件は，いわば準同型定理が成立することに他ならない．

例 3.3.22 1) 環 A 上の左加群の圏 $A\text{-}Mod$ はアーベル圏である．

2) 環 A 上の左ネーター加群の圏 $A\text{-}Mod_{Noeth}$，左アルチン加群の圏 $A\text{-}Mod_{Artin}$ はアーベル圏である．命題 2.2.70 により直ちに定義を確かめられる．

3) 有限アーベル群の圏 Ab_{fin} はアーベル圏である．捩れアーベル群の圏 Ab_{tors} はアーベル圏である．

3.3 加法圏とアーベル圏   153

注意 3.3.23 上記のアーベル圏の公理は自己双対的であることに注意する. すなわち $\mathcal{C}$ がアーベル圏であるならば $\mathcal{C}^{op}$ もアーベル圏である.

命題 3.3.24 環 A 上の有限生成左加群の圏 $A\text{-}mod$ がアーベル圏であるために, A が左ネーター環であることは必要かつ十分である.

証明 $A\text{-}mod$ がアーベル圏だとする. $A \in A\text{-}mod$ であり, A の左イデアル I について A/I は 1 元で生成されるので, $I = \mathrm{Ker}(A \to A/I)$ も $A\text{-}mod$ に属して I は有限生成となる. 命題 2.2.69 により左 A 加群 A は左ネーター環である. 逆に A が左ネーター環であるならば, 命題 2.2.76 により有限生成左 A 加群は左ネーター加群であるので, $A\text{-}mod$ は核・余核をとる操作で閉じている. $\square$

命題 3.3.25 アーベル圏 $\mathcal{A}$ からアーベル群の圏 Ab への加法関手の圏 $Fct_{ad}(\mathcal{A}, Ab)$ は完備かつ余完備なアーベル圏である.

証明 命題 3.3.13 により $Fct_{ad}(\mathcal{A}, Ab)$ は加法圏である. まず, 任意の射, すなわち自然変換 $\theta : F \to G$ の核・余核の存在を示そう. $\mathrm{Ker}\,\theta, \mathrm{Coker}\,\theta \in Fct_{ad}(\mathcal{A}, Ab)$ を

$$(\mathrm{Ker}\,\theta)(X) = \mathrm{Ker}\,\theta_X, \quad (\mathrm{Coker}\,\theta)(X) = \mathrm{Coker}\,\theta_X \qquad (X \in \mathcal{A})$$

と定めると加法関手となる. 標準的な自然変換 $i : \mathrm{Ker}\,\theta \to F, p : G \to \mathrm{Coker}\,\theta$ も自然に定義されて, これらが核・余核の普遍性をみたすことが確かめられる. Ab はアーベル圏であるので,

$$
\begin{array}{ccccccc}
\mathrm{Ker}\,\theta_X & \xrightarrow{\;i\;} & F & \xrightarrow{\;f\;} & G & \xrightarrow{\;p\;} & \mathrm{Coker}\,\theta_X \\
& & \kappa\downarrow & & \uparrow\iota & & \\
& & \mathrm{Coim}\,\theta_X & \xrightarrow{\;\overline{\theta_X}\;} & \mathrm{Im}\,\theta_X & & \\
& & \| & & \| & & \\
& & (\mathrm{Coim}\,\theta)(X) & \xrightarrow{\;\bar{\theta}_X\;} & (\mathrm{Im}\,\theta)(X) & &
\end{array}
$$

において, 射 $\bar{\theta}_X$ は同型である. これより自然変換 $\bar{\theta} : \mathrm{Coim}\,\theta \to \mathrm{Im}\,\theta$ は関手の圏における同型であることがわかる. 以上で, $Fct_{ad}(\mathcal{A}, Ab)$ がアーベル圏であることがわかった.

次に, $F : \mathcal{I}^{op} \to Fct_{ad}(\mathcal{A}, Ab)$ を射影系とする. $F(i, X) = F(i)(X)$, $F(i, f) = F(i)(f)$ とおき, X を固定して $F(\ , X) : \mathcal{I} \to Ab$ とみて

$$(\varprojlim F)(X) = \varprojlim F(\ ,X), \quad (\varprojlim F)(f) = \varprojlim F(\ ,f) \quad (f \in \mathcal{A}(X,Y))$$

と定めると，これは関手 $\varprojlim F : \mathcal{A} \to Ab$ を定める．$F(i)$ が加法関手なので，$\varprojlim F$ も加法的である．これが射影系 $F(i)$ の $Fct_{ad}(\mathcal{A}, Ab)$ における極限であることが自然に確かめられる．帰納系の余極限も，同様に Ab における余極限を使い構成できる．□

定義 3.3.26 (生成子・余生成子)　加法圏 $\mathcal{C}$ の対象 P について，関手 h_P が忠実であるとき，P を生成子 (generator) という．また，関手 h^P が忠実であるとき，P を余生成子 (cogenerator) という．

例 3.3.27　右 A 加群の圏 $Mod\text{-}A$ において，A は生成子である．実際，$h_A(M) = \mathrm{Hom}_A(A,M) \simeq M$ より明らか．

補題 3.3.28　$\mathcal{A}$ をアーベル圏，P を $\mathcal{A}$ の対象とする．P が生成子であるために，$u \in \mathcal{C}(Z,W)$，$u \neq 0$ に対して適当な射 $v : P \to Z$ が存在して $u \circ v \neq 0$ が成り立つことが必要十分である．

　同様に，Q が余生成子であるために，$u \in \mathcal{C}(Z,W)$，$u \neq 0$ に対して適当な射 $v : W \to Q$ が存在して $v \circ u \neq 0$ が成り立つことが必要十分である．

証明　$\mathcal{C}(Z,W)$ はアーベル群で，h_P が群準同型であることを考慮すると，$\mathcal{C}(Z,W) \to Ab(h_P(Z), h_P(W))$ の単射性を言い換えたのが上の条件である．□

命題 3.3.29　$\mathcal{A}$ をアーベル圏とする．

1)　$\mathcal{A}$ が余完備であるとき，$P \in \mathcal{A}$ が生成子であるために，$\mathcal{A}$ の任意の対象 X に対して $(p : P \to X) \in I = \mathcal{A}(P,X)$ の和で定義される射 $a : P^{(I)} \to X$ が全射であることが，必要十分である．

1')　$\mathcal{A}$ が完備であるとき，$Q \in \mathcal{A}$ が余生成子であるために，$\mathcal{A}$ の任意の対象 X に対して $(q : X \to Q) \in I' = \mathcal{A}(X,Q)$ の積で定義される射 $a' : X \to P^{I'}$ が単射であることが，必要十分である．

2)　$\mathcal{A}$ の充満部分圏 $\mathcal{S}$ が $\mathcal{A}$ の生成子を含み，$\mathcal{S}$ の対象の余積で閉じていて，$\mathcal{S}$ の射の余核が $\mathcal{S}$ に属すならば，$\mathcal{S} = \mathcal{A}$ である．

証明　1)　a の余核を $b : X \to \mathrm{Coker}\, a$ とする．任意の $p \in I$ について，a の定

義から $\operatorname{Im} p \subset \operatorname{Im} a$ であり，$ba = 0$ であるから $bp = 0$ となる．$h = \mathcal{A}(P, \ )$ として $h(b)(p) = bp = 0$ ゆえ $h(b) = 0$ となるが，P が生成子なので，h は忠実で，$b = 0$ となるから，a は全射である．

逆に，全射 $(p_i)_{i \in I} : P^{(I)} \to X$ があったとして，任意の $Y \in \mathcal{A}$ について $\mathcal{A}(X, Y) \to Ab(h(X), h(Y))$ が単射であることを示そう．$b \in \mathcal{A}(X, Y)$ が $h(b) = 0$ をみたすとする．$h(b)(p_i) = bp_i = 0 \ (\forall \ i \in I)$ となるが，$\sum_{i \in I} \operatorname{Im} p_i = A$ であるから，$b = 0$ がいえる．

1') は 1) と同様に示せる．

2) $P \in \mathcal{S}$ を生成子とすると，1) により任意の X について適当な I について $P^{(I)} \to X \to 0$ は完全で，さらに全射 $P^{(J)} \to \operatorname{Ker}(P^{(I)} \to X)$ がとれる．すると $P^{(J)} \to P^{(I)} \to X \to 0$ は完全列ゆえ，$X \in \mathcal{S}$ となる．ゆえに $\mathcal{S} = \mathcal{A}$ が示せた．$\square$

定義 3.3.30 (短完全列)　前加法圏の射の列

$$0 \longrightarrow M_1 \xrightarrow{\phi} M_2 \xrightarrow{\psi} M_3 \longrightarrow 0$$

において，$M_1 = \operatorname{Ker}(\psi)$ かつ $M_3 = \operatorname{Coker}(\phi)$ が成り立つとき，この列を短完全列という．

短完全列において ϕ は単射であり，ψ は全射である．

定義 3.3.31 (完全列)　アーベル圏の射の列

$$M_{i-1} \xrightarrow{\phi_{i-1}} M_i \xrightarrow{\phi_i} M_{i+1} \quad (i \in I \subset \mathbb{Z})$$

において，$\operatorname{Im}(\phi_{i-1}) = \operatorname{Ker}(\phi_i)$ が成り立つとき，この列を完全列という．

定義 3.3.32 (左完全関手・右完全関手・完全関手)　$\mathcal{C}, \mathcal{D}$ をアーベル圏とする．加法関手 $F : \mathcal{C} \to \mathcal{D}$ が，任意の短完全列 $0 \longrightarrow M_1 \xrightarrow{\phi} M_2 \xrightarrow{\psi} M_3 \longrightarrow 0$ を完全列

$$0 \longrightarrow F(M_1) \xrightarrow{F(\phi)} F(M_2) \xrightarrow{F(\psi)} F(M_3)$$

に移すとき，F を左完全 (left exact) という．F が任意の短完全列を完全列

$$F(M_1) \xrightarrow{F(\phi)} F(M_2) \xrightarrow{F(\psi)} F(M_3) \longrightarrow 0$$

に移すとき，F を右完全 (right exact) という．

156   3. 圏 と 関 手

F が左完全かつ右完全であるとき，完全であるという.

定義 3.3.33 (射影的対象・単射的対象) $\mathcal{A}$ をアーベル圏，X を $\mathcal{A}$ の対象とする．表現可能関手 h_X が完全関手であるとき，X を射影的 (projective) という．また，h^X が完全関手であるとき，X を単射的 (injective) という．

例 3.3.34 右 A 加群の圏 $Mod\text{-}A$ において，表現可能関手 h_M, h^M は左完全である．また，テンソル積 $M \otimes_A$，$\otimes_A N$ ($M \in Mod\text{-}A$, $N \in A\text{-}Mod$) は右完全であることを第 4 章でみるだろう．また，$Mod\text{-}A$ における射影的対象，単射的対象に対して，それぞれ射影加群，移入加群という用語を導入する．

命題 3.3.35 $\mathcal{A}$ を完備なアーベル圏で，生成子が存在する圏とする．$\mathcal{A}$ の任意の対象 X から単射的対象への単射が存在するために，$\mathcal{A}$ に単射的余生成子が存在することが，必要十分である．

証明 (十分性) Q を単射的余生成子とし，X を $\mathcal{A}$ の任意の対象とする．命題 3.3.29 1') により $a' : X \to P^{\mathcal{A}(X,Q)}$ は単射である．そして，$P^{\mathcal{A}(X,Q)}$ は単射的である．

(必要性) P を生成子とし，P のあらゆる商の直積を $\Pi = \prod\limits_{P \twoheadrightarrow Y} Y$ とする．$\Pi \hookrightarrow I$ を単射的対象への単射とすると，I は余生成子である．実際，P が生成子なので $u : Z \to W, u \neq 0$ に対して適当な射 $v : P \to Z$ について $u \circ v \neq 0$ となる．$P \twoheadrightarrow J = \mathrm{Im}(u \circ v) \hookrightarrow W$ を考えると $J \to \Pi \to I$ は単射である ($J \to \Pi$ には $P \twoheadrightarrow J$ の成分があるため).

I が単射的なので，射 $W \to I$ で $J \to W \to I = J \to \Pi \to I$ なるものが存在する．このとき，$Z \to W \to I \neq 0$ である．実際，v を合成して $P \to Z \to W \to I = P \to Z \to J \to W \to I = P \twoheadrightarrow J \to \Pi \to I \neq 0$ を得る． $\square$

定義 3.3.36 (十分に単射的 (射影的) 対象をもつ圏) アーベル圏 $\mathcal{A}$ の任意の対象 X に対して，単射的対象 I と単射 $X \to I$ が存在するとき，$\mathcal{A}$ は十分に単射的対象をもつ圏だという．

また，$\mathcal{A}$ の任意の対象 X に対して，射影的対象 P と全射 $P \to X$ が存在するとき，$\mathcal{A}$ は十分に射影的対象をもつ圏だという．

上の命題により，生成子が存在する完備なアーベル圏は十分に単射的対象を
もつ.

命題 3.3.37 (有向な余極限の完全性)　左 A 加群の圏 $A\text{-}Mod$ において，有向な
余極限をとる操作は完全関手であるすなわち，固定した $\mathcal{I}$ を添え字圏にもつ帰納
系のなす圏 $Fct(\mathcal{I}, A\text{-}Mod)$ から $A\text{-}Mod$ への関手

$$\varinjlim : Fct(\mathcal{I}, A\text{-}Mod) \to A\text{-}Mod;\ F \mapsto \varinjlim F$$

は完全列を完全列に移す. 特に，直和は完全関手である.

証明　最初に直和をとる関手の完全性を示す. そこで，左 A 加群の完全列の族
$L_\lambda \xrightarrow{f_\lambda} M_\lambda \xrightarrow{g_\lambda} N_\lambda$　$(\lambda \in \Lambda)$ が与えられたとする.

$$(*) \qquad \bigoplus_{\lambda \in \Lambda} L_\lambda \xrightarrow{\oplus_{\lambda \in \Lambda} f_\lambda} \bigoplus_{\lambda \in \Lambda} M_\lambda \xrightarrow{\oplus_{\lambda \in \Lambda} g_\lambda} \bigoplus_{\lambda \in \Lambda} N_\lambda$$

において，$\operatorname{Ker} \bigoplus_{\lambda \in \Lambda} g_\lambda = \bigoplus_{\lambda \in \Lambda} \operatorname{Ker} g_\lambda,\ \operatorname{Im} \bigoplus_{\lambda \in \Lambda} f_\lambda = \bigoplus_{\lambda \in \Lambda} \operatorname{Im} f_\lambda$ であるので，$(*)$ は
完全である.

　$A\text{-}Mod$ での一般の余極限は，$\bigoplus_{i \in \mathcal{I}} F(i)/\langle F(f)(x_i) - x_j \mid f \in \mathcal{I}(i,j), x_i \in$
$F(i), x_j \in F(j)\rangle$ で与えられる (例 3.2.33). 命題 3.2.25 の証明の双対から
$\bigoplus_{u:i \to k \in \mathcal{I}} F(k) \underset{t}{\overset{s}{\rightrightarrows}} \bigoplus_{i \in \mathcal{I}} F(i)$ の余等化子が余極限である. したがって，余
等化子の完全性を示せばよいが，$Coeq(s,t) = \operatorname{Coker}(s-t)$ だから，命題 2.2.35
に帰着する (読者は最後を詰められよ). $\square$

問 3.3.38　アーベル圏の間の加法関手 $F : \mathcal{C} \to \mathcal{D}$ が左完全であるために，次の
条件は必要十分であることを示せ.

$\quad$ 任意の完全列 $0 \longrightarrow M_1 \xrightarrow{\phi} M_2 \xrightarrow{\psi} M_3$ を

$\quad$ 完全列 $0 \longrightarrow F(M_1) \xrightarrow{F(\phi)} F(M_2) \xrightarrow{F(\psi)} F(M_3)$ に移す.

同様に，F が右完全であるために次の条件は必要十分であることを示せ.

$\quad$ 完全列 $M_1 \xrightarrow{\phi} M_2 \xrightarrow{\psi} M_3 \longrightarrow 0$ を

$\quad$ 完全列 $F(M_1) \xrightarrow{F(\phi)} F(M_2) \xrightarrow{F(\psi)} F(M_3) \longrightarrow 0$ に移す.

158   3. 圏 と 関 手

以上の R 加群についての概念をアーベル圏にも拡張するのは自然かつ容易である.

定義 3.3.39 (ネーター的対象・アルチン的対象)　左 R 加群の代わりに，アーベル圏 $\mathcal{C}$ の対象について同様に昇鎖律および降鎖律を一般化することができる．アーベル圏 $\mathcal{C}$ の対象 M について昇鎖律 (または降鎖律) が成り立つとき，M をネーター的 (またはアルチン的) という.

定義 3.3.40 (ネーター圏・アルチン圏)　アーベル圏 $\mathcal{C}$ について，その任意の対象がネーター的 (またはアルチン的) であるとき，$\mathcal{C}$ をネーター的 (またはアルチン的) であるという．アーベル圏 $\mathcal{C}$ について，その任意の対象がネーター的対象の余極限となっているとき，$\mathcal{C}$ を局所ネーター的であるという.

例 3.3.41　環 A 上の左加群の圏 A-Mod のネーター的対象は，ネーター左 A 加群に他ならない．また，アルチン的対象は，アルチン左 A 加群である.

命題 3.3.42　A を環とする．有限生成左 A 加群のなす圏 A-mod がネーター的 (またはアルチン的) アーベル圏であるために，環 A が左ネーター (または左アルチン) であることは必要十分である.

証明　(必要性) 左加群 A がネーター的 (またはアルチン的) であることは，環 A が左ネーター (または左アルチン) であることを意味する.

　(十分性) A が左ネーター (または左アルチン) 加群であれば，有限生成左 A 加群も同様に左ネーター (または左アルチン) 加群であることがわかる (命題 2.2.70). $\square$

系 3.3.43　環 A が左ネーターのとき，アーベル圏 A-Mod は局所ネーター的である.

証明　実際，任意の A 加群は有限生成部分 A 加群の余極限として表せる. $\square$

定義 3.3.44 (グロタンディーク圏)　アーベル圏 $\mathcal{C}$ において，生成子が存在し，小さな余極限が存在して，有向な余極限をとる操作が完全関手であるとき，$\mathcal{C}$ をグロタンディーク圏 (Grothendieck category) という.

例 3.3.45 環 A 上の左加群の圏 $A\text{-}Mod$ はグロタンディーク圏である. 特に, アーベル群の圏 Ab はグロタンディーク圏である.

注意 3.3.46 グロタンディークは論文[12]において, アーベル圏 $\mathcal{C}$ に関する条件 AB n) およびその双対 AB n^*) を導入した.

$\mathcal{C}$ が AB 3) $\overset{\text{def}}{\Longleftrightarrow}$ $\mathcal{C}$ において任意の (小さな) 直和が存在する.

$\mathcal{C}$ が AB 4) $\overset{\text{def}}{\Longleftrightarrow}$ $\mathcal{C}$ において任意の (小さな) 直和が存在して, 直和をとる操作が左完全である.

$\mathcal{C}$ が AB 5) $\overset{\text{def}}{\Longleftrightarrow}$ $\mathcal{C}$ において任意の (小さな) 余極限が存在して, 有向な余極限をとる操作が完全関手である.

したがって, グロタンディーク圏は AB 5) をみたし生成子が存在するアーベル圏のことである.

命題 3.3.47 アーベル圏 $\mathcal{A}$ からアーベル群の圏 Ab への加法関手の圏 $Fct_{ad}(\mathcal{A}, Ab)$ はグロタンディーク圏である.

証明 命題 3.3.25 により, $\mathcal{E} = Fct_{ad}(\mathcal{A}, Ab)$ は余完備なアーベル圏である.

$\mathcal{F} : \mathcal{J} \to \mathcal{E}$ を有向な帰納系とする. $X \in \mathcal{A}$ に対して $\mathcal{F}(X) : \mathcal{J} \to Ab$ は Ab における有向な帰納系である. $(\mathrm{colim}\,\mathcal{F})(X) = \mathrm{colim}\,\mathcal{F}(j)(X)$ と定めたが, $X \mapsto (\mathrm{colim}\,\mathcal{F})(X)$ は $\mathrm{colim}\,\mathcal{F}(X)$ と一致する. Ab での余極限が完全関手であるから, 有向な余極限をとる操作が完全関手であることが示された.

射影的生成子の存在を示そう. まず, $\mathcal{E}(h_X, F) \simeq F(X)$ だから $F \mapsto \mathcal{E}(h_X, F)$ は完全関手であり, h_X が $\mathcal{E}$ の射影的対象であることがわかる.

$P = \oplus_{X \in \mathcal{A}} h_X$ とおく. $\mathcal{E}(P, F) = \prod_{X \in \mathcal{A}} \mathcal{E}(h_X, F) = \prod_{X \in \mathcal{A}} F(X)$ に注意する. $\theta : F \to G$ が 0 でないとすると, ある X について $\theta_X : F(X) \to G(X)$ は 0 でない. ゆえに $\mathcal{E}(P, F) \to \mathcal{E}(P, G)$ は 0 でない. これは P が射影的生成子であることを示す. $\square$

3.4 圏における積構造

圏と関手の言葉に, 群や環の概念を組み込むことができる. 例えば, 位相群・リー群の概念がそれにあたる. また一方で, 位相空間の積やベクトル空間のテンソル積のみたす性質を一般化する圏のモノイド構造は, $\mathbb{Z}/2\mathbb{Z}$ による次数付けを

もつベクトル空間のテンソル積を理解するために必要である.

3.4.1 モノイド圏

定義 3.4.1 (モノイド構造)　圏 $\mathcal{C}$ 上に双関手 $-\otimes- : \mathcal{C} \times \mathcal{C} \to \mathcal{C}$, 自然変換
$$a = a_{X,Y,Z} : (X \otimes Y) \otimes Z \xrightarrow{\sim} X \otimes (Y \otimes Z)$$
対象 $\mathbf{1} \in \mathcal{C}$ と同型 $\iota : \mathbf{1} \otimes \mathbf{1} \xrightarrow{\sim} \mathbf{1}$ が与えられ, 次の 2 条件をみたすとき, $(\otimes, a, \mathbf{1}, \iota)$ (あるいは略して $\otimes$) を圏 $\mathcal{C}$ のモノイド構造 (monoidal structure) という. モノイド構造を備えた圏 $(\mathcal{C}, \otimes)$ (あるいは $\mathcal{C}$) をモノイド圏 (monoidal category) という.

五角形公理　$\forall X, Y, Z, T \in \mathcal{C}$ に対して次の図式は可換である.

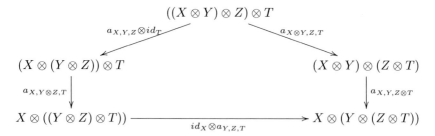

単位元の公理　$L_\mathbf{1}(X) = \mathbf{1} \otimes X$, $R_\mathbf{1}(X) = X \otimes \mathbf{1}$ と定義される関手 $L_\mathbf{1} : \mathcal{C} \to \mathcal{C}$, $R_\mathbf{1} : \mathcal{C} \to \mathcal{C}$ は圏同値である.

$a_{X,Y,Z}$ を結合則制約 (associativity constraint), $\mathbf{1}$ を単位元対象 (unit object) という.

結合則制約がすべて恒等射であるとき, $\mathcal{C}$ を狭義の (strict) モノイド圏という.

例 3.4.2　集合の圏 Set には直積が存在する. $X, Y \in Set$ に対して
$$X \otimes Y := X \times Y$$
とおき, $\mathbf{1}$ として 1 元からなる集合 $\{*\}$ を採用して, $a_{X,Y,Z}((x,y),z)) := (x,(y,z))$ ($x \in X$, $y \in Y$, $z \in Z$) とすれば, 圏 Set 上のモノイド構造が定まる.

位相空間の圏 Top にも, 同様に直積を使ってモノイド構造が定まる.

例 3.4.3　上記の例は, 有限な極限が存在する圏 $\mathcal{C}$ に一般化される. そのような

圏においては，命題 3.2.25 により，積と終対象が存在し，任意の対象 X, Y, Z について結合性を示す同型が一意的に存在する．

$$(X \times Y) \times Z \simeq X \times (Y \times Z)$$

この同一視された対象は $\boxed{\bullet\ \bullet\ \bullet}$ で表される圏の形の圏図式の極限である．

$X \otimes Y$ として直積 $X \times Y$ をとり，$\mathbf{1}$ として終対象を E を採用すれば，$\times, E$ により $\mathcal{C}$ はモノイド圏である．

例 3.4.4 (**R 加群のテンソル積**)　(1 をもつ) 可換環 R 上の加群の圏 $R\text{-}Mod$ において，R 加群 M, N のテンソル積 $M \otimes_R N$ を $M \otimes N$ とおき，$\mathbf{1}$ として R を採用し，

$$a_{L,M,N}((\ell \otimes m) \otimes n) := \ell \otimes (m \otimes n) \qquad (\ell \in L,\ m \in M,\ n \in N)$$

とすれば，圏 $R\text{-}Mod$ 上のモノイド構造が定まる．

例 3.4.5 (**自己関手のなす圏**)　圏 $\mathcal{C}$ に対して，関手のなす圏 $Fct(\mathcal{C}, \mathcal{C})$ を $End(\mathcal{C})$ と記す．$F, G \in End(\mathcal{C})$ に対して，$F \otimes G := F \circ G$ とおくと，$(F \otimes G) \otimes H = (F \circ G) \circ H = F \circ (G \circ H) = F \otimes (G \otimes H)$ だから，恒等射を結合則制約 $a_{F,G,H}$ にし，$\mathbf{1} = id_{\mathcal{C}}, \iota = id$ とおいて $End(\mathcal{C})$ にモノイド構造が定義できて，狭義のモノイド圏である．

モノイド圏 $(\mathcal{C}, \otimes, \alpha, \mathbf{1}, \iota)$ に対して，同型の合成

$$\mathbf{1} \otimes (\mathbf{1} \otimes X) \xrightarrow{a^{-1}_{\mathbf{1},\mathbf{1},X}} (\mathbf{1} \otimes \mathbf{1}) \otimes X \xrightarrow{\iota \otimes id_X} \mathbf{1} \otimes X$$

$$(X \otimes \mathbf{1}) \otimes \mathbf{1} \xrightarrow{a_{\mathbf{1},\mathbf{1},X}} X \otimes (\mathbf{1} \otimes \mathbf{1}) \xrightarrow{id_X \otimes \iota} X \otimes \mathbf{1}$$

を考える．すると全単射 $\mathcal{C}(\mathbf{1} \otimes X, X) \xrightarrow{\sim} \mathcal{C}(\mathbf{1} \otimes (\mathbf{1} \otimes X), \mathbf{1} \otimes X)$，$\mathcal{C}(X \otimes \mathbf{1}, X) \xrightarrow{\sim} \mathcal{C}((X \otimes \mathbf{1}) \otimes \mathbf{1}, X \otimes \mathbf{1})$ の下でこれらの射に対応する自然な同型

$$l_X : \mathbf{1} \otimes X \to X, \qquad r_X : X \otimes \mathbf{1} \to X$$

が定まる ($L_{\mathbf{1}}(l_X), R_{\mathbf{1}}(r_X)$ が上の同型となる)．これらを単位元制約 (unit constraint) と呼ぶ．

命題 3.4.6 モノイド圏 $(\mathcal{C}, \otimes)$ について, $l : L_\mathbf{1} \to id_\mathcal{C}, r : R_\mathbf{1} \to id_\mathcal{C}$ は自然変換である. また, 任意の対象 X について, 次の等式が成り立つ.

$$l_{\mathbf{1} \otimes X} = id_\mathbf{1} \otimes l_X, \qquad r_{X \otimes \mathbf{1}} = r_X \otimes id_\mathbf{1}$$

証明 l と r が自然変換であることは, $\otimes$ の関手性と a の自然性から従う.

$l_X : \mathbf{1} \otimes X \to X$ を $l : L_\mathbf{1} \to id_\mathcal{C}$ で写すと次の可換図式が得られる.

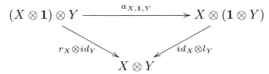

l_X は同型ゆえ, $l_{\mathbf{1} \otimes X} = id_\mathbf{1} \otimes l_X$ を得る. 二つ目の等式も同様に得られる. □

命題 3.4.7 モノイド圏 $(\mathcal{C}, \otimes)$ の任意の対象 X, Y について, 次の図式は可換である.

$$\begin{CD}(X \otimes \mathbf{1}) \otimes Y @>{a_{X,\mathbf{1},Y}}>> X \otimes (\mathbf{1} \otimes Y)\end{CD}$$
$$r_X \otimes id_Y \searrow \quad \swarrow id_X \otimes l_Y$$
$$X \otimes Y$$

証明 $L_\mathbf{1}$ が圏同値であるから $Y = \mathbf{1} \otimes Z$ $(Z \in \mathcal{C})$ という形としてよい. そこで次の図式を考える.

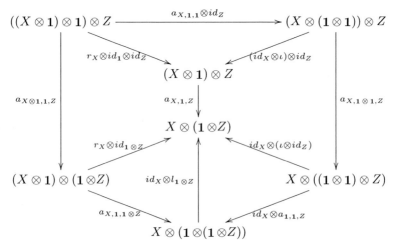

左下の三角形の可換性が示すべきことである.

ところで，五角形公理により外側の五角形は可換である．結合則制約 a の自然性により真ん中の二つの台形は可換である．単位元制約 r の定義により上の三角形は可換である．最後に，命題 3.4.6 により右下の三角形は可換である．これで示せた．□

命題 3.4.8 モノイド圏 $(\mathcal{C}, \otimes)$ の任意の対象 X, Y について，次の 2 つの図式は可換である．

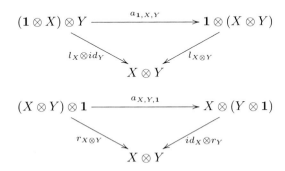

証明 下の図式を考える．五角形公理により外側の五角形は可換である．結合則制約 a の自然性により真ん中の二つの台形は可換である．命題 3.4.7 により上の三角形と左下の三角形は可換である．

ゆえに右下の三角形は可換である．$T = \mathbf{1}$ とおき，$L_\mathbf{1}^{-1}$ で写すことにより一つ目の可換図式が示せた．二つ目の可換図式も同様に示せる．

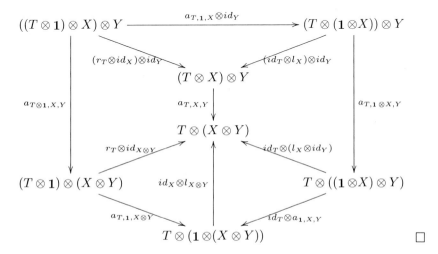

□

164   3. 圏 と 関 手

系 3.4.9 モノイド圏において $l_1 = r_1 = \iota$ が成り立つ.

証明 命題 3.4.8 で $X = Y = \mathbf{1}$ として,$l_1 \otimes id_1 = l_{1\otimes 1} \circ a_{1,1,1} = (id_1 \otimes l_1) \circ a_{1,1,1}$ を得る.同じく命題 3.4.7 から $r_1 \otimes id_1 = (id_1 \otimes l_1) \circ a_{1,1,1}$ を得る.また単位元制約の定義から $(id_1 \otimes l_1) \circ a_{1,1,1} = \iota \otimes id_1$ を得て,$l_1 \otimes id_1 = r_1 \otimes id_1 = \iota \otimes id_1$ となるが,R_1 が圏同値であるから求める式を得る. □

次にモノイド構造を保つ関手の定義を与えよう.

定義 3.4.10 (モノイド関手) モノイド圏 $(\mathcal{C}, \otimes, \alpha, \mathbf{1}, \iota)$ と $(\mathcal{C}', \otimes', \alpha', \mathbf{1}', \iota')$ に対して,関手 $F : \mathcal{C} \to \mathcal{C}'$ および自然変換 $J^F = J : F(\ ) \otimes' F(\ ) \to F(\otimes)$ が次の 2 条件をみたすとき,(F, J^F) あるいは単に F をモノイド関手 (monoidal functor) という.

i) $F(\mathbf{1})$ と $\mathbf{1}'$ は同型である.

ii) (六角形公理) 次の図式は可換である. $(\forall\, X, Y, Z \in \mathcal{C})$

$$
\begin{array}{ccc}
(F(X) \otimes' F(Y)) \otimes' F(Z) & \xrightarrow{\alpha'_{F(X),F(Y),F(Z)}} & F(X) \otimes' (F(Y) \otimes' F(Z)) \\
{\scriptstyle J^F_{X,Y} \otimes' id_{F(Z)}} \downarrow & & \downarrow {\scriptstyle id_{F(X)} \otimes' J^F_{Y,Z}} \\
F(X \otimes Y) \otimes' F(Z) & & F(X) \otimes' F(Y \otimes Z) \\
{\scriptstyle J^F_{X\otimes Y,Z}} \downarrow & & \downarrow {\scriptstyle J^F_{X,Y\otimes Z}} \\
F((X \otimes Y) \otimes Z) & \xrightarrow{\quad F(\alpha_{X,Y,Z})\quad} & F(X \otimes (Y \otimes Z))
\end{array}
$$

モノイド関手 F は (下部の) 関手 F が圏同値であるとき,モノイド圏の同値であるという.

モノイド関手 $F : \mathcal{C} \to \mathcal{C}'$ に対して,標準的な同型 $\varphi^F = \varphi : \mathbf{1}' \xrightarrow{\sim} F(\mathbf{1})$ が次のようにして選べる.合成

$$
\mathbf{1}' \otimes' F(\mathbf{1}) \xrightarrow{l_{F(\mathbf{1})}} F(\mathbf{1}) \xrightarrow{F(l_1)^{-1}} F(\mathbf{1} \otimes \mathbf{1}) \xrightarrow{J^{-1}_{1,1}} F(\mathbf{1}) \otimes' F(\mathbf{1})
$$

は $F(\mathbf{1}) \simeq \mathbf{1}'$ であるから,唯一つの $\varphi \in \mathcal{C}'(\mathbf{1}', F(\mathbf{1}))$ について $\varphi \otimes' id_{F(\mathbf{1})}$ という形をしている.この同型 φ が求めるものである.

3.4 圏における積構造　　165

命題 3.4.11 モノイド関手 $F : \mathcal{C} \to \mathcal{C}'$ に対して，次の図式は可換である．

$$
\begin{array}{ccc}
\mathbf{1}' \otimes' F(X) & \xrightarrow{\ l_{F(X)}\ } & F(X) \\
{\scriptstyle \varphi \otimes' id_{F(X)}}\big\downarrow & & \big\downarrow {\scriptstyle F(l_1)^{-1}} \\
F(\mathbf{1}) \otimes' F(X) & \xrightarrow[\ J_{1,X}\ ]{} & F(\mathbf{1} \otimes X)
\end{array}
\qquad
\begin{array}{ccc}
F(X) \otimes' \mathbf{1}' & \xrightarrow{\ r_{F(X)}\ } & F(X) \\
{\scriptstyle \varphi \otimes' id_{F(X)}}\big\downarrow & & \big\downarrow {\scriptstyle F(r_1)^{-1}} \\
F(X) \otimes' F(\mathbf{1}) & \xrightarrow[\ J_{1,X}\ ]{} & F(X \otimes \mathbf{1})
\end{array}
\ (\forall\ X \in \mathcal{C})
$$

証明 左の図式を示す．右の図式も同様である．$X = \mathbf{1}$ の場合の可換性は φ の定義そのものである．それに $\otimes' F(X)$ をした図式

$$
\begin{array}{ccc}
(\mathbf{1}' \otimes' F(\mathbf{1})) \otimes' F(X) & \xrightarrow{\ l_{F(\mathbf{1})} \otimes' id_{F(X)}\ } & F(\mathbf{1}) \otimes' F(X) \\
{\scriptstyle (\varphi \otimes' id_{F(\mathbf{1})}) \otimes' id_{F(X)}}\big\downarrow & & \big\downarrow {\scriptstyle F(l_1)^{-1} \otimes' id_{F(X)}} \\
(F(\mathbf{1}) \otimes' F(\mathbf{1})) \otimes' F(X) & \xrightarrow[\ J_{1,X} \otimes' id_{F(X)}\ ]{} & F(\mathbf{1} \otimes \mathbf{1}) \otimes' F(X)
\end{array}
$$

が得られる．$\otimes$ や a の自然性から，次の 2 つの可換図式

$$
\begin{array}{ccc}
\mathbf{1}' \otimes' F(X) & \xleftarrow{\ \{id_{\mathbf{1}'} \otimes' (F(l_X) \circ J_{1,X})\} \circ a_{\mathbf{1}', F(\mathbf{1}), F(X)}\ } & (\mathbf{1}' \otimes' F(\mathbf{1})) \otimes' F(X) \\
{\scriptstyle \varphi \otimes' id_{F(X)}}\big\downarrow & & \big\downarrow {\scriptstyle F(l_1)^{-1} \otimes' id_{F(X)}} \\
F(\mathbf{1}) \otimes' F(X) & \xleftarrow[\ \{id_{F(\mathbf{1})} \otimes' (F(l_X) \circ J_{1,X})\} \circ a_{F(\mathbf{1}), F(\mathbf{1}), F(X)}\ ]{} & (F(\mathbf{1}) \otimes' F(\mathbf{1})) \otimes' F(X)
\end{array}
$$

$$
\begin{array}{ccc}
(F(\mathbf{1}) \otimes' F(\mathbf{1})) \otimes' F(X) & \xrightarrow{\ F(l_X) \circ J_{1,X}\ } & F(X) \\
{\scriptstyle (\varphi \otimes' id_{F(\mathbf{1})}) \otimes' id_{F(X)}}\big\downarrow & & \big\downarrow {\scriptstyle F(l_X)^{-1}} \\
F(\mathbf{1} \otimes \mathbf{1}) \otimes' F(X) & \xrightarrow[\ F(l_{\mathbf{1} \otimes X}) \circ J_{1 \otimes 1, X}\ ]{} & F(\mathbf{1} \otimes X)
\end{array}
$$

が得られることに注意すれば，三つの図式から求める可換図式が得られる．□

　モノイド圏 $(\mathcal{C}, \otimes)$ に対して，次のように圏 $End^{\otimes}(\mathcal{C})$ を定めよう．

　$End^{\otimes}(\mathcal{C})$ の対象は，関手 $F : \mathcal{C} \to \mathcal{C}$ と自然変換 $c : F \otimes id_{\mathcal{C}} \to F(\ \otimes\ )$ のなす組 (F, c) であって，任意の $X, Y, Z \in \mathcal{C}$ について次の図式を可換にするものとする．

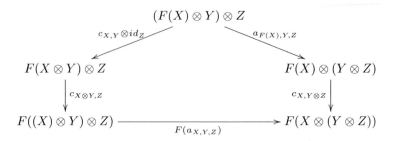

射 $\theta : (F, c) \to (F', c')$ は，自然変換 $\theta : F \to F'$ であって，任意の $X, Y \in \mathcal{C}$ について次の図式を可換にするものとする．

$$\begin{array}{ccc} F(X) \otimes Y & \xrightarrow{c_{X,Y}} & F(X \otimes Y) \\ \theta_X \otimes id_Y \downarrow & & \downarrow \theta_{X \otimes Y} \\ F'(X) \otimes Y & \xrightarrow[c'_{X,Y}]{} & F'(X \otimes Y) \end{array}$$

射の合成は，自然変換の合成で定義する．

$End^{\otimes}(\mathcal{C}) \ni (F^1, c^1), (F^2, c^2)$ に対して，$(F^1, c^1) \otimes (F^2, c^2) = (F^1 F^2, c)$ と定める．ただし，c は

$$c_{X,Y} : F^1(F^2(X)) \otimes Y \xrightarrow{c^1_{F^2(X),Y}} F^1(F^2(X) \otimes Y) \xrightarrow{F^1(c^2_{X,Y})} F^1(F^2(X \otimes Y))$$

で定められるものとする．射 $\theta : (F, c) \to (F', c'), \eta : (G, d) \to (G', d')$ の（テンソル）積は次に定められる $\theta\eta : FG \to F'G'$ とする．

$$(\theta\eta)_X = \theta_{G'(X)} F(\eta_X) : F(G(X)) \to F(G'(X)) \to F'(G'(X))$$
$$= F'(\eta_X) \theta_{G(X)} : F(G(X)) \to F'(G(X)) \to F'(G'(X))$$

明らかに，恒等関手 $id_{\mathcal{C}}$ は単位元対象 **1** である．

次の命題は定義から明らかである．

命題 3.4.12 モノイド圏 $(\mathcal{C}, \otimes)$ に対して，圏 $(End^{\otimes}(\mathcal{C}), \otimes)$ は狭義のモノイド圏である．

関手 $L : \mathcal{C} \to End^{\otimes}(\mathcal{C})$ を

$$L(X) = (X \otimes -, a_{X,-,-}), \qquad L(f) = f \otimes id_-$$

で定める. $L(X)$ が $End^{\otimes}(\mathcal{C})$ に属するための五角形の条件は, モノイド圏の五角形公理によりみたされる.

定理 3.4.13 モノイド圏 $(\mathcal{C}, \otimes)$ に対して, 関手 $L : \mathcal{C} \to End^{\otimes}(\mathcal{C})$ はモノイド圏の同値である.

証明 $(F, c) \in End^{\otimes}(\mathcal{C})$ に対して $F(\mathbf{1}) \otimes X \xrightarrow{c_{\mathbf{1}, X}} F(\mathbf{1} \otimes X) \xrightarrow{F(l_X)} F(X)$ は同型であり, $L(F(\mathbf{1})) \xrightarrow{\sim} F$ となるから, L は本質的に全射である.

次に $\theta : L(X) \to L(Y) \in End^{\otimes}(\mathcal{C})$ に対して,

$$X \xrightarrow{r_X^{-1}} X \otimes \mathbf{1} \xrightarrow{\theta_{\mathbf{1}}} Y \otimes \mathbf{1} \xrightarrow{r_Y} Y$$

を $f : X \to Y$ とおくと, $\theta = L(f)$ である. 実際, $Z \in \mathcal{C}$ に対して図式

$$
\begin{array}{ccccc}
X \otimes Z & \xrightarrow{r_X^{-1} \otimes id_Z} & (X \otimes \mathbf{1}) \otimes Z & \xrightarrow{(id_X \otimes l_Z) a_{X,\mathbf{1},Z}} & X \otimes Z \\
{\scriptstyle f \otimes id_Z} \downarrow & & {\scriptstyle \theta_{\mathbf{1}} \otimes id_Z} \downarrow & & \downarrow {\scriptstyle \theta_Z} \\
Y \otimes Z & \xrightarrow[r_Y^{-1} \otimes id_Z]{} & (Y \otimes \mathbf{1}) \otimes Z & \xrightarrow[(id_Y \otimes l_Z) a_{Y,\mathbf{1},Z}]{} & Y \otimes Z
\end{array}
$$

は可換である.

次に $L(f) = L(g)$ とすると, $f \otimes id_{\mathbf{1}} = g \otimes id_{\mathbf{1}}$ であり r の自然性から $f = g$ を得る.

最後に, $\varphi : id_{\mathcal{C}} \xrightarrow{\sim} L(\mathbf{1})$ および $J_{X,Y} : L(X) \circ L(Y) \xrightarrow{\sim} L(X \otimes Y)$ を定めて L をモノイド圏の同値にしよう.

$\varphi = l_-^{-1} : (id_{\mathcal{C}}, id) \to (\mathbf{1} \otimes -, a_{\mathbf{1},-,-})$ とおく. また,

$$J_{X,Y} = a_{X,Y,-}^{-1} : ((X \otimes (Y \otimes -)), (id_X \otimes a_{Y,-,-} \circ a_{X,Y \otimes -,-})$$
$$\xrightarrow{\sim} (X \otimes (Y \otimes -), a_{X \otimes Y,-,-})$$

と定める. 五角形公理により $J_{X,Y}$ が射であることがわかる. $\square$

この定理はマクレーン (MacLane) の狭義性 (strictness) 定理と呼ばれるものであり, 次の整合性 (coherence) 定理を導く.

モノイド圏 $(\mathcal{C}, \otimes)$ の対象 $X_1, \ldots, X_n$ の (テンソル) 積は, 隣り合う 2 個の対象の積を繰り返して得られる. $n = 3$ の場合, 2 通りの積のとり方に $a_{X_1, X_2, X_3} : (X_1 \otimes X_2) \otimes X_3 \xrightarrow{\sim} X_1 \otimes (X_2 \otimes X_3)$ が同一視を与える. $n = 4$

168   3. 圏 と 関 手

の場合は，五角形公理の頂点に位置する 5 通りの積があり，五角形公理がその同
一視を与える．特に，$((X_1 \otimes X_2) \otimes X_3) \otimes X_4$ と $X_1 \otimes (X_2 \otimes (X_3 \otimes X_4))$ の間
には 2 通りの同型が存在するが，可換性から同一の同型である．これを一般化す
るのが，整合性定理に他ならない．

注意 3.4.14 ちなみに，$n+1$ 文字に 2 文字ずつ括弧をつける方法の数は，カタラン数
C_n と呼ばれるものと一致する．$C_n = \dfrac{1}{n+1} \begin{pmatrix} 2n \\ n \end{pmatrix}$ である．n 個の内部頂点をもつ
2 分木の数も C_n である．$C_4 = 14$ である．

　上で説明したように，対象 $X_1, \ldots, X_n$ の積をとったものを P_1, P_2 などと表
す．結合則制約と恒等射とのテンソル積を使って得られる P_1 から P_2 への同
型を f, g などと表す．例えば，$n = 4$ のとき，$P_1 = ((X_1 \otimes X_2) \otimes X_3) \otimes X_4$,
$P_2 = (X_1 \otimes X_2) \otimes (X_3 \otimes X_4)$, $f = a_{X_1 \otimes X_2, X_3, X_4}$, $g = a_{X_1, X_2, X_3 \otimes X_4}^{-1}(id_{X_1} \otimes$
$a_{X_2, X_3, X_4})a_{X_1, X_2 \otimes X_3, X_4}(a_{X_1, X_2, X_3} \otimes id_{X_4})$ が一例である．

定理 3.4.15 (整合性定理)　対象 $X_1, \ldots, X_n$ の (この順序での) 積 P_1, P_2 に対
して，結合則制約と恒等射とのテンソル積を繰り返して得られる 2 つの同型 f, g
に対して，$f = g$ が成り立つ．

証明　$L : \mathcal{C} \to End^\otimes(\mathcal{C})$ を定理 3.4.13 のモノイド圏の同値とする．$L(f) = L(g)$
を示せば，$f = g$ はそれから従う．

　積 P_1, P_2 を図式と考え，同値 L で写した $L(P_1), L(P_2)$ を考える．六角形公
理 3.4.10 により $L(a_{X,Y,Z})$ を $a_{L(X),L(Y),L(Z)}$ で置き換え，命題 3.4.11 により
$L(l_\mathbf{1})$ を $l_{L(\mathbf{1})}$ で置き換えて，P_1, P_2 と同じ形の $L(X_1), \ldots, L(X_n)$ の積の間の
射 f', g' が得られ，$End^\otimes(\mathcal{C})$ が狭義のモノイド圏であるので，$f' = g'$ である．
また，同時に $L(f)$ と f' を結ぶ可換図式が得られるので，$L(f) = L(g)$ が示せた．
□

3.4.2　モノイド対象

　通常の (すなわち集合の圏における) 代数的構造は積をもつ一般の圏においても
同様に定義することができる．例えば位相空間の圏における群対象は位相群に他
ならない．

　圏 $\mathcal{C}$ において有限な極限が存在すると仮定する．命題 3.2.25 により，積と終

対象が存在する圏に他ならない．圏 $\mathcal{C}$ の終対象を E と記す．

定義 3.4.16 (群対象)　有限な極限が存在する圏 $\mathcal{C}$ において，四つ組 $(X(\in \mathcal{C}), m: X \times X \to X,\ i: X \to X,\ e: E \to X)$ に対して，次の図式が可換であるとき，(X, m, i, e) あるいは略して X を圏 $\mathcal{C}$ の群対象 (group object) という．

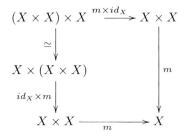

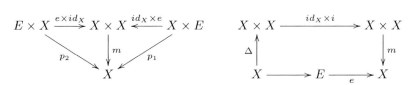

ここで，$\Delta: X \to X \times X$ は id_X, id_X に付随して得られる射である．

定義 3.4.17 (群準同型射)　$(X, m, i, e), (X', m', i', e')$ を圏 $\mathcal{C}$ の群対象とする．
　射 $f: X \to X'$ について，次の図式が可換であるとき，f は圏 $\mathcal{C}$ の群準同型射であるという．

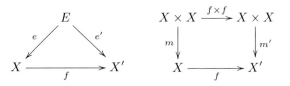

以上の定義で，圏 $\mathcal{C}$ の群対象のなす圏 $Gp(\mathcal{C})$ を考えることができる．$Gr(\mathcal{C}) \ni X$ に対して表現可能関手 h^X と

$$h^m: h^X \times h^X \simeq h^{X \times X} \to h^X,\ h^i: h^X \to h^X,\ h^e: h^E \to h^X$$

を考えると，(h^X, h^m, h^i, h^e) は $\widehat{\mathcal{C}} = Fct(\mathcal{C}^{op}, Set)$ の群対象であり，各 $Y \in \mathcal{C}$ に対して $(h^X(Y), h^m(Y), h^i(Y), h^e(Y))$ は (通常の意味での) 群，すなわち圏 Set における群対象である．

例 3.4.18 加法圏 $\mathcal{C}$ において,$X \in \mathcal{C}$ に対して,$m_X : X \times X \simeq X \sqcup X \xrightarrow{\sigma_X} X$ を合成とし,e を $X \to 0 \to X$ なるゼロ対象を経由した射とおくと,$(X, m_X, -id_X, e)$ は $\mathcal{C}$ の可換群対象となる.

問 3.4.19 上の例における演算の結合則と可換性を確かめよ.

注意 3.4.20 同様に,群だけでなく環やその他の代数構造を一般の圏において考えることができる.例えば,微分可能多様体の圏での群対象は,リー群に他ならない.

次に少し異なる視点で,圏における積とは限らないモノイド構造 $\otimes$ についても,代数構造を考えることができる.

定義 3.4.21 (モノイド対象) モノイド圏 $\mathcal{C}$ において,対象 X と射 $m : X \otimes X \to X, e : 1 \to X$ の三つ組 (X, m, e) について,(群対象の最初の二つの) 図式

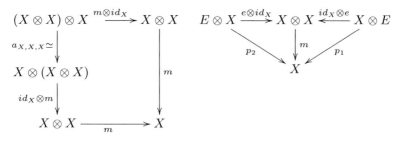

が可換であるとき,(X, m, e) ないし X を $\mathcal{C}$ におけるモノイド対象 (monoid object) あるいは単にモノイドという.

例 3.4.22 アーベル群の圏 $Ab = \mathbb{Z}\text{-}Mod$ をテンソル積 $\otimes_\mathbb{Z}$ によりモノイド圏と考えたとき,圏 Ab におけるモノイドは環に他ならない.

実際,$m : X \otimes X \to X, e : 1 \to X$ は分配則をみたす環の積に対応する.また,$E = \mathbb{Z}$ であるから,$e : E \to X$ は $e(1) \in X$ により決まるが,これは X の乗法的単位元に他ならない.モノイド対象の定義における図式は,積の結合則,単位元の公理を表している.

関手の圏 $End(\mathcal{C}) = Fct(\mathcal{C}, \mathcal{C})$ におけるモノイドは,モナド (単子,monad) と呼ばれる.

モノイド圏の一般化として,組み紐の複雑さを組み込んだ次の概念がある.

定義 3.4.23 (組み紐モノイド圏)　モノイド圏 $(\mathcal{C}, -\otimes-, \alpha, \mathbf{1}, \lambda, \rho)$ の組み紐 (構造) (braiding) とは，$X, Y \in \mathcal{C}$ について自然な同型 $\gamma_{X,Y} : X \otimes Y \to Y \otimes X$ の族であって，次の可換性をみたすものをいう．組み紐 (構造) をもつモノイド圏を組み紐モノイド圏 (braided monoidal category) という．

六角形公理　$\forall X, Y, Z \in \mathcal{C}$ に対して次の図式は可換である．

$$
\begin{array}{ccc}
& Z \otimes (X \otimes Y) & \\
\gamma_{X \otimes Y, Z} \nearrow & & \searrow \alpha_{Z,X,Y} \\
(X \otimes Y) \otimes Z & & (Z \otimes X) \otimes Y \\
\alpha^{-1}_{X,Y,Z} \downarrow & & \downarrow \gamma_{Z,X} \otimes id_Y \\
X \otimes (Y \otimes Z) & & (X \otimes Z) \otimes Y \\
id_X \otimes \gamma_{Y,Z} \searrow & & \nearrow \alpha_{X,Z,Y} \\
& X \otimes (Z \otimes Y) &
\end{array}
$$

単位元の整合性　$\forall X, Y \in \mathcal{C}$ に対して次の図式は可換である．

$$
\begin{array}{ccc}
& \gamma_{X,\mathbf{1}} & \\
X \otimes \mathbf{1} & \longrightarrow & \mathbf{1} \otimes X \\
\rho_X \downarrow & & \downarrow \lambda_X \\
X & \overset{=}{\Longrightarrow} & X
\end{array}
$$

組み紐モノイド圏 $(\mathcal{C}, -\otimes-, \alpha, \mathbf{1}, \lambda, \rho; \gamma)$ において，条件

$$
\gamma_{Y,X} \circ \gamma_{X,Y} = id_{X \otimes Y} \quad (\forall X, Y \in \mathcal{C})
$$

が成り立つとき，$\mathcal{C}$ を対称モノイド圏 (symmetric monoidal category) という．

例 3.4.24　集合の圏 Set と直積 $\times$ によるモノイド圏は対称モノイド圏である．

アーベル群の圏 Ab とテンソル積 $\otimes_{\mathbb{Z}}$ によるモノイド圏は対称モノイド圏である．

環 R 上の両側加群のなす圏 (R, R)-Mod とテンソル積 $\otimes_R$ によるモノイド圏は必ずしも対称ではない．R が可換である場合は，対称モノイド圏である．

Tea Break　グロタンディーク

アレクサンドル・グロタンディーク (Alexandre Grothendieck, 1928–2014, 図 3.3) が，現代数学に与えた影響は計り知れない．数学者としてのスタート時点の 1950 年代前半では関数解析に取り組み，H. カルタンや J.P. セールの影響で次第に代数幾何や数論に取り組み，1950 年代後半から 1960 年代にかけて，代数幾何の基本概念であるスキーム，エタール位相を導入し，合同ゼータ関数についてのヴェイユ予想の解決を推進した．1970 年には 1959 年から勤めた高等科学研究所 (IHÉS) を辞め，環境保護の活動をした後，1973 年には南仏に移り住み 1988 年までモンペリエ大学で教える．1984 年に書かれた「プログラムの概要」をはじめとして，いくつもの著述に新たな研究の方向が示され，影響を与えている．遠アーベル幾何やホモトピー代数の展開などが含まれる．

図 3.3　グロタンディーク

グロタンディークは，ロシア人のアレクサンドル・シャピロを父とし，ドイツ人のハンカ・グロタンディークを母として，ベルリンで生まれた．1940 年から第二次世界大戦終戦の 1944 年までフランスの収容所から学校に通った．1945 年からモンペリエ大学で学び，1948 年にはパリに移り，カルタン・セミナーに出席する．1949〜53 年はナンシーで関数解析を研究するが，53 年にサンパウロ (ブラジル) に移動，セールと文通し，1955 年には米国カンザスに滞在し，その後パリに戻る．

モンペリエの数学の教師が，測度論を再発見していたグロタンディークの才能を認め，パリへの奨学金を勧めたこと，そしてその教師がカルタンの弟子であったことは幸運であった．また，グロタンディーク自身が語っているが，カルタン・セミナーのメンバーが温かく受け入れ，疎外感を感じることがなかった，というのはさらなる幸運だったかもしれない．

1950 年代中ごろに代数幾何に転向したグロタンディークは，1957 年に論文「ホモロジー代数のいくつかの点について」[12] を東北数学雑誌に発表する．そこで，グロタンディーク圏の概念が導入され，層のコホモロジーを大域切断の関手の導来関手として扱った．その後，コホモロジーを相対化した高次順像やコホモロジーの双対性を扱ううえで，導来圏を導入する．その基礎付けは J.L. ヴェルディエの学位論文となった．今日では「六つの操作」という形式として知られる．その他の仕事については，例えば齋藤毅教授の文章 (http://www.ms.u-tokyo.ac.jp/t-saito/jd/gr.pdf) を参照されたい．

第4章
加群の圏と環

CHAPTER **4**

この章では，環上の加群の準同型加群，テンソル積，局所化といった基本的な
操作を導入する．そして，それらの操作に関連する射影加群，入射加群，平坦加
群などの基本的な概念を述べる．加群の圏の間の同値についての森田の定理を述
べ，グロタンディーク圏と環上の加群の圏との関係を調べる．

4.1 準 同 型 加 群

以下では，A, A' などは (可換とは限らない) 環を表す．また，環 A 上の左 A 加
群のなす圏を $A\text{-}Mod$ として，加法圏で考えられる概念を左 A 加群の圏 $A\text{-}Mod$
において考察する．

4.1.1 準同型加群，双対
定義 4.1.1 (準同型加群) 左 A 加群 M, N に対して，左 A 加群の準同型写像の
全体のなす集合 $\mathrm{Hom}_A(M, N)$ には，

$$(f_1 + f_2)(m) := f_1(m) + f_2(m) \quad (f_1, f_2 \in \mathrm{Hom}_A(M, N),\ m \in M)$$

とおくことにより，加法が定義できてアーベル群となる．準同型 $f : M \to N$ の
逆元 $-f$ は，$(-f)(m) = -f(m)$ で与えられる．また，$\mathrm{Hom}_A(M, N)$ の単位元
は 0 写像 $0(m) = 0_N\ (m \in M)$ である．

左 A 加群 L, M, N と準同型 $f, f_1, f_2 \in \mathrm{Hom}_A(L, M)$，$g, g_1, g_2 \in \mathrm{Hom}_A(M, N)$ に対して，次の関係が成り立つ．

$$g \circ (f_1 + f_2) = g \circ f_1 + g \circ f_2, \quad (g_1 + g_2) \circ f = g_1 \circ f + g_2 \circ f$$

$$g \circ (-f) = (-g) \circ f = -(g \circ f)$$

$\mathrm{Hom}_A(M, N)$ は，加法圏 $\mathcal{C} = A\text{-}Mod$ での射の集合 $\mathcal{C}(M, N) = \mathrm{Hom}_{\mathcal{C}}(M, N)$ に他ならない．圏 $A\text{-}Mod$ での表現可能関手 $h^N : A\text{-}Mod^{op} \to Set$, $h_M : A\text{-}Mod \to Set$ を用いると，$\mathrm{Hom}_A(M, N) = h^N(M) = h_M(N)$ と表せる．

例 4.1.2 $M = A$ のとき，$\mathrm{Hom}_A(A, N) \simeq N$ である．

実際，$f \in \mathrm{Hom}_A(A, N)$ に対して $ev(f) := f(1_A)$ とおくと，写像 $ev : \mathrm{Hom}_A(A, N) \xrightarrow{\sim} N$ は (アーベル群の) 同型である．

ev の逆写像 $\varphi : N \to \mathrm{Hom}_A(A, N)$ は $\varphi(n)(a) := an$ $(a \in A)$ で与えられる．実際，$(\varphi \circ ev)(f)(a) = \varphi(ev(f))(a) = a(ev(f)) = af(1_A) = f(a1_A) = f(a)$ より $\varphi \circ ev = id_{\mathrm{Hom}_A(A,N)}$ となり，$(ev \circ \varphi)(n) = ev(\varphi(n)) = \varphi(n)(1_A) = 1_A n = n$ より $ev \circ \varphi = id_N$ となる．

定義 4.1.3 (誘導される準同型) 1) 左 A 加群 M を固定したとき，$\mathrm{Hom}_A(M, \ )$ は準同型 $g : N \to N'$ に対して，

$$\mathrm{Hom}(id_M, g) : \mathrm{Hom}_A(M, N) \to \mathrm{Hom}_A(M, N') \ ; \ h \mapsto g \circ h$$

を誘導する．これを g が誘導する準同型という．g_* と記すことがある．

2) 同様に，N を固定した時，$\mathrm{Hom}_A(\ , N)$ は射 $f : M' \to M$ に対して，

$$\mathrm{Hom}(f, id_N) : \mathrm{Hom}_A(M', N) \to \mathrm{Hom}_A(M, N) \ ; \ h \mapsto h \circ f$$

を誘導する．これも f が誘導する準同型という．f^* と記すことがある．

次の事実はほぼ自明だが記録しておこう．

命題 4.1.4 (準同型加群の関手性) 左 A 加群 L, N および準同型 $f : M' \to M$, $g : M \to M''$ が与えられたとき，

$$\mathrm{Hom}(g \circ f, id_N) = \mathrm{Hom}(f, id_N) \circ \mathrm{Hom}(g, id_N) \quad \text{i.e.} \quad (g \circ f)_* = g_* \circ f_*$$

$$\mathrm{Hom}(id_M, g \circ f) = \mathrm{Hom}(id_M, g) \circ \mathrm{Hom}(id_M, f) \quad \text{i.e.} \quad (g \circ f)^* = f^* \circ g^*$$

が成り立つ．また，$\mathrm{Hom}(id_M, \ id_N) = id_{\mathrm{Hom}(M,N)}$ である．

4.1 準同型加群　　　　175

注意 4.1.5　1)　A が非可換のときは，f のスカラー倍 af $(a \in A)$ は意味をなさない．実際，一般には

$$(af)(bx) = a(f(bx)) = a(bf(x)) = (ab)f(x) \neq b(af)(x) = (ba)f(x)$$

である．A の中心 $Z(A)$ に制限すれば af は定義できることに注意しよう．

2)　左 A 加群 M に対して，$\mathrm{End}_A(M) := \mathrm{Hom}_A(M, M)$ とおく．A が明らかなとき $\mathrm{End}(M)$ と略記することがある．$\mathrm{End}_A(M)$ は，準同型同士の和を加法とし，合成を乗法として環の構造をもつ．これを M の自己準同型環という．

$\mathrm{Hom}_A(M, N)$ は，準同型の合成により右 $\mathrm{End}_A(M)$ 加群と左 $\mathrm{End}_A(N)$ 加群の構造をもつ．また $Z(A)$ を環 A の中心として，$\mathrm{End}(M) = \mathrm{End}_{Z(A)}(M)$ である．

3)　M 上に左 A 加群としての構造を与えることは，環準同型 $A \to \mathrm{End}_{\mathbb{Z}}(M)$ を与えることと同値である．同様に，M 上に右 A 加群としての構造を与えることは，環準同型 $A \to \mathrm{End}_{\mathbb{Z}}(M)^{op}$ を与えることと同値である．

4)　R が可換環のとき，R 加群 N の自己準同型環 $\mathrm{End}_{\mathbb{Z}}(N)$ の R 準同型からなる部分集合 $\mathrm{End}_R(N)$ は，自然に $\mathrm{End}_{\mathbb{Z}}(N)$ の部分環になる．$R \ni a$ に対して，N 上の左 a 倍写像 $\lambda_a \in \mathrm{End}_{\mathbb{Z}}(N)$ は $\mathrm{End}_R(N)$ に属す．したがって環準同型 $R \to \mathrm{End}_R(N)$ が得られ，2) と合わせると $\mathrm{Hom}_R(M, N)$ に左 R 加群としての構造が入る．具体的には，$f \in \mathrm{Hom}_R(M, N)$，$a \in R$ に対して $(af)(m) = af(m)$ $(m \in M)$ である．

命題 4.1.6 (直積・直和の準同型加群)　$\{M_\iota\}_{\iota \in I}, \{N_\lambda\}_{\lambda \in \Lambda}$ を左 A 加群の族とする．このとき，$g \mapsto (p_\lambda \circ g \circ i_\iota)_{(\iota, \lambda) \in I \times \Lambda}$ なる対応は $\mathbb{Z}$ 加群の (標準的な) 同型である．

$$\mathrm{Hom}_A\left(\bigoplus_{\iota \in I} M_\iota, \prod_{\lambda \in \Lambda} N_\lambda\right) \overset{\sim}{\longrightarrow} \prod_{(\iota, \lambda) \in I \times \Lambda} \mathrm{Hom}_A(M_\iota, N_\lambda)$$

ここで，$p_\lambda : \prod_{\lambda \in \Lambda} N_\lambda \to N_\lambda, i_\iota : M_\iota \to \bigoplus_{\iota \in I} M_\iota$ はそれぞれ標準射影，標準単射である．

証明　$(f_{(\iota, \lambda)}) \in \prod_{(\iota, \lambda) \in I \times \Lambda} \mathrm{Hom}_A(M_\iota, N_\lambda)$ に対して

$$\prod_{\lambda \in \Lambda} \sum_{\iota \in I} f_{(\iota, \lambda)}(m_\iota) = \left(\sum_{\iota \in I} f_{(\iota, \lambda)}(m_\iota)\right)_{\lambda \in \Lambda} \quad \left((m_\iota)_{\iota \in I} \in \bigoplus_{\iota \in I} M_\iota\right)$$

とおくと，$(f_{(\iota, \lambda)})_{(\iota, \lambda) \in I \times \Lambda} \mapsto \prod_{\lambda \in \Lambda} \sum_{\iota \in I} f_{(\iota, \lambda)}$ は $g \mapsto (p_\lambda \circ g \circ i_\iota)_{(\iota, \lambda) \in I \times \Lambda}$ の逆写像となることがわかる．$\square$

この命題は，特に直積と直和の普遍性

$$\mathrm{Hom}_A\left(M, \prod_{\lambda\in\Lambda} N_\lambda\right) \xrightarrow{\sim} \prod_{\lambda\in\Lambda} \mathrm{Hom}_A(M, N_\lambda)$$

$$\mathrm{Hom}_A\left(\bigoplus_{\iota\in I} M_\iota, N\right) \xrightarrow{\sim} \prod_{\iota\in I} \mathrm{Hom}_A(M_\iota, N)$$

を意味している．

定理 4.1.7（準同型加群の左完全性）　1）左 A 加群の準同型 $f: M' \to M$, $g: M \to M''$ について，

$$M' \xrightarrow{f} M \xrightarrow{g} M'' \to 0$$

が完全であるために，任意の左 A 加群 N について次の系列が完全であることは必要かつ十分である．

$$0 \to \mathrm{Hom}_A(M'', N) \xrightarrow{\tilde{g}} \mathrm{Hom}_A(M, N) \xrightarrow{\tilde{f}} \mathrm{Hom}_A(M', N)$$

ここで，$\tilde{f} = \mathrm{Hom}(f, id_N)$, $\tilde{g} = \mathrm{Hom}(g, id_N)$ である．

2）左 A 加群の準同型 $f: N' \to N$, $g: N \to N''$ について，

$$0 \to N' \xrightarrow{f} N \xrightarrow{g} N''$$

が完全であるために，任意の左 A 加群 M について次の系列が完全であることは必要かつ十分である．

$$0 \to \mathrm{Hom}_A(M, N') \xrightarrow{\tilde{f}} \mathrm{Hom}_A(M, N) \xrightarrow{\tilde{g}} \mathrm{Hom}_A(M, N'')$$

ここで，$\tilde{f} = \mathrm{Hom}(id_M, f)$, $\tilde{g} = \mathrm{Hom}(id_M, g)$ である．

証明　1) を証明する．2) の証明も同様である．

（必要性）$v \in \mathrm{Hom}_A(M'', N)$ について，$\tilde{g}(v) = v \circ g = 0$ とする．仮定により g は全射だから $v = 0$ である．ゆえに，$\mathrm{Ker}\,\tilde{g} = 0$ であり，$\mathrm{Hom}_A(M'', N)$ での完全性がいえた．

次に，準同型加群の関手性により $\tilde{f} \circ \tilde{g} = 0$ である．したがって，$\mathrm{Ker}\,\tilde{f} \supset \mathrm{Im}\,\tilde{g}$ である．そこで $u \in \mathrm{Hom}_A(M, N)$ が $\tilde{f}(u) = 0$ をみたすとする．ゆえに $u(\mathrm{Im}\,f) = 0$ となるが，仮定により $\mathrm{Im}\,f = \mathrm{Ker}\,g$ だから，$\overline{u}(m + \mathrm{Ker}\,g) = v(m)$ $(m \in M)$ は代表元のとり方によらず定義される．$M'' \simeq M/\mathrm{Ker}\,g$ と $\overline{u}: M/\mathrm{Ker}\,g \to N$

4.1 準同型加群　　177

の合成を v とおくと $u = v \circ g = \tilde{g}(v)$ となる. ゆえに $\mathrm{Ker}\,\tilde{f} = \mathrm{Im}\,\tilde{g}$ がいえた.

（十分性）　仮定より $\tilde{f} \circ \tilde{g} = 0$ である. $N = M''$ として $id_{M''} \in \mathrm{Hom}_A(M'', M'')$ を考えると $\tilde{f} \circ \tilde{g}(id_{M''}) = id_{M''} \circ g \circ f = g \circ f = 0$ を得る. したがって $\mathrm{Ker}\,g \supset \mathrm{Im}\,f$ である.

$N = \mathrm{Coker}\,f$ として標準全射 $u : M \to \mathrm{Coker}\,f = M/\mathrm{Im}\,f$ を考えると $0 = u \circ f = \tilde{f}(u)$ となる. $\mathrm{Hom}_A(M, N)$ での完全性から $u = \tilde{g}(v) = v \circ g$ なる $v : M'' \to \mathrm{Coker}\,f$ が存在する. したがって $\mathrm{Im}\,f = \mathrm{Ker}\,u \supset \mathrm{Ker}\,g$ である. ゆえに $\mathrm{Im}\,f = \mathrm{Ker}\,g$ となり M での完全性がいえた.

次に $N = \mathrm{Coker}\,g$ として標準全射 $v : M'' \to \mathrm{Coker}\,g = M''/\mathrm{Im}\,g$ を考えると $0 = v \circ g = \tilde{g}(v)$ となる. $\mathrm{Hom}_A(M'', N)$ での完全性より $\tilde{g}$ は単射なので $v = 0$ である. これは $M'' = \mathrm{Im}\,g$ を意味し, g は全射であり, M'' での完全性がいえた. $\square$

定理の特別な場合として次の系が得られる.

系 4.1.8　$f : M \to N$ を左 A 加群の準同型とする.

　1)　f が全射であるために, 任意の左 A 加群 L について $\mathrm{Hom}(f,\ id_L) : \mathrm{Hom}_A(N, L) \to \mathrm{Hom}_A(M, L)$ が単射であることは必要かつ十分である.

　2)　f が単射であるために, 任意の左 A 加群 L について $\mathrm{Hom}(id_L,\ f) : \mathrm{Hom}_A(L, M) \to \mathrm{Hom}_A(L, N)$ が単射であることは必要かつ十分である.

証明　$id_M \in \mathrm{Hom}_A(M, M)$ なので $M = 0 \Leftrightarrow id_M = 0 \Leftrightarrow \mathrm{Hom}_A(M, L) = 0\ (\forall\,L) \Leftrightarrow \mathrm{Hom}_A(L, M) = 0\ (\forall\,L)$ がわかる. f が全射 $\Leftrightarrow \mathrm{Coker}\,f = 0$, f が単射 $\Leftrightarrow \mathrm{Ker}\,f = 0$ に注意すればよい. $\square$

定義 4.1.9 (双対加群)　M を左 A 加群とする. 準同型加群 $\mathrm{Hom}_A(M, A)$ はアーベル群の構造をもつが, さらに

$$(\ell a)(m) := \ell(m)a \quad (\ell \in \mathrm{Hom}_A(M, A),\ a \in A,\ m \in M)$$

により右 A 加群の構造が入る.

　右 A 加群 $\mathrm{Hom}_A(M, A)$ を M の双対加群 (dual module) または単に双対 (dual) といい, M^* と記す. M^* の元は線形形式 (linear form) という.

例 4.1.10　自由 A 加群 $M = A^m$ に対して $M^* \simeq A^m$ である.

実際，命題 4.1.6 により $\mathrm{Hom}_A(A^m, A) \simeq \mathrm{Hom}_A(A, A)^m \simeq A^m$ となる．また，M の基底 $\{e_p \ (p = 1, \ldots, m\}$ に対して，$e_q^*(e_p) = \delta_{q,p}$ で定まる1次形式 $\{e_q^* \ (q = 1, \ldots, m)\}$ は，M^* の基底で，$\{e_p\}$ の双対基底と呼ばれる．

定義 4.1.11 (双対準同型) $f : M \to N$ を左 A 加群の準同型とするとき，誘導された

$$\mathrm{Hom}_A(f, id_A) : \mathrm{Hom}_A(N, A) \to \mathrm{Hom}_A(M, A)$$

は右 A 加群の準同型 $N^* \to M^*$ であり，f の双対準同型 (dual homomorphism) または転置写像 (transpose) と呼ばれ，f^* または ^tf と記される．

$g : N \to L$ をもう一つの左 A 加群の準同型とすると，準同型加群の関手性により，$(g \circ f)^* = f^* \circ g^*$ が成り立つ．また $(id_M)^* = id_{M^*}$ である．

定義 4.1.12 (双加法的写像・ペアリング) 1) 加法群 M, N, L に対して，写像 $b : M \times N \to L$ が

$$b(m_1 + m_2, n) = b(m_1, n) + b(m_2, n) \quad (m, m_1, m_2 \in M)$$
$$b(m, n_1 + n_2) = b(m, n_1) + b(m, n_2) \quad (n, n_1, n_2 \in N)$$

をみたすとき，b を双加法的写像 (biadditive map) という．特に $L = A$ のとき，ペアリング (pairing) と呼ぶ．

2) 環 A 上の左加群 M, N および $L = A$ に対して，双加法的写像がさらに

$$b(am, n) = b(m, an) = ab(m, n) \quad (m \in M, n \in N, \ a \in A)$$

をみたすとき，b を双線形写像 (bilinear map) と呼ぶ．

3) また，右 A 加群 L および左 A 加群 M に対して，

$$b(\ell a, m) = b(\ell, am) \quad (m \in M, \ n \in N, \ a \in A)$$

をみたす双加法的写像を平衡的 (balanced) という．

例 4.1.13 R を可換環とする．正方行列 $B \in M_n(R)$ に対して，

$$B(u, v) = {}^t u B v \quad (u, v \in R^n)$$

とおくと双線形写像となる．u, v は列ベクトルと考え，転置した ^tu は行ベクトルである．また，$B(v, u) = B(u, v) \ (\forall \, u, v \in R^n)$ であることと B が対称行列であることとは同値である．

4.1 準同型加群 179

例 4.1.14 線形汎関数 $\ell \in M^*$ の $m \in M$ での値 $\ell(m)$ を $\langle m, \ell \rangle$ と記すと，ℓ が準同型であること，M^* が右 A 加群であることにより次の性質が成り立つ．$(m, m_1, m_2, \in M, \ell, \ell_1, \ell_2 \in L, a \in A)$

$$\langle m_1 + m_2, \ell \rangle = \langle m_1, \ell \rangle + \langle m_2, \ell \rangle, \qquad \langle am, \ell \rangle = a\langle m, \ell \rangle$$

$$\langle m, \ell_1 + \ell_2 \rangle = \langle m, \ell_1 \rangle + \langle m, \ell_2 \rangle, \qquad \langle m, \ell a \rangle = \langle m, \ell \rangle a$$

これを M と M^* の間の標準的なペアリングという．

例 4.1.15 双加法的写像 $b : M \times N \to L$ が与えられると

$$f(m)(n) = b(m, n) \quad (m \in M,\ n \in N)$$

により $f(m) \in \mathrm{Hom}_{\mathbb{Z}}(N, L)$ が定まる．m を動かして考えると

$$\widetilde{b}_l : M \to \mathrm{Hom}_{\mathbb{Z}}(N, L)\ ;\ \widetilde{b}_l(m) = f(m)$$

が定まる．$\widetilde{b}$ はアーベル群の準同型である．逆に，アーベル群の準同型 $\widetilde{b}_l : M \to \mathrm{Hom}_{\mathbb{Z}}(N, L)$ から上の式を逆にみてアーベル群の準同型 $b : M \times N \to L$ が対応する．

M と N の役割を入れ替えて，同様にアーベル群の準同型 $\widetilde{b}_r : N \to \mathrm{Hom}_{\mathbb{Z}}(M, L)$ が得られる．

定義 4.1.16 (直交部分加群) ペアリング $b : M \times N \to L$ と部分集合 $N_0 \subset N$, $M_0 \subset M$ が与えられたとする．

$$^{\perp}N_0 = \{m \in M \mid b(m, n) = 0\ (\forall\, n \in N_0)\}$$

$$M_0^{\perp} = \{n \in N \mid b(m, n) = 0\ (\forall\, m \in M_0)\}$$

とおくと，それぞれ M, N の部分加群となる．それぞれ b に関する N_0 の左直交部分加群，M_0 の右直交部分加群という．

容易にわかる通り，$\widetilde{b}_l$ の単射性と条件 $^{\perp}N = 0$ は同値である．

定義 4.1.17 (非退化なペアリング) ペアリング $b : M \times N \to A$ について，例 4.1.15 の誘導された写像 $\widetilde{b}_l$ が同型となるとき，b は非退化 (non-degenerate) であるといい，また b を完全ペアリング (perfect pairing) という．

定義 4.1.18 (再双対準同型) M を左 A 加群とする. $m \in M$ について $c_M(m) \in (M^*)^*$ を

$$c_M(m)(\ell) := \ell(m) \quad (\ell \in M^*)$$

と定める. すると $c_M : M \to (M^*)^*$; $m \mapsto c_M(m)$ なる写像は準同型である. $(M^*)^*$ を再双対 (bidual), c_M を再双対準同型と呼ぶ.

この c_M は例 4.1.14 のペアリングから例 4.1.15 のやり方で誘導された写像に他ならない.

命題 4.1.19 (有限生成自由加群の自己双対性) 左 A 加群 M が自由加群ならば c_M は単射である. さらに M が有限生成自由加群であれば c_M は同型である.

証明 $c_M(m) = 0$ とすると, $\ell(m) = 0$ ($\forall\, \ell \in M$) を意味する. 自由加群 M の基底を $\{e_\lambda\}_{\lambda \in \Lambda}$ とする. M^* の元の族 $\{e_\mu^*\}_{\mu \in \Lambda}$ を $e_\mu^*(e_\lambda) = \delta_{\lambda\mu}$ で定める. $m = \sum_{\lambda \in \Lambda} c_\lambda e_\lambda$ (有限和) とすると, $0 = e_\mu^*(m) = c_\mu$ を得るので, $m = 0$ であり c_M は単射である.

さらに M が有限生成だとすると, Λ は有限集合である. $\delta_{\lambda\mu} = e_\mu^*(e_\lambda) = c_M(e_\lambda)(e_\mu^*)$ であるから, $\{c_M(e_\lambda)\}_{\lambda \in \Lambda}$ は M^* の基底 $\{e_\mu^*\}_{\mu \in \Lambda}$ の双対基底である. c_M は M の基底を $(M^*)^*$ の基底に写すので同型である. $\square$

例 3.1.44 はこの命題の特別な場合である.

問 4.1.20 V, W を有限次元ベクトル空間とする. $\phi : V^* \otimes W \to \mathrm{Hom}(V, W)$ を $\phi(\ell \otimes w)(v) := \ell(v)w$ ($\ell \in V^*$, $v \in V$, $w \in W$) で定めると, これは線形同型写像であることを示せ.

4.1.2 射影加群, 移入加群

定義 3.3.33 において, アーベル圏の射影的対象・単射的対象を導入した. 加群の圏におけるこれらの対象の性質を調べよう.

定義 4.1.21 (射影加群・移入加群) 左 A 加群 M について, 関手 $h_M : A\text{-}Mod \to Ab$ が任意の左 A 加群の短完全列 $0 \longrightarrow N_1 \xrightarrow{\phi} N_2 \xrightarrow{\psi} N_3 \longrightarrow 0$ を完全列

$$0 \longrightarrow \mathrm{Hom}_A(M, N_1) \xrightarrow{h_M(\phi)} \mathrm{Hom}_A(M, N_2) \xrightarrow{h_M(\psi)} \mathrm{Hom}_A(M, N_3) \longrightarrow 0$$

に移すとき (すなわち, h_M が完全関手 (定義 3.3.32) であるとき), M を射影的

(projective) という.

また, 関手 $h^M : A\text{-}Mod^{op} \to Ab$ が, 任意の左 A 加群の短完全列を完全列

$$0 \longrightarrow \mathrm{Hom}_A(N_3, M) \xrightarrow{h^M(\phi)} \mathrm{Hom}_A(N_2, M) \xrightarrow{h^M(\psi)} \mathrm{Hom}_A(N_1, M) \longrightarrow 0$$

に移すとき (すなわち, h^M が完全関手であるとき), M を移入的 (injective) という.

定義の全射性を言い換えれば次の補題となる.

補題 4.1.22 左 A 加群 M について, 次の 2 条件は同値である.

1) M は射影加群である.
2) 左 A 加群の全射準同型 $\psi : N \to N'$ と準同型 $f' : M \to N'$ について, 準同型 $f : M \to N$ が存在して, $f' = \psi \circ f$ となる.

また, 次の 2 条件も同値である.

1') M は移入加群である.
2') 左 A 加群の単射準同型 $\phi : N' \to N$ と準同型 $f' : N' \to M$ について, 準同型 $f : N \to M$ が存在して, $f' = f \circ \phi$ となる.

例 4.1.23 命題 4.1.6 により, 射影加群の直和は射影加群である. また, 移入加群の直積は移入加群である.

命題 4.1.24 自由加群は射影加群である.

証明 自由 A 加群は, A の直和 $A^{(I)}$ に同型な加群であり, 標準同型と例 4.1.2 により $\mathrm{Hom}_A(A^{(I)}, M) \xrightarrow{\sim} \mathrm{Hom}_A(A, M)^I \xrightarrow{\sim} M^I$ であるから, $h_{A^{(I)}}$ は短完全列を短完全列に移す. □

命題 4.1.25 射影加群は適当な自由加群の直和因子である. 逆に, 自由加群の直和因子は射影加群である.

証明 射影加群 M に対して, その生成系を考えれば全射準同型 $\psi : A^{(I)} \to M$ が得られる. このとき, 射影加群の定義により $id_M : M \to M$ は $id_M = \psi \circ f$ と分解して, 自由加群 $A^{(I)}$ の直和因子となる.

加群の直和 $M_1 \oplus M_2$ に関して,

$$\operatorname{Hom}_A(M_1 \oplus M_2, N) \simeq \operatorname{Hom}_A(M_1, N) \oplus \operatorname{Hom}_A(M_2, N)$$

であるから,射影加群の直和因子は射影加群であることは明らか. $\square$

命題 4.1.26 (生成子の特徴付け) 左 A 加群 G が圏 $A\text{-}Mod$ の生成子であるために,加群 G' と自然数 n が存在して $G^{\oplus n} \simeq A \oplus G'$ となることが必要十分である.

証明 G が生成子であるなら,自然数 n と全射 $G^{\oplus n} \to A$ が存在するが,(A は射影的であるから) この全射は分裂して,$G^{\oplus n} \simeq A \oplus G'$ と分解する.

逆にこの条件がみたされると,A は生成子であって,任意の $M \in A\text{-}Mod$ について全射 $A^{(I)} \to M$ が存在するから,全射 $G^{(I^n)} \to M$ が得られて,G も生成子となる. $\square$

次に,移入加群の例をみよう.

命題 4.1.27 (ベーア (Baer) の判定法) 右 A 加群 M が移入的であるために,任意の右イデアル I について,標準写像 $\operatorname{Hom}_A(A, M) \to \operatorname{Hom}_A(I, M)$ が全射であること,すなわち,準同型 $I \to M$ が準同型 $A \to M$ に延長することが必要十分である.

証明 必要性は自明である.逆を示そう.すなわち,右 A 加群 N と部分 A 加群 $N' \subset N$ および準同型 $f : N' \to M$ について,f が $\tilde{f} : N \to M$ に延長することを示す.

$f : N' \to M$ の延長 $f_i : N_i \to M$ の全体 $\mathcal{I}$ に順序 $\leq$ を次のように定義する.

$$f_i \leq f_j \quad \Leftrightarrow \quad N_i \subset N_j, \; f_i = f_j|_{N_i}$$

$(\mathcal{I}, \leq)$ は帰納的である.実際,全順序部分集合 J に対して,$N_J := \cup_{N_j \in J} N_j$ 上に準同型を

$$f_J(n) = f_j(n) \quad (n \in N_j)$$

と置くことにより定めることができる.$f_J : N_J \to M$ は J の上界である.

ツォルンの補題により存在する極大元を $f'' : N'' \to M$ とする.もし $N'' \neq N$ ならば,$n_0 \in N - N''$ が存在する.$I = N : N'' = \{a \in A \mid n_0 a \in N''\}$ は A の

右イデアルだから，仮定により $g : I \to M$, $g(a) = f''(n_0 a)$ は $\tilde{g} : A \to M$ に延長する．そこで，

$$\tilde{f}''(n + n_0 a) = f''(n) + \tilde{g}(a) \quad (n + n_0 a \in N'' + n_0 A)$$

とおくと，定義は整合的である．実際，$n_0 a \in N'' \cap n_0 A$ について $f''(n_0 a) = g(a)$ となる．そして，$\tilde{f}''$ が f'' を延長するのは明らかである．これは $f'' : N'' \to M$ の極大性に反する．したがって，$N'' = N$ であり，f は N 全体に延長する．$\square$

命題 4.1.28 R を主イデアル整域とする．R 加群 E が移入加群であるために，次の条件は必要十分である．

$a \in R, a \neq 0$ に対して，a 倍写像 $a_E : E \to E$; $a_E(x) = ax$ は全射である．

(この条件が成り立つ R 加群を可除的 (divisible) という.)

証明 R の非自明なイデアルは Ra $(a \neq 0)$ という形である．同一視 $\mathrm{Hom}_R(R, E) \xrightarrow{\sim} E$; $f \mapsto f(1)$, $\mathrm{Hom}_R(Ra, E) \xrightarrow{\sim} E$; $f \mapsto f(a)$ の下，$\mathrm{Hom}_R(R, E) \to \mathrm{Hom}_R(Ra, E)$ は a 倍写像と同一視できるので，命題はベーアの判定法から従う．$\square$

例 4.1.29 $\mathbb{Z}$ 加群 $\mathbb{Q}, \mathbb{Q}/\mathbb{Z}$ は移入加群である．また，素数 p に対して，$\mathbb{Z}[p^{-1}]/\mathbb{Z}$ は移入加群である．

定理 4.1.30 環 A について，次の 4 条件は同値である．

1) A は左半単純環である．
2) 任意の左 A 加群は射影的である．
3) 任意の有限生成左 A 加群は射影的である．
4) 任意の単生左 A 加群は射影的である．

証明 第 2 章の定理 2.4.9 により，1) は任意の左 A 加群は半単純であることを意味するから，1) $\Rightarrow$ 2) $\Rightarrow$ 3) $\Rightarrow$ 4) は明らか．

4) $\Rightarrow$ 1) を示すために，左 A 加群として A は半単純であることを示そう．左イデアル $\mathfrak{a}$ について，4) により $A/\mathfrak{a}$ は射影的だから，短完全列 $0 \to \mathfrak{a} \to A \to A/\mathfrak{a} \to 0$ は分裂し，$\mathfrak{a}$ は A の直和因子となる．これで示せた．$\square$

184   4. 加群の圏と環

同様に，次の定理が成り立つ．

定理 4.1.31　環 A について，次の 4 条件は同値である．

　　1)　A は左半単純環である．
　　2)　任意の左 A 加群は移入加群である．
　　3)　任意の有限生成左 A 加群は移入加群である．
　　4)　任意の単生左 A 加群は移入加群である．

4.2　テンソル積，係数変更

　まず，環 A 上の加群のテンソル積を定義する．テンソル積を利用して，加群の係数環の変更を扱う．また，平坦加群を導入し，基本性質を述べる．

4.2.1　テ ン ソ ル 積

定義 4.2.1 (テンソル積)　1)　右 A 加群 M と左 A 加群 N に対して，アーベル群としての直積 $M \times N$ からアーベル群 L への双加法的写像 $\beta : M \times N \to L$ が次の条件をみたすとき A 平衡 (A-balanced) である，という．

$$\beta(ma, n) = \beta(n, am) \quad (m \in M, \ n \in N, \ a \in A)$$

　2)　アーベル群 L に対して，関手 $F : Ab \to Ab$ を

$$F(L) = \{\beta : M \times N \to L \mid \beta \text{ は } A \text{ 平衡である写像}\}$$

$$F(f)(\beta) = f \circ \beta \quad (f \in Ab(L, L'), \ \beta \in F(L))$$

と定める．関手 F が表現可能であるとき，F を表現するアーベル群を M と N の A 上のテンソル積 (tensor product) と呼び，$M \otimes_A N$ と記す．

　すなわち，テンソル積 $M \otimes_A N$ は，正確にはアーベル群 T と A 平衡な写像 $\theta : M \times N \to T$ の組 (T, θ) であって，次の条件をみたすものである．

　　$(*)$　任意のアーベル群 L と任意の A 平衡な写像 $f : M \times N \to L$ に対して，次の図式が可換となるようなアーベル群の準同型 $\tilde{f} : T \to L$ が一意的に存在する．

$$M \times N \xrightarrow{\ \theta\ } T$$
$$f \searrow \quad \downarrow \tilde{f}$$
$$L$$

また，$m \otimes n := \theta(m, n)$ と記す．

定理 4.2.2 (テンソル積の存在) 右 A 加群 M と左 A 加群 N のテンソル積 $M \otimes_A N$ は同型を除き一意的に存在する．

証明 集合 $M \times N$ で生成される自由アーベル群 $S = \mathbb{Z}^{(M \times N)}$ の基底を $e(m, n)$ $(m \in M,\ n \in N)$ とする．

$$\begin{cases} e(m_1 + m_2, n) - e(m_1, n) - e(m_2, n) & m_1, m_2 \in M, n \in N \\ e(m, n_1 + n_2) - e(m, n_1) - e(m, n_2) & m \in M, n_1, n_2 \in N \\ e(ma, n) - e(m, an) & m \in M, n \in N, a \in A \end{cases}$$

の形の元が生成する S の部分群を R とする．

商群 $T = S/R$ への標準的な準同型を $p : S \to T$ とおく．$\theta(m, n) = p(e(m, n))$ とおくとき，組 (T, θ) が条件 $(*)$ をみたすことを示そう．

まず θ が A 平衡な写像であることは，R の生成元が p で 0 に写ることから明らかである．次に，アーベル群 L と A 平衡な写像 $f : M \times N \to L$ が与えられたとき，$\tilde{f}(\theta(m, n)) = f(m, n)$ は代表元 (m, n) のとり方によらない．それを示すために，まず $\bar{f}(e(m, n)) = f(m, n)$ となるような $\bar{f} : S \to L$ に f を拡張しておく．f の A 平衡性から $\bar{f}$ は R の生成元を 0 に写すことに注意する．ところで，$\theta(m, n) = \theta(m', n')$ は $e(m, n) - e(m', n') \in R$ を意味するので，$\bar{f}(e(m, n) - e(m', n')) = 0$ すなわち $\bar{f}(e(m, n)) = \bar{f}(e(m', n'))$ となる．定義から $f(m, n) = f(m', n')$ となる．

$\tilde{f}$ の定義は $\tilde{f} \circ \theta = f$ を意味する．ところで $(*)$ の図式の可換性は $\tilde{f}(\theta(m, n)) = f(m, n)$ を意味するので $\tilde{f}$ は一意的である．□

例 4.2.3 1) $M \otimes_A A \simeq M$; $m \otimes a \mapsto ma$ である．実際，$\phi : M \to M \otimes_A A$ を $\phi(m) = m \otimes 1$ とおくと，アーベル群の準同型が得られる（これは右 A 加群の準同型でもある）．ϕ は上の準同型の逆であることが直ちにわかる．

同様に，$A \otimes_A N \simeq N$; $a \otimes n \mapsto an$．

2) $(\mathbb{Z}/2\mathbb{Z}) \otimes_{\mathbb{Z}} (\mathbb{Z}/3\mathbb{Z}) = 0$

186   4. 加群の圏と環

これをみるには，$m \otimes n = 3(m \otimes n) - 2(m \otimes n) = m \otimes (3n) - (2m) \otimes n = 0 - 0 = 0$
に注意すればよい．

注意 4.2.4 (テンソル積の基本性質)　1)　テンソル積 $M \otimes_A N$ が関手 F を表現する
アーベル群であることから，

$$\mathrm{Hom}_{\mathbb{Z}}(M \otimes_A N, L) \overset{\sim}{\longrightarrow} \{\beta : M \times N \to L \mid \beta \text{ は } A \text{ 平衡である写像}\}$$

なる同型が存在する．

2)　$M \otimes_A N$ の任意の元は，$m_i \otimes n_i$ $(m_i \in M, n_i \in N)$ という形の元の有限和に表
せる．また，$M \otimes_A N$ の中で次の等式が成り立つ．

$$\begin{cases} (m_1 + m_2) \otimes n = m_1 \otimes n + m_2 \otimes n & m_1, m_2 \in M, n \in N \\ m \otimes (n_1 + n_2) = m \otimes n_1 + m \otimes n_2 & m \in M, n_1, n_2 \in N \\ (ma) \otimes n = m \otimes (an) & m \in M, n \in N, a \in A \end{cases}$$

特に，$m \otimes 0 = 0 \otimes n = 0$

3)　A が可換のとき，$M \otimes_A N$ に

$$a(m \otimes n) = (am) \otimes n = m \otimes (an) \quad (a \in A, m \in M, n \in N)$$

とスカラー倍作用を定めることができる．ここで，可換環上の加群の右加群構造を
$ma = am$ と左加群構造に移している．こうして，$M \otimes_A N$ は A 加群の構造をもつ．
　左の部分加群 $\mathrm{Hom}_A(M \otimes_A N, L)$ と右の A 平衡写像の集合の部分加群である双線
形写像の集合とが 1) の同型の下で対応する．例 4.1.15 の対応のもと，双線形写像の集
合と $\mathrm{Hom}_A(N, \mathrm{Hom}_A(M, L))$ とが 1 対 1 に対応する．したがって，次の標準同型が存
在する．

$$\mathrm{Hom}_A(M \otimes_A N, L) \overset{\sim}{\longrightarrow} \mathrm{Hom}_A(N, \mathrm{Hom}_A(M, L))$$

　この注意 3) は，次のように一般化される．

定義 4.2.5　環 A, B に対し，加法群 M が左 B 加群であり，同時に右 A 加群で
あるとする．$(bm)a = b(ma)$ $(a \in A, b \in B)$ が成り立つとき，M の二つの作用
は両立する (be compatible) という．これは M が (B, A) 双加群であることに他
ならない．

命題 4.2.6　左 B 加群 L，左 A 加群 N，(B, A) 双加群 M に対して，次のアー
ベル群の同型が存在する．

$$\eta : \mathrm{Hom}_B(M \otimes_A N, L) \overset{\sim}{\longrightarrow} \mathrm{Hom}_A(N, \mathrm{Hom}_B(M, L))$$

ここで，$(\eta(f)(n))(m) = f(m \otimes n)$ $(f \in \mathrm{Hom}_B(M \otimes_A N, L), m \in M, n \in N)$ とおく．また，$M \otimes_A N$ には $b(m \otimes n) = (bm) \otimes n$ $(b \in B, m \in M, n \in N)$ により左 B 加群の構造を入れ，$\mathrm{Hom}_B(M, L)$ には $(ag)(m) = g(ma)$ $(a \in A, m \in M, g \in \mathrm{Hom}_B(M, L))$ により左 A 加群の構造を入れる．

証明 $\mathrm{Hom}_{\mathbb{Z}}(M \otimes_A N, L)$ の中で B 線形であるものが部分加群 $\mathrm{Hom}_B(M \otimes_A N, L)$ をなす．また，例 4.1.15 の同型対応のもと，$\mathrm{Hom}_A(N, \mathrm{Hom}_{\mathbb{Z}}(M, L))$ の中で $h : N \to \mathrm{Hom}_{\mathbb{Z}}(M, L)$ は $\beta(m, n) = h(n)(m)$ と対応するが，条件 $h(n)(bm) = bh(n)(m)$ は $\beta(bm, n) = b\beta(m, n)$ と書き換えられる．すなわち $\mathrm{Hom}_A(N, \mathrm{Hom}_{\mathbb{Z}}(M, L))$ の部分群 $\mathrm{Hom}_A(N, \mathrm{Hom}_B(M, L))$ は $(\beta(m, n) = f(m \otimes n)$ として) $f((bm) \otimes n) = bf(m \otimes n)$ をみたす f の全体に対応する．これが対応 η を与える．$\square$

定義 4.2.7 (準同型のテンソル積) $f : M \to M'$ を右 A 加群の準同型，$g : N \to N'$ を左 A 加群の準同型とする．写像 $\beta : M \times N \to M' \otimes_A N'$ を $\beta(m, n) = f(m) \otimes g(n)$ と定めると，A 平衡である．したがって，アーベル群の準同型 $\tilde{\beta} : M \otimes_A N \to M' \otimes_A N'$ が誘導される．これを f と g のテンソル積といい，$f \otimes_A g = f \otimes g$ と記す．

$$f \otimes g : M \otimes_A N \to M' \otimes_A N'$$

定義から，$f \otimes g$ は $(f \otimes g)(m \otimes n) = f(m) \otimes g(n)$ $\cdots$ $(*)$ が成り立つ準同型である．

A が可換である場合，これは A 加群の準同型である．

次の命題は，準同型のテンソル積を特徴付ける上の性質 $(*)$ から明らかである．

命題 4.2.8 (テンソル積の関手性) 右 A 加群の準同型 $f : M \to M', f' : M' \to M''$，左 A 加群の準同型 $g : N \to N', g' : N' \to N''$ に対して，$M \otimes_A N$ から $M'' \otimes_A N''$ への準同型の間の次の等式が成り立つ．

$$(f' \otimes g') \circ (f \otimes g) = (f' \circ f) \otimes (g' \circ g)$$

右 A 加群 M に対して，上記の命題により，対応

$$Ob(A\text{-}Mod) \to Ob(Ab) \; ; \; N \mapsto M \otimes N$$

$$Hom_A(N, N') \to Hom_{Ab}(M \otimes N, M \otimes N') \; ; \; f \mapsto id_M \otimes f$$

は関手 $M \otimes {-} : A\text{-}Mod \to Ab$ を定める ($id_M \otimes id_N = id_{M \otimes N}$ は性質 $(*)$ から明らか).

同様に, 左 A 加群 N に対して関手 ${-} \otimes N : Mod\text{-}A \to Ab$ が定める.

定理 4.2.9 (テンソル積の右完全性) 1) 右 A 加群 M と左 A 加群の完全列 $N_1 \xrightarrow{\phi} N_2 \xrightarrow{\psi} N_3 \longrightarrow 0$ に対して, 次の列は完全である.

$$M \otimes_A N_1 \xrightarrow{id_M \otimes \phi} M \otimes_A N_2 \xrightarrow{id_M \otimes \psi} M \otimes_A N_3 \longrightarrow 0$$

2) 左 A 加群 N と右 A 加群の完全列 $M_1 \xrightarrow{\phi} M_2 \xrightarrow{\psi} M_3 \longrightarrow 0$ に対して, 次の列は完全である.

$$M_1 \otimes_A N \xrightarrow{\phi \otimes id_N} M_2 \otimes_A N \xrightarrow{\psi \otimes id_N} M_3 \otimes_A N \longrightarrow 0$$

証明 1) を証明する. 2) の証明も同様である.

まず $id_M \otimes \psi$ の全射性を示す. $M \otimes_A N_3$ の元は, $m \otimes n'$ ($m \in M, n' \in N_3$) という形の元の有限和だから, $m \otimes n'$ が $id_M \otimes \psi$ の像に属することを示せばよい. ところで ψ の全射性から $n' = \psi(n)$ となる $n \in N_2$ がとれる. すると $m \otimes n' = m \otimes \psi(n) = id_M(m) \otimes \psi(n) = (id_M \otimes \psi)(m \otimes n)$ となる.

次に, $M \otimes_A N_2$ での完全性だが, $(id_M \otimes \psi) \circ (id_M \otimes \phi) = id_M \otimes (\psi \circ \phi) = id_M \otimes 0 = 0$ ゆえ, $(\star)$ $\mathrm{Ker}(id_M \otimes \psi) \supset \mathrm{Im}(id_M \otimes \phi)$ がわかる.

すると $id_M \otimes \psi$ から準同型 $f : \mathrm{Coker}(id_M \otimes \phi) = M \otimes_A N_2 / \mathrm{Im}(id_M \otimes \phi) \to M \otimes_A N_3$ が得られる. ここで f が同型であることと, $\mathrm{Ker}(id_M \otimes \psi) = \mathrm{Im}(id_M \otimes \phi)$ とは同値であることに注意する.

さて, $p : M \otimes_A N_2 \to \mathrm{Coker}(id_M \otimes \phi) = C$ を自然な全射として, $g : M \otimes_A N_3 \to C$ を $\psi(n) = n'$ となる n について $\beta(m, n') = p(m \otimes n)$ とおくと, 定義が意味をもつ. 実際, $\psi(n_2) = 0$ のとき $p(m \otimes n_2) = 0$ がいえればよいが, N_2 での完全性から $n_2 = \phi(n_1)$ ($n_1 \in N_1$) とおけるので, $m \otimes n_2 = (id_M \otimes \phi)(m \otimes n_1) \in \mathrm{Im}(id_M \otimes \phi)$ となり, $(\star)$ により $p(m \otimes n_2) = 0$ となる.

$\beta : M \times N_3 \to C$ は明らかに A 平衡であるので, 準同型 $g : M \otimes_A N_3 \to C$

であって, $g(m \otimes n') = p(m \otimes n)$ が成り立つものが存在する.

g と f の定義から $f(g(m \otimes n')) = m \otimes \psi(n) = m \otimes n'$ となり $f \circ g = id_{M \otimes N_3}$ である. 一方, $f(p(m \otimes n_2)) = m \otimes \psi(n_2)$ ゆえ, g の定義から $g(f(p(m \otimes n_2))) = p(m \otimes n_2)$ であり, $g \circ f = id_C$ である. $\square$

この命題により, 関手 $M \otimes {}^-: A\text{-}Mod \to Ab$, ${}^- \otimes N : Mod\text{-}A \to Ab$ は右完全関手である (定義 3.3.32).

$\{M_\iota\}_{\iota \in I}$ を右 A 加群の族, $\{N_\lambda\}_{\lambda \in \Lambda}$ を左 A 加群の族とする. 双加法的写像

$$\beta : \left(\bigoplus_{\iota \in I} M_\iota \right) \times \left(\bigoplus_{\lambda \in \Lambda} N_\lambda \right) \to \prod_{(\iota, \lambda) \in I \times \Lambda} M_\iota \otimes_A N_\lambda$$

を $\beta \left((m_\iota)_{\iota \in I}, (n_\lambda)_{\lambda \in \Lambda} \right) = (m_\iota \otimes n_\lambda)_{(\iota, \lambda) \in I \times \Lambda}$ と定めると, A 平衡である. したがって, $\left(\bigoplus_{\iota \in I} M_\iota \right) \otimes_A \left(\bigoplus_{\lambda \in \Lambda} N_\lambda \right) \to \prod_{(\iota, \lambda) \in I \times \Lambda} M_\iota \otimes_A N_\lambda$ なる準同型が定まる. 定義域の元は有限個の成分を除いて 0 であるから, 直和の部分加群に値をもつ. そこで $\left(\bigoplus_{\iota \in I} M_\iota \right) \otimes_A \left(\bigoplus_{\lambda \in \Lambda} N_\lambda \right) \to \bigoplus_{(\iota, \lambda) \in I \times \Lambda} M_\iota \otimes_A N_\lambda \,;\, (m_\iota) \otimes (n_\lambda) \mapsto (m_\iota \otimes n_\lambda)$ なる $\mathbb{Z}$ 加群の標準的な準同型が定まる.

命題 4.2.10 (テンソル積と直和) 上の標準的な準同型は同型である.

証明 上の準同型 g の逆写像 h を定義する. 各 $(\iota, \lambda) \in I \times \Lambda$ に対して $i_\iota \otimes j_\lambda : M_\iota \otimes_A N_\lambda \to \left(\bigoplus_{\iota \in I} M_\iota \right) \otimes_A \left(\bigoplus_{\lambda \in \Lambda} N_\lambda \right)$ を考える. ここで, $i_\iota : M_\iota \to \bigoplus_{\iota \in I} M_\iota$, $j_\lambda : N_\lambda \to \bigoplus_{\lambda \in \Lambda} N_\lambda$ を標準単射とした. そして, $h = \sum_{(\iota, \lambda) \in I \times \Lambda} i_\iota \otimes j_\lambda$ と定める. この h は各元を代入すると有限和なので, 意味をもつ. この h が g の逆であることは容易に確かめられる. $\square$

例 4.2.11 1) 左 A 加群 M_i $(i = 1, 2)$ と右 A 加群 N について

$$(M_1 \oplus M_2) \otimes_A N \simeq (M_1 \otimes_A N) \oplus (M_2 \otimes_A N)$$

が成り立つ.

2) 自由 A 加群 $A^{(I)}$ と右 A 加群 N のテンソル積は $A^{(I)} \otimes_A N \simeq (A \otimes_A N)^{(I)} \simeq N^{(I)}$ となる. 特に, $A^m \otimes_A A^n \simeq A^{mn}$ となる.

A, B を環とする．M が (A, B) 双加群である，すなわち $(am)b = a(mb)$ $(a \in A, b \in B)$ が成り立つとする．左 B 加群 N に対して，$\mathbb{Z}$ 加群 $M \otimes_B N$ には，

$$a(m \otimes n) = (am) \otimes n \quad (a \in A, m \in M, n \in N)$$

により左 A 加群の構造が入る．

命題 4.2.12 (テンソル積の結合性)　A, B を環とし，右 A 加群 L，(A, B) 双加群 M，左 B 加群 N が与えられたとき，$\mathbb{Z}$ 加群の準同型 $\varphi : (L \otimes_A M) \otimes_B N \xrightarrow{\sim} L \otimes_A (M \otimes_B N)$ であって，

$$\varphi((\ell \otimes m) \otimes n) = \ell \otimes (m \otimes n) \quad (\ell \in L, m \in M, n \in N)$$

を満たすものが唯一つ存在する．この φ は同型である．

証明　$n \in N$ に対して $t_n(m) = m \otimes n$ とおいて左 A 加群の準同型 $t_n : M \to M \otimes_B N$ が定まる．

　すると，$\mathbb{Z}$ 加群の準同型 $id_L \otimes t_n : L \otimes_A M \xrightarrow{\sim} L \otimes_A (M \otimes_B N)$ が定まる．そこで $\beta : (L \otimes_A M) \times N \to L \otimes_A (M \otimes_B N)$ を $\beta(\ell \otimes m, n) = (id_L \otimes t_n)(\ell \otimes m) = \ell \otimes (m \otimes n)$ と定める．明らかな性質 $t_{n+n'} = t_n + t_{n'}$ から β は双加法的である．また，$\beta((\ell \otimes m)b, n) = \beta(\ell \otimes (mb), n) = \ell \otimes ((mb) \otimes n) = \ell \otimes (m \otimes (bn)) = \beta(\ell \otimes m, bn)$ となり，β が B 平衡であることがわかる．

　したがって，$\mathbb{Z}$ 加群の準同型 φ が存在し，$\varphi((\ell \otimes m) \otimes n) = \beta(\ell \otimes m, n) = \ell \otimes (m \otimes n)$ が成り立つ．

　同様の議論で，$\mathbb{Z}$ 加群の準同型 $\phi : L \otimes_A (M \otimes_B N) \xrightarrow{\sim} (L \otimes_A M) \otimes_B N$ であって，

$$\phi(\ell \otimes (m \otimes n)) = (\ell \otimes m) \otimes n \quad (\ell \in L, m \in M, n \in N)$$

をみたすものが唯一つ存在して，$\phi \circ \varphi = id$, $\varphi \circ \phi = id$ がわかるから，φ は同型である．□

　命題 4.2.6 を言い換えると，関手 $M \otimes_A \text{-} : A\text{-}Mod \to B\text{-}Mod$ は関手 $\text{Hom}_B(M, \text{-}) : B\text{-}Mod \to A\text{-}Mod$ の左随伴関手である，となる．

定義 4.2.13 (テンソル代数)　可換環 R 上の加群 V に対して，V を両側 R 加群とみてそれ自身を n 回 R 上でテンソルしたものを $V^{\otimes n}$ と記す．ただし，$V^{\otimes 0} = R$

と約束する. $T(V) := \bigoplus_{n \geq 0} V^{\otimes n}$ とおくと, 各 $V^{\otimes n}$ ごとの加法と

$$V^{\otimes n} \times V^{\otimes m} \longrightarrow V^{\otimes n+m}$$

$$(u_1 \otimes \cdots \otimes u_n, v_1 \otimes \cdots \otimes v_m) \mapsto u_1 \otimes \cdots \otimes u_n \otimes v_1 \otimes \cdots \otimes v_m$$

により決まる乗法により, (非可換な) R 代数の構造が入る. $T(V)$ を (R 上の) テンソル代数という.

命題 4.2.14 可換環 R 上の加群の準同型 $f : V \to V'$ に対して, $f^{\otimes n} : V^{\otimes n} \to V'^{\otimes n}$ から定まる写像 $T(f) : T(V) \to T(V')$ は R 代数の準同型である.

また, 対応 $\varphi \mapsto \varphi|_V$ は全単射 $\theta : R\text{-}Alg(T(V), A) \simeq R\text{-}Mod(V, Forget(A))$ を定め, $T : R\text{-}Mod \to R\text{-}Alg$ は $Forget : R\text{-}Alg \to R\text{-}Mod$ の左随伴関手である.

証明 最初の主張は明らかである. R 代数 A に対して, A の積構造により $A^{\otimes n} \to A$ なる写像, そして $m_A : T(A) \to A$ なる R 代数の準同型が得られる. θ の逆は, $g \mapsto m_A \circ T(g)$ で与えられる. $\square$

系 4.2.15 可換環 R と集合 S に対して, R 上のテンソル代数 $F(S) = T(R^{(S)})$ を対応させ, 写像 $f : S \to S'$ に対して R 加群の準同型 $f^* : R^{(S')} \to R^{(S)}$ から誘導される代数の準同型 $F(f) : T(R^{(S')}) \to T(R^{(S)})$ を対応させる関手 $F : Set \to R\text{-}Alg$ を考える. このとき, 忘却関手 $G = Forget : R\text{-}Alg \to Set$ は F の右随伴関手である.

証明 $R\text{-}Mod(R^{(S)}, M) \simeq Set(S, Forget(M))$ なる随伴関係があるので, $M = Forget(A)$ に対して適用し, 上の命題の随伴関係と合わせればよい. $\square$

定義 4.2.16 (平坦加群) 左 A 加群 N が A 上平坦 (flat over A) であるとは, 関手 $\text{-} \otimes_A N$ が完全関手 (定義 3.3.32) であることをいう.

例 4.2.17 左 A 加群 A は平坦である. また, 命題 4.2.10 により自由加群 $A^{(I)}$ は平坦である.

命題 4.2.10 と完全列の直和因子についての第 2 章の命題 2.2.38 により, 平坦な左 A 加群の直和因子は平坦である.

192 　　　　　　　　　　4. 加群の圏と環

例 4.2.18　射影的 A 加群 A は平坦である．なぜなら，平坦である自由加群 A 加群の直和因子であるからである．

命題 4.2.19　左 A 加群 N が A 上平坦であるために，任意の右 A 加群の単射準同型 $\phi : M_1 \to M_2$ に対して，$\phi \otimes_A N : M_1 \otimes_A N \to M_2 \otimes_A N$ が単射であることは必要十分である．

証明　N が A 上平坦であるなら，$0 \to M_1 \xrightarrow{\phi} M_2$ は完全列なので

$$0 \longrightarrow M_1 \otimes_A N \xrightarrow{\phi \otimes_A N} M_2 \otimes_A N$$

も完全である．

逆に，完全列 $M_1 \xrightarrow{\phi} M_2 \xrightarrow{\psi} M_3$ が与えられたとき，$p : M_2 \to M_3' = \operatorname{Im}\psi$ を自然な全射準同型，$i : M_3' \hookrightarrow M_3$ を自然な単射準同型とする．

$\psi = i \circ p$ ゆえ，$\psi \otimes N = (i \otimes N) \circ (p \otimes N)$ である．$i \otimes N : M_3' \otimes_A N \to M_3 \otimes_A N$ が単射ならば，$\operatorname{Ker}(\psi \otimes N) = \operatorname{Ker}(p \otimes N)$ となる．

完全列 $M_1 \xrightarrow{\phi} M_2 \xrightarrow{p} M_3' \to 0$ に定理 4.2.9 を適用すると

$$M_1 \otimes_A N \xrightarrow{\phi \otimes N} M_2 \otimes_A N \xrightarrow{p \otimes N} M_3' \to 0$$

は完全列なので $\operatorname{Ker}(p \otimes N) = \operatorname{Im}(\phi \otimes N)$ となるから，$\operatorname{Ker}(\psi \otimes N) = \operatorname{Im}(\phi \otimes N)$ が示せて，関手 $- \otimes_A N$ が完全関手であることがいえた．□

例 4.2.20　1) A が整域なら，平坦左 A 加群 M は捩れなしである（定義 2.3.25）．実際，A における a 倍写像 $a_A : A \to A$ は単射だから，$a_A \otimes M : A \otimes_A M \to A \otimes M$ は M における a 倍写像 $a_M : M \to M$ と同一視できる．

2) 逆に A が主イデアル整域であるとき，捩れなし加群は平坦である．

捩れなし加群の有限生成部分加群は自由加群であり（系 2.3.30），平坦である．したがって，捩れなし加群は平坦加群の余極限であり，平坦である．

命題 4.2.21　左 A 加群 E が平坦であるとする．E が $A\text{-}Mod$ の余生成子であるために，任意の単純左 A 加群 S について $\operatorname{Hom}_A(S, E) \neq 0$ が成り立つことは必要十分である．

証明　E が余生成子であること（定義 3.3.26）は，任意の左 A 加群 M と元 $0 \neq m \in M$ に対して $u \in \operatorname{Hom}_A(M, E)$ が存在して $u(x) \neq 0$ をみたすこ

と，を意味する．したがって，必要性は明らかである．

逆に，任意の左 A 加群 M と元 $0 \neq m \in M$ が与えられたとき，S を $Am \subset M$ の商加群で単純だとする．$\mathrm{Hom}_A(S, E) \neq 0$ ならば，$\mathrm{Hom}_A(Am, E) \neq 0$ であり $0 \neq f \in \mathrm{Hom}_A(Am, E)$ は $f(m) \neq 0$ をみたす．E は移入的なので，f は $u : M \to E$ に延長して，$u(m) = f(m) \neq 0$ となる．$\square$

例 4.2.22 $\mathbb{Z}$ 加群 $\mathbb{Q}/\mathbb{Z}$ は余生成子である．実際，単純 $\mathbb{Z}$ 加群 S は $\mathbb{Z}/p\mathbb{Z}$ に同型 (p は素数) であるが，$\mathrm{Hom}_{\mathbb{Z}}(S, \mathbb{Q}/\mathbb{Z}) \neq 0$ である．

命題 4.2.23 F を環 B 上の移入加群で余生成子であるもの，P を (B, A) 両側加群で A 上平坦とする．任意の単純左 A 加群 S について $P \otimes_A S \neq 0$ と仮定すると，$\mathrm{Hom}_B(P, F)$ は移入的な余生成子である．

証明 まず移入性を確かめる．そこで $u : M \to M'$ を A 加群の単射準同型とする．

$$\mathrm{Hom}_A(M, \mathrm{Hom}_B(P, F)) \quad \xrightarrow{\mathrm{Hom}_A(u, 1)} \quad \mathrm{Hom}_A(M', \mathrm{Hom}_B(P, F))$$
$$\downarrow \qquad\qquad\qquad\qquad\qquad\qquad \downarrow$$
$$\mathrm{Hom}_B(P \otimes_A M, F) \quad \xrightarrow{\mathrm{Hom}_B(1_P \otimes u, 1_F)} \quad \mathrm{Hom}_B(P \otimes_A M', F)$$

縦の射は同型である．P が平坦なので $1_P \otimes u$ は単射であり，F が移入的なので $\mathrm{Hom}_B(1_P \otimes u, 1_F)$ も単射である．したがって $\mathrm{Hom}_B(P, F)$ は移入 A 加群である．

次に余生成子であることを確かめる．単純左 A 加群 S について $P \otimes_A S \neq 0$ と仮定すると，F が余生成子であり命題 4.2.21 により $\mathrm{Hom}_A(S, \mathrm{Hom}_B(P, F)) \simeq \mathrm{Hom}_B(P \otimes_A S, F)$ も $\neq 0$ である．再び命題 4.2.21 により $\mathrm{Hom}_B(P, F)$ は余生成子であることがわかる．$\square$

系 4.2.24 A 加群 $E_A = \mathrm{Hom}_{\mathbb{Z}}(A, \mathbb{Q}/\mathbb{Z})$ は移入的な余生成子である．

左 A 加群 M に対して，$I^0(M) = E_A^{\mathrm{Hom}_A(M, E_A)}$ とおく．すると $e_M : M \to I^0(M); \; m \mapsto (h(m))_{h \in \mathrm{Hom}_A(M, E_A)}$ なる A 加群の準同型が定まる．

系 4.2.25 $e_M : M \to I^0(M)$ は単射で，$I^0(M)$ は移入加群である．

194   4. 加群の圏と環

証明　実際，E_A が余生成子ゆえ，$m \neq 0$ なら $h(m) \neq 0$ となる h が存在して $e_M(m) \neq 0$ である．また，E_A が移入的なので $I^0(M)$ もそうである．□

4.2.2 係 数 変 更

環 A, B と環準同型 $\rho : A \to B$ が与えられたとき，A 加群と B 加群を結びつける次の関手を導入しよう．

$$\rho^* : A\text{-}Mod \to B\text{-}Mod, \qquad \rho_* : B\text{-}Mod \to A\text{-}Mod$$

定義 4.2.26 (係数環の制限)　環準同型 $\rho : A \to B$ が与えられたとする．N を左 B 加群とする．$a \in A, n \in N$ について $\rho(a)n$ を an と定めて N は左 A 加群と考えられる．そう考えたものを，係数環の制限 (restriction of scalars) による左 A 加群といい，$\rho_*(N)$ あるいは $N_{[A]}$ と記す．

$u : N \to N'$ を左 B 加群の準同型とすると，$u(\rho(a)n) = \rho(a)u(n)$ $(a \in A, n \in N)$ だから，u を左 A 加群の準同型とみられる．そう考えた準同型を，係数環を A に制限した準同型といい，$\rho_*(u)$ と記す．

右 B 加群についても同様に，係数環の A への制限を定義することができる．

例 4.2.27　環 A とその両側イデアル I に対し，$B = A/I$ とおき，$\rho : A \to B = A/I$ を標準全射とする．左 B 加群 N に対して，$\rho_*(N) = N_{[A]}$ は $an := (a + I)n$ $(a \in A, n \in N)$ として定めた左 A 加群である．したがって，$IN_{[A]} = 0$ である．

命題 4.2.28　環 A, B と環準同型 $\rho : A \to B$ が与えられたとき，係数環の A への制限 $\rho_* : B\text{-}Mod \to A\text{-}Mod$; $N \mapsto \rho_*(N)$, $u \mapsto \rho_*(u)$ は共変関手である．

証明　左 B 加群の準同型 $u : N \to N', v : N' \to N''$ に対して，$\rho_*(v \circ u) = \rho_*(v) \circ \rho_*(u)$ が成り立つことは明らか．また，左 B 加群 N に対して，$\rho_*(id_N) = id_{\rho_*(N)} = id_N$ も明らかに成り立つ．□

例 4.2.29　環準同型 $\rho : A \to B$ と左 B 加群 N に対して，$\mathrm{Hom}_B(B, N)$ の左 A 加群の構造を

$$(ag)(b) = g(b\rho(a)) \quad (a \in A, b \in B, g \in \mathrm{Hom}_B(B, N))$$

と定める．$\theta(n)(b) := bn$ $(n \in N)$ とおいて，

$$\theta : \rho_*(N) \to \mathrm{Hom}_B(B, N); \; n \mapsto \theta(n)$$

と定めると θ は左 A 加群の同型であり，標準同型 (例 4.1.2) $N \xrightarrow{\sim} \mathrm{Hom}_B(B, N)$ の係数を制限したものに他ならない．

問 4.2.30 例 4.2.29 を確かめよ．

命題 4.2.31 環準同型 $\rho : A \to B$ に対して，関手 $\rho_* : B\text{-}Mod \to A\text{-}Mod$ は忠実である．また，ρ が全射なら，ρ_* は忠実かつ充満である．

証明 $\mathrm{Hom}_B(N, N') \ni u$ に対して，$\mathrm{Im}\,\rho_*(u) = u(N) = \mathrm{Im}\,u$ であるから，$\rho_*(u) = 0$ なら $u = 0$ である．したがって $\rho_* : \mathrm{Hom}_B(N, N') \to \mathrm{Hom}_A(N_{[A]}, N'_{[A]})$ は単射であり，ρ_* は忠実である．

ρ が全射であるなら $\rho(A) = B$ ゆえ，$v \in \mathrm{Hom}_A(N_{[A]}, N'_{[A]})$ の A 線形性は v の B 線形性も意味する．v を B 準同型とみなしたものを u とすれば，$\rho_*(u) = v$ となる．□

定義 4.2.32 (係数環の拡大) 環準同型 $\rho : A \to B$ が与えられたとする．B はその環構造により自然に左 B 加群，かつ右 B 加群と考えられる．右 B 加群 B の係数環の制限である右 A 加群 $\rho_*(B)$ は，左 B 加群でもあり，$(bx)\rho(a) = b(x\rho(a))$ $(b, x \in B, a \in A)$ ゆえ二つの加群構造は可換である．そのように (B, A) 加群と考えたものも $\rho_*(B)$ と記す．

左 A 加群 M に対して，$\rho_*(B) \otimes_A M$ は

$$b(x \otimes m) = (bx) \otimes m \quad (b, x \in B, m \in M)$$

により，左 B 加群となる．この左 B 加群を，(ρ による) 係数環の拡大 (extension of scalars) により得られる B 加群といい，$\rho^*(M)$ あるいは $M_{(B)}$ などと記す．

$f : M \to M'$ を左 A 加群の準同型として，$\rho^*(f) = id_B \otimes f$ とおいた左 B 加群の準同型を，係数環を B に拡大した準同型という．

右 A 加群についても同様に，係数環の B への拡大を定義することができる．

命題 4.2.33 環 A, B と環準同型 $\rho : A \to B$ が与えられたとき，係数環の B への拡大 $\rho^* : A\text{-}Mod \to B\text{-}Mod$ は共変関手である．

証明 左 A 加群の準同型 $f : M \to M', g : M' \to M''$ に対して，$\rho^*(g \circ f) =$

$\rho^*(g) \circ \rho^*(f)$ が成り立つことは，テンソル積の関手性から明らか．また，左 A 加群 M に対して，$\rho^*(id_M) = id_{\rho^*(M)} = id_B \otimes id_M = id_{B \otimes M}$ も明らかに成り立つ．□

例 4.2.34 $K \subset L$ を体の拡大とする．$\rho : K \hookrightarrow L$ を包含写像とする．すると，ρ^* は K 加群，すなわち K ベクトル空間 V に対して，$V_{(L)}$ はスカラーを L まで拡大した L ベクトル空間である．例えば，$\{e_i\}_{i \in I}$ を V の K 上の基底とするとき，$\{1 \otimes e_i\}_{i \in I}$ が $V_{(L)}$ の L 上の基底となる．

環準同型 $\rho : A \to B$ が与えられたとき，有限生成左 A 加群 M に対して写像 $\varphi_M : M \to \rho_*(\rho^*(M));\ m \mapsto 1 \otimes m$ は A 準同型であり，$\mathrm{Im}\,\varphi_M$ は $\rho_*(\rho^*(M))$ を生成する．

命題 4.2.35 (制限と拡大の関係)　環準同型 $\rho : A \to B$ が与えられたとする．関手 ρ^* は関手 ρ_* の左随伴関手であり，$\varphi : M \mapsto \varphi_M$ は随伴対応のユニットである．

証明　命題 4.2.6 により $\mathrm{Hom}_B(B \otimes_A M, N) \xrightarrow{\sim} \mathrm{Hom}_A(M, \mathrm{Hom}_B(B, N))$ が成り立つ．

例 4.2.29 でみた通り，$\rho_*(N) \xrightarrow{\sim} \mathrm{Hom}_B(B, N)$ であるから，$\mathrm{Hom}_B(\rho^*(M), N)$ $\xrightarrow{\sim} \mathrm{Hom}_A(M, \rho_*(N))$ が成り立つ．ここで $N = \rho^*(M)$ とおいて，$id_{\rho^*(M)}$ に対応する準同型が φ_M であることは，与えられた随伴対応からユニットを対応させる仕方から明らかである．□

命題 4.2.36　環準同型 $\rho : A \to B$ が与えられたとき，有限生成左 A 加群 M に対して $\rho^*(M) = B \otimes_A M$ も有限生成左 B 加群である．
　さらに $\rho_*(B)$ が有限生成左 A 加群のとき，有限生成左 B 加群 N に対して $\rho_*(N) = N_{(A)}$ も有限生成左 A 加群である．

証明　自然数 n に対して $f : A^n \to M$ を全射 A 準同型とすると，$id_B \otimes f : B^n \to B \otimes_A M$ は全射 A 準同型である (定理 4.2.9)．したがって，$B \otimes_A M$ も B 加群として有限生成である．
　次に，$\rho_*(B)$ が有限生成左 A 加群のとき，適当な自然数 n に対して $f : A^n \to \rho_*(B) = B$ を全射 A 準同型とする．有限生成左 B 加群 N に対して $g : B^m \to N$

を全射 B 準同型とすると，$\rho_*(g) \circ (f^m) : (A^n)^m = A^{nm} \to \rho_*(N)$ は全射 A 準同型となるので，$\rho_*(N)$ は A 加群として有限生成である．□

例 4.2.37 $B = A[T]$ を 1 変数多項式環とするとき，B 自身は左 B 加群として有限生成であるが，$\rho_*(B)$ は $\{T^n \mid n \in \mathbb{Z}_{\geq 0}\}$ を左 A 加群としての基底にもち，無限生成である．

問 4.2.38 環準同型 $\rho : A \to B$ が与えられたとする．左 B 加群 N に対して $\psi_N : \rho^*(\rho_*(N)) \to N$ を命題 4.2.6 の同型で $id_{\rho_*(N)}$ に対応する B 準同型とする．

1) このとき，$\rho_*(N) \xrightarrow{\varphi_{\rho_*(N)}} \rho_*(\rho^*(\rho_*(N))) \xrightarrow{\rho_*(\psi_N)} \rho_*(N)$ が単射であることを示せ．したがって，$\rho_*(N)$ は $\rho_*(\rho^*(\rho_*(N)))$ の直和因子である．

2) 左 A 加群 M に対して，$\rho^*(M) \xrightarrow{\rho^*(\varphi_M)} \rho^*(\rho_*(\rho^*(M))) \xrightarrow{\psi_{\rho^*(M)}} \rho_*(M)$ が単射であることを示せ．したがって，$\rho^*(M)$ は $\rho^*(\rho_*(\rho^*(M)))$ の直和因子である．

3) 左 A 加群 N と右 B 加群 M に対して，

$$\rho_*(M) \otimes_A N \to M \otimes_B \rho^*(N) \; ; \; m \otimes n \mapsto m \otimes (1 \otimes n)$$

は $\mathbb{Z}$ 加群の準同型であり，全単射であることを示せ．

4.3 環と加群の局所化

(可換な) 整域に対して，それを含む最小の体である商体をつくることができる．それを一般の環に対して行う局所化の構成を説明しよう．

定義 4.3.1 (乗法的部分集合) 環 A の部分集合 S が，乗法に関する部分半群であるとき，すなわち $s, t \in S \implies st \in S$ をみたすとき，S を乗法的部分集合という．

以下では，乗法的部分集合 S は 1 を含み，非零因子のみからなると仮定する．

定義 4.3.2 (環の局所化) 環 A とその乗法的部分集合 S に対して，環 L と環の準同型写像 $\varphi : A \to L$ の組 (L, φ) が次の性質をみたすとき，(L, φ) を A の S による局所化と呼ぶ．

loc1) $\varphi(s) \in A^\times \quad (s \in S)$

loc2) 環 B と環の準同型写像 $\psi : A \to B$ の組 (B, ψ) で $\psi(s) \in B^\times$ $(s \in S)$

であるものに対して，環の準同型写像 $\overline{\psi} : L \to B$ であって $\psi = \overline{\psi} \circ \varphi$
となるものが唯一つ存在する．

この性質は普遍写像の条件であるので，局所化は (存在すれば) 一意的である．そこで，この L を $A\langle S^{-1} \rangle$ と記す．

定理 4.3.3 (環の局所化の存在) 環 A とその乗法的部分集合 S に対して，環の局所化 $A\langle S^{-1} \rangle$ は (同型を除き) 唯一つ存在する．

証明 テンソル代数 $T(\mathbb{Z}^{(A \sqcup S)})$ の (環としての) 生成元を u_a $(a \in A)$, v_s $(s \in S)$ とする．$u_{a+b} - u_a - u_b$, $u_{ab} - u_a u_b$, $u_s v_s - 1$, $v_s u_s - 1$ $(a, b \in A,\ s \in S)$ で生成されるイデアルを I として，$L = T(\mathbb{Z}^{(A \sqcup S)})/I$ とおく．$\varphi : A \to L$ を $\varphi(a) = u_a + I$ と定める．つくり方から φ は環準同型である．$\varphi(s) = u_s + I = (v_s + I)^{-1} \in L$ である．また，loc2) の組 (B, ψ) に対して，$\overline{\psi}(u_a + I) = \psi(a)$ とおくと，ψ が環準同型であるので $\overline{\psi}(I) = 0$ がわかり，$\overline{\psi}$ は矛盾なく定義される．つくり方から $\psi = \overline{\psi} \circ \varphi$ である．以上で，組 (L, φ) が loc1), loc2) をみたすことが確かめられた．$\square$

この存在定理では局所化 $A\langle S^{-1} \rangle$ の性質を調べるのが難しい．そこで，局所化の元の分数表示が可能となるような S の性質を考える．

定義 4.3.4 (右分母集合) 環 A の乗法的部分集合 S が次の 2 条件をみたすとき，S を右分母集合という．同様に，左分母集合も定義される．

dc1) $\forall a \in A,\ s \in S \implies aS \cap sA \neq \emptyset$

dc2) $a, b \in A$ について，$s \in S$ で $sa = sb$ となるものが存在することと，$t \in S$ で $at = bt$ となるものが存在することとは同値である．

右分母集合をノルウェーの数学者オーレ (Ore) にちなんで，右オーレ集合ということもある．

例 4.3.5 1) 環 A が可換なら，$as = sa \in aS \cap sA$ であるので乗法的部分集合 S は自動的に右分母集合である．

2) A が可換な整域であるとき，$S = A - \{0\}$ は乗法的部分集合である．より

一般に，A の素イデアル $\mathfrak{p}$ に対して $S = A - \mathfrak{p}$ は乗法的部分集合である．

3) 環 R とその準同型 $\sigma \in \mathrm{End}(R)$ に対して，斜多項式環 $A = R[T, \sigma]$，$S = \{1, T, T^2, \dots\}$ は右分母集合である．

右分母集合 S の条件 dc1) から次が示せる．

dc1') 任意の $s, t \in S$ に対して，適当な $x, y \in A$ が存在して $sx = ty \in S$ となる．

証明 実際，$aS \cap sA \neq \emptyset$ だから，適当な $x \in S$, $y \in A$ について $sx = ty$ で，$s, x \in S$ ゆえ $sx \in S$ となる．□

S が右分母集合がであるとき，商体の構成法を一般化した局所化 $A\langle S^{-1}\rangle$ の簡明な構成ができる．そのために，$A \times S$ の上の関係 $\sim$ を次で定める．

$$(a, s) \sim (a', s') \iff ab = a'b',\ sb = s'b' \in S\ \text{となる}\ b, b' \in A\ \text{が存在する}.$$

命題 4.3.6 S を環 A の右分母集合とする．このとき，上で定めた $A \times S$ の上の関係 $\sim$ について次が成り立つ．

i) 関係 $\sim$ は同値関係である．

ii) $A \times S/\sim$ の (a, s) が代表する同値類を $\overline{(a, s)}$ と記すとき，次の演算は矛盾なく定義できて，$A \times S/\sim$ に環の構造を定める．

$$\overline{(a, s)} + \overline{(b, t)} = \overline{(ac + bd, u)} \quad (u = sc = td \in S)$$
$$\overline{(a, s)} \cdot \overline{(b, t)} = \overline{(ac, tu)} \quad (bu = sc,\ c \in A, u \in S)$$

iii) $\varphi_0(a) = \overline{(a, 1)}$ で写像 $\varphi_0 : A \to A \times S/\sim$ を定める．すると，φ_0 は環準同型であり，$\varphi_0(s)$ は $A \times S/\sim$ の可逆元である．

iv) $A \times S/\sim$ の任意の元は $\varphi_0(a)\varphi_0(s)^{-1}$ $(a \in A, s \in S)$ の形に表せる．また，$\varphi_0(a) = 0$ であるために，ある $s \in S$ について $as = 0$ となることは必要十分である．

v) 環 B と環の準同型写像 $\psi : A \to B$ の組 (B, ψ) で，$\psi(s) \in B^\times$ $(s \in S)$ であるものに対して，環の準同型写像 $\overline{\psi} : A \times S/\sim \to B$ であって $\psi = \overline{\psi} \circ \varphi$ となるものが唯一つ存在する．

証明 i) $(a, s) \sim (a', s'), (a', s') \sim (a'', s'')$ と仮定する．すなわち $ab =$

$a'b'$, $sb = s'b' \in S$ $(b, b' \in A)$, $a'c' = a''c''$, $s'c' = s''c'' \in S$ $(c, c' \in A)$ とすると，dc1') により $s'b'x = s'c'y \in S$ となる $x, y \in A$ がとれる．そして，dc2) により $b'xt = c'yt$ となる $t \in S$ がとれる．

すると，$a(bxt) = a'b'xt = a'c'yt = a''(c''yt)$, $s(bxt) = s'b'xt = s'c'yt = s''(c''yt)$ は $(a, s) \sim (a'', s'')$ を示し，$\sim$ は推移律をみたす．恒等律，反射律は明らか．

ii) 加法について，ゼロ元は $\overline{(0, 1)}$，$\overline{(a, s)}$ の逆元は $\overline{(-a, s)}$ である．結合則は略す．乗法について，単位元は $\overline{(1, 1)}$ である．$\overline{(a, s)} \cdot \overline{(b, t)} = \overline{(ac, tu)}$ $(bu = sc, c \in A, u \in S)$ 結合則が確かめられた．

iii) φ_0 は環準同型であることは直ちに確かめられる．また，積の定義より $\overline{(s, 1)} \cdot \overline{(1, s)} = \overline{(s, s)} = \overline{(1, 1)}$ である．

iv) 定義より $\overline{(a, 1)} \cdot \overline{(1, s)} = \overline{(a, s)}$ で，iii) より $\overline{(1, s)} = \overline{(s, 1)}^{-1}$ である．また，$(a, 1) \sim (0, 1)$ は $ab = 0b', 1 \cdot b = 1 \cdot b' \in S$ なる b, b' の存在を意味するが，これは $as = 0$ なる $s \in S$ が存在することである．

v) $\overline{\psi}(\overline{(a, s)}) = \psi(a)\psi(s)^{-1}$ と定めると，$\overline{\psi}$ が環の準同型写像であり，$\psi = \overline{\psi} \circ \varphi$ をみたすことが確かめられる．□

この命題の iii), v) から，$A\langle S^{-1} \rangle \simeq A \times S / \sim$ であることがわかる．

例 4.3.7 1) 可換環 A の素イデアル $\mathfrak{p}$ に対して，$S = A - \mathfrak{p}$ による局所化 $A\langle S^{-1} \rangle$ を A の $\mathfrak{p}$ による局所化と呼び，$A_\mathfrak{p}$ と記すのが慣用である．

特別な場合として，整域 A の $\{0\}$ による局所化を商体と呼び，$Frac(A)$ とか $Q(A)$ と記すことが多い．体 K 上の多項式環 $K[T]$ の商体を $K(T)$ と表すが，1 変数の有理式 (分数関数) のなす体に他ならない．

2) 環 A に対して，乗法的部分集合 $\{f^n \mid n \geqq 0\}$ による局所化を A_f と記す．

例えば，環 R 上の多項式環 $R[T]$ の元 T について，$R[T]_T$ を $R[T, T^{-1}]$ と表し，R 係数のローラン (Laurent) 多項式のなす環という．

K を体として，$K[T]_T$ は商体 $K(T)$ の中で分母に T のべきのみを許した有理式のなす環である．

定義 4.3.8 (加群の局所化) S を環 A の右分母集合とし，M を右 A 加群とする．このとき，右 $A\langle S^{-1} \rangle$ 加群 $M \otimes_A A\langle S^{-1} \rangle$ を A 加群 M の局所化と呼び，

$M\langle S^{-1}\rangle$ と記す.

$\varphi : A \to A\langle S^{-1}\rangle$ に $M\otimes_A$ を施して得られる準同型を $\iota_M^S : M \to M\langle S^{-1}\rangle$ と表す ($\iota_M^S(m) = m \otimes 1$ である).

$A\langle S^{-1}\rangle, M\langle S^{-1}\rangle$ を $S^{-1}A, S^{-1}M$ と記すこともある.

命題 4.3.9 S を環 A の右分母集合とし,M を右 A 加群とする.右 A 加群 $M' = M\langle S^{-1}\rangle$ と準同型 $\iota_M^S : M \to M' = M\langle S^{-1}\rangle$ は,次の 2 条件をみたす.

i) $S \ni s$ について $\rho_s^M : M' \to M'$;$\rho_s^M(m') = m's$ は全単射である.

ii) 右 A 加群 N であって $\rho_s^N : N \to N$;$\rho_s^N(n) = ns$ が全単射であるものと準同型 $u : M \to N$ に対して,準同型 $\tilde{u} : M' \to N$ であって $u = \tilde{u} \circ \iota_M^S$ が成立するものが唯一つ存在する.

命題 4.3.10 S を環 A の右分母集合,M を右 A 加群とする.このとき,$M \times S$ の上の関係 $\sim$ を次で定める.

$(m, s) \sim (m', s') \iff mb = m'b',\ sb = s'b' \in S$ となる $b, b' \in A$ が存在する.

この関係 $\sim$ について次が成り立つ.

i) 関係 $\sim$ は同値関係である.

ii) $M \times S/\sim$ の (m, s) が代表する同値類を m/s と記すとき,次の演算は矛盾なく定義できて,$M \times S/\sim$ に右 $A\langle S^{-1}\rangle$ 加群の構造を定める.

$$m/s + n/t = (mc + bd)/u \quad (u = sc = td \in S)$$
$$m/s \cdot \overline{(a, t)} = mc/(tu) \quad (au = sc,\ c \in A, u \in S)$$

iii) $\psi_0(m) = m/1$ で写像 $\psi_0 : M \to M \times S/\sim$ を定める.すると,ψ_0 は右 A 加群の準同型であり,$\psi_0(s)$ は $M \times S/\sim$ の可逆元である.

iv) $M \times S/\sim$ の任意の元は $\psi_0(m)\varphi(s)^{-1}$ $(m \in M, s \in S)$ の形に表せる.また,$\psi_0(m) = 0$ であるために,ある $s \in S$ について $ms = 0$ となることは必要十分である.

v) 右 $A\langle S^{-1}\rangle$ 加群 N と準同型写像 $\psi : M \to N$ の組 (N, ψ) に対して,右 $A\langle S^{-1}\rangle$ 加群の準同型写像 $\overline{\psi} : M \times S/\sim \to N$ であって $\psi = \overline{\psi} \circ \phi_0$ となるもの

が唯一つ存在する.

問 4.3.11 1) 命題 4.3.9 を証明せよ.

2) 命題 4.3.10 を証明せよ.

定理 4.3.12 ($A\langle S^{-1}\rangle$ の平坦性) S を環 A の右分母集合とするとき，$A\langle S^{-1}\rangle$ は平坦な左 A 加群である.

証明 $f : M \to M'$ を右 A 加群の単射準同型とするとき，$\overline{f} = f \otimes id : M \otimes A\langle S^{-1}\rangle \to M' \otimes A\langle S^{-1}\rangle$ の単射性を示せばよい. そこで，($m \in M, s \in S$ について $\overline{f}(\psi_0(m)\varphi(s)^{-1}) = 0$ とする. $\overline{f}(\psi_0(m)\varphi(s)^{-1}) = \psi_0(f(m))\varphi(s)^{-1}$ ゆえ，$\psi_0(f(m)) = 0$ であり，ある $t \in S$ で $f(m)t = f(mt) = 0$ となる. f は単射なので $mt = 0$. ゆえに $\psi_0(m)\varphi(s)^{-1} = \psi_0(mt)\varphi(t)^{-1}\varphi(s)^{-1} = \psi_0(mt)\varphi(st)^{-1} = 0$ となる. $\square$

系 4.3.13 可換環 A の素イデアル $\mathfrak{p}$ による局所化 $A_\mathfrak{p}$ は，平坦 A 加群であり，関手 $A\text{-}Mod \to A_\mathfrak{p}\text{-}Mod;\ M \mapsto M_\mathfrak{p} = A_\mathfrak{p} \otimes_A M$ は完全関手である.

特に，整域 A の商体を K とするとき，$A\text{-}Mod \to K\text{-}Vec;\ M \mapsto K \otimes_A M$ は完全関手である.

定理 4.3.14 A を右ネーター整環，S を右分母集合とするとき，$A\langle S^{-1}\rangle$ も右ネーター整環である.

証明 $A\langle S^{-1}\rangle$ の任意の右イデアル I が有限生成であることを示せばよい. I の $A\langle S^{-1}\rangle$ 加群としての生成系を $\{b_\lambda\}_{\lambda \in \Lambda}$ とするとき，$I_0 = \sum_{\lambda \in \Lambda} b_\lambda A$ は A の右イデアルであり，$I_0 \otimes_A A\langle S^{-1}\rangle = I_0 A\langle S^{-1}\rangle = I$ となる. A の右ネーター性より，I_0 は有限生成だから，I も有限生成である. $\square$

定義 4.3.15 (右オーレ整環) 環 A のゼロ元以外のなす集合 $A^* = A - \{0\}$ が右分母集合であるとき，A を右オーレ整環と呼ぶ.

整環においては，条件 dc2) は自明であり，dc1) のみが右分母集合の条件である.

注意 4.3.16 右オーレ整環 A に対して，局所化 $A\langle A^{*-1}\rangle$ は明らかに可除環である. 一

方, 整環で右オーレ整環でないものは存在する. 例えば, 2変数の非可換多項式環 $\mathbb{Q}\langle T_1, T_2 \rangle$ (テンソル代数 $T(\mathbb{Q}T_1 \oplus \mathbb{Q}T_2)$ と同型である) を A とすると, $XA^* \cap YA^* = \phi$ である.

命題 4.3.17 右ネーター整環は右オーレ整環である.

証明 $a \in A, s \in A^*$ に対して, $aA^* \cap sA \neq \phi$ を示せばよい. $a = 0$ なら自明. $a \neq 0$ かつ $aA^* \cap sA = \phi$ とすると, 右イデアル $I = \sum_{i \geqq 0} a^i sA$ は直和 $\bigoplus_{i \geqq 0} a^i sA$ であることが示せる. これは A の右ネーター性に反する. $\square$

この命題の系として, 2変数 (以上) の非可換多項式環は右ネーターではないことがわかる.

4.4 次数付け, フィルター

本節で, 次数環とその上の次数加群, フィルター環とその上のフィルター加群を導入する.

4.4.1 次 数 付 け

定義 4.4.1 (次数付け) A を環, E を $\mathbb{Z}$ 加群とする. A 加群 M が部分加群 M_e $(e \in E)$ による直和分解 $M = \bigoplus_{e \in E} M_e$ をもつとき, M を E の元を添え字 (index) とする次数付け (grading) をもつ A 加群, あるいは E 次数付けられた (E-graded) A 加群という.

例 4.4.2 $E = \mathbb{Z}$ の場合, $M = \bigoplus_{n \in \mathbb{Z}} M_n$ という形の分解である. 可換環 R 上の多項式環 $M = R[T_1, \ldots, T_m]$ に対し, 総次数が n の斉次多項式のなす R 加群を $R[T_1, \ldots, T_m]_n$ とすると, 次数付け $R[T_1, \ldots, T_m] = \bigoplus_{n \in \mathbb{Z}} R[T_1, \ldots, T_m]_n$ を得る. ここで, 単項式 $aT_1^{d_1} \cdots T_m^{d_m}$ $(a \in R)$ の総次数を $d_1 + \cdots + d_m$ とおく. 総次数が等しい単項式の和になっている多項式が斉次と呼ばれる.

以下では, $E = \mathbb{Z}$ の場合の次数付けをおもに考える.

定義 4.4.3 (次数環・次数加群) 1) 環 A が $\mathbb{Z}$ 次数付けされているとする:

$A = \bigoplus_{n \in \mathbb{Z}} A_n$. さらに

$$a \in A_n,\ b \in A_{n'} \quad \Rightarrow \quad ab \in A_{n+n'}$$

が成り立つとき，A を次数環 (graded ring) という．

2) A を次数環とし，左 A 加群 M が，$\mathbb{Z}$ 加群として $\mathbb{Z}$ 次数付けされているとする: $M = \bigoplus_{n \in \mathbb{Z}} M_n$. さらに

$$a \in A_n,\ m \in M_{n'} \quad \Rightarrow \quad am \in M_{n+n'}$$

が成り立つとき，M を次数 A 加群 (graded A-module) という．

注意 4.4.4 次数環 A に対して，A_0 は積について閉じているので A の部分環である．特に A_0 が A の中心に含まれるとき，A は A_0 代数である (定義 2.1.44)．また，次数 A 加群 M に対して，各 M_n は A_0 のスカラー作用により閉じているので A_0 加群である．

例 4.4.5 可換環 R 上の多項式環 $R[T_1, \ldots, T_m]$ は全次数による次数付けで次数環である．

次数環の重要な例が次のテンソル代数である．

例 4.4.6 (テンソル代数) 可換環 R 上の加群 V に付随するテンソル代数 (定義 4.2.13) $A = T(V) = \bigoplus_{n \geq 0} V^{\otimes n}$ について，$A_n = T^n(V) = V^{\otimes n}$ とおくと，$T(V)$ には非可換な (非負の次数付けをもつ) 次数環の構造が入る．

V が $x_1, \ldots, x_n$ を基底とする階数 n の自由 R 加群であるとき，$T(V)$ は変数 $x_1, \ldots, x_n$ に関する非可換な多項式環 $R\langle x_1, \ldots, x_n \rangle$ と考えられる．

定義 4.4.7 (次数部分加群・次数イデアル) 1) 次数環 $A = \bigoplus_{n \in \mathbb{Z}} A_n$ 上の次数 A 加群 $M = \bigoplus_{n \in \mathbb{Z}} M_n$ の部分 A 加群 N が，$N_n = N \cap M_n$ とおくとき，$N = \bigoplus_{n \in \mathbb{Z}} N_n$ をみたすとき，N を M の次数部分 A 加群という．

2) (非負の次数付けをもつ) 次数環 $A = \bigoplus_{n \geq 0} A_n$ の部分 A 加群 I を次数イデアルという．

4.4 次数付け, フィルター

定義 4.4.8 (直和・シフト) 1) 次数環 A 上の左次数加群 M_1, M_2 に対して,

$$(M_1 \oplus M_2)_n = (M_1)_n \oplus (M_2)_n \quad (n \in \mathbb{Z})$$

とおいて, 定めた次数 A 加群を直和といい, $M_1 \oplus M_2$ と記す.

2) 次数 A 加群 M に対して,

$$(M[m])_n = M_{m+n} \quad (n \in \mathbb{Z})$$

とおいて, 定めた次数 A 加群を M の (m) シフトといい, $M[m]$ と記す.

定義 4.4.9 (次数環・次数加群の準同型) 次数環上の次数加群の間の (次数を忘れた) A 準同型 $f : M \to N$ が条件

$$f(M_n) \subset N_n \quad (n \in \mathbb{Z})$$

をみたすとき, 次数加群としての準同型, 次数準同型という.

また, 次数準同型 $f : M \to N[m]$ を次数 m の準同型という. すなわち, $f(M_n) \subset N_{n+m} \quad (n \in \mathbb{Z})$ が成り立つ A 準同型である.

次数環 A 上の次数加群と次数準同型のなす圏を $A\text{-}grMod$ と記す.

圏 $A\text{-}grMod$ は自然にアーベル圏の構造をもつ.

例 4.4.10 可換環 R 上の多項式環 $A = R[T]$ の部分次数加群 $AT = TR[T]$ は, 定義 4.4.8 の (1) シフト $A[1]$ と同型である.

例 4.4.11 次数環 A 上の次数 A 加群 $M = \bigoplus_{n \in \mathbb{Z}} M_n$ とその次数部分 A 加群 N に対して, 商加群 $M/N = \bigoplus_{n \in \mathbb{Z}} M_n/N_n$ も自然に次数 A 加群である.

特に, (非負の次数付けをもつ) 次数環 A とその次数イデアル I について, $A/I = \bigoplus_{n \geq 0} A_n/I_n$ は自然に次数環である.

定義 4.4.12 環 R を $A_0 = R$, $A_n = 0 \ (n > 0)$ なる次数環とみなす.

1) 次数 R 加群 M に対して, 次数 1 の準同型 $d : M \to M[1]$ であって $d^2 = d \circ d = 0$ をみたす d を M の微分といい, (M, d) を R 加群の複体という. $d|_{M_n}$ を $d_n : M_n \to M_{n+1}$ と記す.

2) R 加群の複体 $(M, d^M), (N, d^N)$ の間の次数準同型 $f : M \to N$ が, $f_{n+1} \circ$

206   4. 加群の圏と環

$d_n^M = d_n^N \circ f_n$ ($\forall n$) をみたすとき, f を複体の準同型という. ($f_n = f|_{M_n}$)

R 加群の複体と準同型は, 加法圏をなす. これを $C(R\text{-}Mod)$ と記す.

3) 複体の射 $f, g : M \to N$ に対して, 次数 -1 の準同型 $s : M \to N[-1]$ が存在して $g_n - f_n = d_{n-1}^N \circ s_n + s_{n+1} \circ d_n^M = $ ($\forall n$) をみたすとき, f と g はホモトープであるといい, $f \sim g$ と記す. s を f と g を結ぶホモトピーという.

4) 複体の射 $f : M \to N$ に対して, 複体の射 $g : N \to M$ で $g \circ f \sim id_M$, $f \circ g \sim id_N$ が成り立つものが存在するとき, f はホモトピー同値であるという.

定義 4.4.13 (対称代数・外積代数) 可換環 R 上の自由加群 V に対して, テンソル代数 $T(V)$ の両側イデアル

$$I_s = \sum_{u,v \in V} T(V)(u \otimes v - v \otimes u)T(V), \quad I_a = \sum_{u,v \in V} T(V)(u \otimes v + v \otimes u)T(V)$$

を考える. 次の補題で示す通り, I_s, I_a ともに次数環 $T(V)$ の次数イデアルである. したがって, 商環

$$S(V) := T(V)/I_s, \quad \Lambda(V) := T(V)/I_a$$

に次数環の構造が誘導される. それぞれ対称代数 (symmetric algebra), 外積代数 (exterior algebra) と呼ぶ. それぞれの n 次の成分を $S^n(V)$, $\Lambda^n(V)$ と記す.

$$S(V) = \bigoplus_{n \geq 0} S^n(V), \quad \Lambda(V) = \bigoplus_{n \geq 0} \Lambda^n(V)$$

$v_1 \otimes \cdots \otimes v_m \in T^m(V)$ の $S^m(V)$ での同値類を $v_1 \cdots v_m$ と表す. また, $v_1 \otimes \cdots \otimes v_m \in T^m(V)$ の $\Lambda^m(V)$ での同値類を $v_1 \wedge \cdots \wedge v_m$ と表す.

補題 4.4.14 V を可換環 R 上の自由加群とする. テンソル代数 $T(V)$ の両側イデアル I_s, I_a は次数環 $T(V)$ の次数イデアルである. すなわち, 次が成り立つ.

$$I_s = \oplus_{n \geq 0} I_s \cap V^{\otimes n}, \quad I_a = \oplus_{n \geq 0} I_a \cap V^{\otimes n}$$

証明 まず I_s について, $I_s \supset \oplus_{n \geq 0} I_s \cap V^{\otimes n}$ は自明なので, 反対向きの包含関係を示す. 定義により, I_s の任意の元は $x \otimes (u \otimes v - v \otimes u) \otimes y$ $(x, y \in T(V))$ の形の元の有限和であり, この場合に右辺に入っていることを示せばよい. $x = x_{d_1} + \cdots + x_{d_r}, y = y_{e_1} + \cdots + y_{e_s}$ $(x_d \in T^d(V), y_e \in T^e(V))$ と分解して, $x_{d_i} \otimes (u \otimes v - v \otimes u) \otimes y_{e_j}$ を考えると, これは $T^{d_i + e_j + 2}(V)$ の元であり, かつ I_s に属している. I_a の場合も同様に示せる. $\square$

注意 4.4.15 1) V が $x_1, \ldots, x_n$ を基底とする階数 n の自由 R 加群であるとき,対称代数 $S(V)$ は変数 $x_1, \ldots, x_n$ に関する可換な多項式環 $R[x_1, \ldots, x_n]$ と考えられる.

2) 1) の状況で,$m > n$ のとき $\Lambda^m(V) = 0$ となる.また,$\mathrm{rank}_R \Lambda^m(V) = {}_nC_m$ である.したがって,$\Lambda(V) = \bigoplus_{m=0}^{n} \Lambda^m(V)$ である.

例 4.4.16 1) $T^1(V) = S^1(V) = \Lambda^1(V) = V$

2) $T^2(V) \simeq S^2(V) \oplus \Lambda^2(V)$

$\{e_p\}_{p=1,\ldots,\mathrm{rank}\,V}$ を V の基底とするとき,$\{e_p \otimes e_q\}$ $(p, q = 1, \ldots, \mathrm{rank}\,V)$ は $T^2(V) = V \otimes V$ の基底である.また,$\{e_p \cdot e_q\}_{1 \leq p \leq q \leq \mathrm{rank}\,V}$ は $S^2(V)$ の基底であり,$\{e_p \wedge e_q\}_{1 \leq p < q \leq \mathrm{rank}\,V}$ は $\Lambda^2(V)$ の基底である.

$v_1 \cdot v_2 \mapsto \dfrac{1}{2}(v_1 \otimes v_2 + v_2 \otimes v_1)$ は射影 $T^2(V) \to S^2(V)$ の断面を定める.同様に,$v_1 \wedge v_2 \mapsto \dfrac{1}{2}(v_1 \otimes v_2 - v_2 \otimes v_1)$ は射影 $T^2(V) \to \Lambda^2(V)$ の断面を定める.上の分解は $v_1 \otimes v_2 = \dfrac{1}{2}(v_1 \otimes v_2 + v_2 \otimes v_1) + \dfrac{1}{2}(v_1 \otimes v_2 - v_2 \otimes v_1)$ に対応する.

問 4.4.17 1) 上の例 2) を確かめよ.

2) $T^3(V) \not\simeq S^3(V) \oplus \Lambda^3(V)$ if $\mathrm{rank}\,V > 1$ であることを,次元を比較することにより示せ.

3) $\dim S^m(V)$ を $\dim V = n$ の式で表せ.

問 4.4.18 V が $v_1, \ldots, v_r$ を基底とする階数 r の自由 R 加群であるとする.双対 V^* の双対基底を $l_1, \ldots, l_r$ とする.このとき,次を示せ.

1) $T^n(V^*) \simeq T^n(V)^*$ であり,$\{v_{i_1} \otimes \cdots \otimes v_{i_n}\}$ の双対基底は $\{l_{j_1} \otimes \cdots \otimes l_{j_n}\}$ である.

2) $S^n(V^*) \simeq S^n(V)^*$ であり,$\{v_{i_1} \cdots \cdots v_{i_n}\}$ の双対基底は $\{l_{j_1} \cdots \cdots l_{j_n}\}$ である.

3) $\Lambda^n(V^*) \simeq \Lambda^n(V)^*$ であり,$\{v_{i_1} \wedge \cdots \wedge v_{i_n}\ (i_1 < \cdots < i_n)\}$ の双対基底は $\{l_{j_1} \wedge \cdots \wedge l_{j_n}\ (j_1 < \cdots < j_n)\}$ である.

テンソル代数を対応させる関手 $T : R\text{-}Mod \to R\text{-}Alg;\ M \mapsto T(M)$ が,忘却関手 $F = Forget : R\text{-}Alg \to R\text{-}Mod$ の左随伴関手であったこと (命題 4.2.14) の類似が対称代数についても成り立つ.

208   4. 加群の圏と環

定理 4.4.19 (普遍性) 対称代数を対応させる関手 T : $R\text{-}Mod$ $\to$ $R\text{-}ComAlg$; $M \mapsto S(M)$ は，忘却関手 $F = Forget : R\text{-}ComAlg \to R\text{-}Mod$ の左随伴関手である．

$$R\text{-}Mod(M, S) \xrightarrow{\sim} R\text{-}ComAlg(S(M), S)$$

注意 4.4.20 (多重線形写像) $V_1, \ldots, V_n, W$ を体 k 上のベクトル空間とする．写像 $f : V_1 \times \cdots \times V_n \to W$ が $(\lambda, \lambda' \in k,\ v_j \in V_j, v_i' \in V_i$ に対して) 条件

$$f(v_1, \ldots, v_{i-1}, \lambda v_i + \lambda' v_i', v_{i+1}, \ldots, v_n)$$
$$= \lambda f(v_1, \ldots, v_{i-1}, v_i, v_{i+1}, \ldots, v_n) + \lambda' f(v_1, \ldots, v_{i-1}, v_i', v_{i+1}, \ldots, v_n)$$

をみたすとき，多重 (n 重) 線形写像 (multilinear map) という．このような多重線形写像の全体を $L(V_1, \ldots, V_n; W)$ と表すと，

$$L(V_1, \ldots, V_n; W) \simeq \mathrm{Hom}_k(V_1 \otimes \cdots \otimes V_n, W)$$

が成り立つ．ここで $g \in \mathrm{Hom}_k(V_1 \otimes \cdots \otimes V_n, W)$ に対して，$f(v_1, \ldots, v_n) = g(v_1 \otimes \cdots \otimes v_n)$ と定めた f が対応する．

一般に $V_1 = \cdots = V_n = V$ のとき，$f(v_{\sigma(1)}, \ldots, v_{\sigma(n)}) = \mathrm{sgn}\,\sigma f(v_1, \ldots, v_n)$ $(\sigma \in S_n)$ をみたす多重線形形式を完全反対称という．例えば $v_i \in k^n$ $(i = 1, \ldots, n)$ に対して $f(v_1, \ldots, v_n) = \det(v_1, \ldots, v_n)$ とおくと，f は完全反対称な多重線形形式である．

定義 4.4.21 (2 次代数) 次数環 $A = \oplus_{n \geq 0} A_n$ が次の 2 条件をみたすとき，A を 2 次代数 (quadratic algebra) と呼ぶ (A は自然に A_0 代数である)．

a) A_0 は半単純環である．

b) A は A_0 で生成され，2 次の関係式をもつ．すなわち，包含写像 $A_1 \to A$ が誘導する次数環の準同型 $\varphi : T^\cdot(A_1) \to A$ は全射であり，$\mathrm{Ker}\,\varphi \cap T^2(A_1) = R$ は $\mathrm{Ker}\,\varphi$ を A 上生成する．ここで，$T^\cdot(A_1)$ は A_0 加群 A_1 のテンソル代数である．

条件 b) により $A \simeq T(A_1)/\langle R \rangle$ $(\langle R \rangle = T(A_1)RT(A_1))$ と表せる．

以下では，左有限 (または右有限) である場合，すなわち，各成分 A_n が有限生成左 A_0 加群 (または右 A_0 加群) である場合をおもに考える．

例 4.4.22 k を体とし，V を有限次元 k ベクトル空間とする．

1) 対称代数 $S^\cdot(V)$ は 2 次代数である．実際，$T^\cdot(V) \to S^\cdot(V)$ の核は両側イ

デアル I_s であり，I_s は $I_s \cap T^2(V)$ で生成されている．

同様に，外積代数 $\Lambda^{\cdot}(V)$ は 2 次代数である．

2) (左有限な) 2 次代数 $A = T(V)/\langle R \rangle$ の双対代数 $A^!$ を $A^! = T(V^*)/\langle R^\perp \rangle$ と定義する．ここで $R^\perp$ は $V^* \otimes V^* = (V \otimes V)^*$ 内での R の直交部分空間である．$A^!$ は (右有限な) 2 次代数となる．

例えば，対称代数 $S^{\cdot}(V)$ を A とすると，その双対代数 $A^!$ は外積代数 $\Lambda^{\cdot}(V)$ である．

4.4.2 フィルター

フィルターは与えられた加群を近似し，断片の情報から全体の情報を引き出すものである．

定義 4.4.23 (フィルター) 左 A 加群 M の部分加群 M_k $(k \in \mathbb{Z})$ の増加列

$$\cdots \subset M_{k-1} \subset M_k \subset M_{k+1} \subset \cdots$$

を M の増加フィルターという．同様に，左 A 加群 M の部分加群による減少フィルターが定義される．右 A 加群に対しても同様にフィルターが定義される．

増加フィルター $\{M_k\}_{k \in \mathbb{Z}}$ が $M = \cup_{k \in \mathbb{Z}} M_k$ なる条件をみたすとき，充満的 (exhaustive) という．また，$\cap_{k \in \mathbb{Z}} M_k = 0$ なるとき，分離的 (separated) という．ある k_0 について $M_{k_0} = 0$ なるとき離散的 (discrete) といい，また，ある k_0 について $M = M_{k_0}$ なるとき余離散的 (co-discrete) という．

A 加群 M のフィルターは M を近似するやり方と考えられる．M_k の代わりに $F_k M$ なる記法を使うことが多い．そのときの商加群 M_k/M_{k-1} あるいは $F_k M/F_{k-1} M$ が M を構成する部分と考えられる．これをフィルターに付随する次数部分 (graded piece) と呼ぶ．

$$Gr_k^F M := F_k M/F_{k-1} M$$

なる記号も用いる．減少フィルター $F^k M$ に対しては，$Gr_F^k M := F^k M/F^{k+1} M$ なる記号を用いる．

増加フィルターと減少フィルターは次の仕方で，互いに翻訳できる．

$$F^k M = F_{-k} M, \qquad Gr_F^k M = Gr_{-k}^F M$$

210   4. 加群の圏と環

定義 4.4.24 (フィルター環・フィルター加群)　1) 環 A の $\mathbb{Z}$ 加群としてのフィルター $\{A_n\}_{n\in\mathbb{Z}}$ が $1 \in A_0$ をみたし，かつ条件

$$A_m A_n \subset A_{m+n} \quad (m, n \in \mathbb{Z})$$

をみたすとき，このフィルターは環構造と両立する (compatible) という．また，A (または $(A, \{A_n\}_{n\in\mathbb{Z}})$) をフィルター環という．

2) A をフィルター環とし，M を左 A 加群とする．M のフィルター $\{M_n\}_{n\in\mathbb{Z}}$ が条件

$$A_m M_n \subset M_{m+n} \quad (m, n \in \mathbb{Z})$$

をみたすとき，このフィルターは A のフィルターと両立するという．また，M (または $(M, \{M_n\}_{n\in\mathbb{Z}})$) を A 上のフィルター加群という．

例 4.4.25　1) 次数環 $A = \bigoplus_{n\in\mathbb{Z}} A_n$ と次数加群 $M = \bigoplus_{n\in\mathbb{Z}} M_n$ に対して，

$$F_n A = \bigoplus_{-n \leqq k} A_k, \qquad F_n M = \bigoplus_{-n \leqq k} M_k$$

とおくと，フィルター環 $(A, \{F_n A\})$ とフィルター加群 $(M, \{F_n M\})$ が得られる．これらのフィルターは，充満的かつ分離的である．

2) A をフィルター環，M を左 A 加群とする．このとき $F_n M = (F_n A)M$ とおくと，

$$F_m A F_n M = F_m A (F_n A)M \subset (F_{m+n} A)M = F_{m+n} M$$

ゆえ，$\{F_n M\}$ は A のフィルターと両立する．

3) 環 A と両側イデアル I に対して，$F^n A = I^n \ (n > 0)$，$F^n A = A \ (n \leqq 0)$ とおくと，A の減少フィルターが得られる．

例 4.4.26 (ワイル代数)　体 K 上の階数 2 の自由加群 $V = Kx \oplus Ky$ のテンソル代数を $K\langle x, y\rangle$ とする．$I = (xy - yx - 1)$ を両側イデアルとして，$A_1(K) = K\langle x, y\rangle/I$ とおき，K 上の 1 変数のワイル (Weyl) 代数という (ここまでなら，体の代わりに一般の環でも構わない)．また帰納的に $A_n(K) = A_1(A_{n-1}(K)) \ (n \geqq 2)$ とおく．すると，$A_n(K) = K\langle x_1, \ldots, x_n, y_1, \ldots, y_n\rangle/I$ と表示できる．ただし，I を次の元で生成される両側イデアルとする．

$$x_i y_i - y_i x_i - 1 \ (i = 1, \ldots n), \ x_i y_j - y_j x_i \ (i \neq j)$$

$$x_i x_i - x_i x_i \ (\forall \, i, j), \ y_i y_j - y_j y_i \ (\forall \, i, j)$$

テンソル代数 $R = K\langle x_1, \ldots, x_n, y_1, \ldots, y_n \rangle$ には，次数付けに付随する増加フィルター $F_\cdot R$ が得られる．両側イデアル I が $(F_m R)(I \cap F_n R) \subset I \cap F_{m+n} R$ をみたすので，$F_m A_n(K) = F_m R/(I \cap F_m R)$ とおいて，商であるワイル代数 $A_n(K)$ にフィルター環の構造が入る．

定義 4.4.27 (フィルター加群に付随する次数加群) フィルター環 $(A, \{F_n A\})$ 上のフィルター加群 $(M, \{F_n M\})$ に対して，

$$Gr^F A = \bigoplus_{n \in \mathbb{Z}} Gr_n^F A \,, \qquad Gr^F M = \bigoplus_{n \in \mathbb{Z}} Gr_n^F M$$

とおくと，$Gr^F A$ は次数環であり，$Gr^F M$ は $Gr^F A$ 上の次数加群になる．$Gr^F M$ をフィルター加群に付随する次数加群という．

$Gr_0^F A$ は $Gr^F A$ の部分環であり，$Gr_n^F M$ は $Gr_0^F A$ 加群である．

例 4.4.28 $Gr^F A_n(K) \simeq K[x_1, \ldots, x_n, y_1, \ldots, y_n]$ が成り立つ．

注意 4.4.29 フィルター環 $A = \bigoplus_{n \in \mathbb{Z}_{\geq 0}} A_n$ (ただし $A_{-1} = 0$ とする) に対して，フィルター $\{F_m A\}$ を 0 の基本近傍系とする位相を考える．その位相で A 内の任意のコーシー列が収束するとき，A は完備なフィルター環という．

さらに A のフィルターが充満であるとき，付随する次数環 $Gr^F A$ が左ネーターであるならば，A 自身も左ネーターであることが証明されている．

定義 4.4.30 (フィルターを保つ準同型) フィルター環 A 上のフィルター加群 M, N に対して，A 加群の準同型 $f : M \to N$ が

$$f(F_n M) \subset F_n N \quad (\forall \, n)$$

をみたすとき，f をフィルターを保つ準同型，あるいはフィルター加群の間の準同型という．フィルター付きの A 加群とフィルターを保つ準同型のなす圏を $A\text{-}fMod$ と記す．

注意 4.4.31 次数付き加群の場合と異なり，$A\text{-}fMod$ は自然に加法圏であるが，アーベル圏ではない．

実際, $A = \mathbb{Z}, M = \mathbb{Z}\mathbf{e}_1 \oplus \mathbb{Z}\mathbf{e}_2 (\simeq \mathbb{Z}^2)$ の二つのフィルターを次のように定める:

$$0 = F_0 = F_1 \subset F_2 = M, \qquad 0 = G_0 \subset G_1 = \mathbb{Z}\mathbf{e}_1 \subset G_2 = M$$

すると, $f = id_M$ はフィルター加群の準同型 $(M, F) \to (M, G)$ を定めるが, 逆写像はフィルターを保たない. $\operatorname{Coim} f = (M, F), \operatorname{Im} f = (M, G)$ に注意する.

フィルターを保つ準同型 $f : M \to N$ は, $Gr^F A$ 加群の準同型

$$Gr^F(f) : Gr^F M \to Gr^F N$$

を誘導する. したがって, Gr^F をとる操作は関手 $Gr : A\text{-}fMod \to A\text{-}grMod$ を定める.

命題 4.4.32 $f : M \to N$ をフィルター加群の間のフィルターを保つ準同型とする. どちらのフィルターも離散的かつ余離散的であるとする.

任意の n について $Gr_n^F(f)$ が同型であるならば, f も同型である.

証明 いわゆる 5 項補題 (問 2.2.37) により証明は直ちにできる. □

問 4.4.33 フィルター環 $A = \bigoplus_{n \in \mathbb{Z}} A_n$ に対して, $R(A) = \bigoplus_{n \in \mathbb{Z}} A_n T^n \subset A[T, T^{-1}]$ と定めた次数環をリース (Rees) 環と呼ぶ. フィルター加群 M, N に対して, $R(M) = \bigoplus_{n \in \mathbb{Z}} M_n T^n \subset M[T, T^{-1}]$ とおくと, 環 $R(A)$ 上の加群となる. このとき, $R(A)/TR(A) \simeq Gr^F A, R(M)/TR(M) \simeq Gr^F M$ が成り立つことを確かめよ.

4.5 加群の圏と関手

R, S を環とするとき, 加群の圏 $R\text{-}Mod$ から $S\text{-}Mod$ への圏同値を記述する. (R, S) 両側加群 M に対して, ${}_R M_S$ と記して左 R 加群と右 S 加群であることを示す. ${}_R M, M_S$ も同様の意味とする.

定義 4.5.1 (射影生成加群) 加群の圏における有限生成な射影的生成子を射影生成加群 (progenerator) と呼ぶことにする.

(R, S) 両側加群 M に対して, スカラー倍作用による環準同型

$$\lambda : R \to \mathrm{End}(M_S), \qquad \rho : S \to \mathrm{End}(_R M)$$

が共に全単射であるとき，M は忠実平衡 (faithfully balanced) であるという．

定理 4.5.2 (森田同値) 環 R, S と加法関手 $F : R\text{-}Mod \to S\text{-}Mod, G : S\text{-}Mod \to R\text{-}Mod$ が与えられたとする．

F と G が互いに逆の同値であるための必要十分条件は，(S, R) 両側加群 P であって次の条件をみたすものが存在することである．

  i) P は右 R 加群として，かつ左 S 加群として射影生成加群である．
  ii) P は忠実平衡である．
  iii) 関手の同型 $F \simeq P \otimes_R \text{-}$, $G \simeq \mathrm{Hom}_S(P, \text{-})$ が存在する．

さらに，この 3 条件をみたす P が存在するとき，$Q = \mathrm{Hom}_R(P, R)$ とおくと，Q は両側 (R, S) 加群となり，次の性質が成り立つ．
  a) Q は右 S 加群として，かつ左 R 加群として射影生成子である．
  b) 関手の同型 $F \simeq \mathrm{Hom}_R(Q, \text{-})$, $G \simeq Q \otimes_S \text{-}$ が存在する．

証明 まず，F と G が互いに逆の同値だと仮定する．$P = F(R) \in S\text{-}Mod$ とおくと，$_S P_R$ とみられる．ここで，右 R 加群としてのスカラー倍は $F\rho : R \to \mathrm{End}(_S P); r \mapsto F(\rho(r))$ で与える．これは $R \simeq \mathrm{End}(_R R)$ と $\mathrm{End}(_R R) \simeq \mathrm{End}(_S P)$ の合成に他ならない．

$_R R$ は $R\text{-}Mod$ における射影生成加群であり，F は圏同値だから，$_S P = {}_S F(R)$ も $S\text{-}Mod$ における射影生成加群である．特に $_S P$ は生成子だから，$_S P$ は平衡である．また，R のスカラー倍作用により $R \xrightarrow{\sim} \mathrm{End}(_S P)$ であるから，P は忠実平衡である．

補題 4.5.3 $_S M_R$ が忠実平衡であるとき，M_R が生成子であるための必要十分条件は，$_S M$ が有限生成射影加群であることである．

証明 $\rho : S \to \mathrm{End}(M_R)$ は環同型で，左 S 加群としての同型 $\mathrm{Hom}_R(M, {}_S M) \simeq {}_S S$ が得られる．M_R が生成子なら，n と M' が存在して $M_R^{\oplus n} \simeq R \oplus M'$ となる (命題 4.1.26)．すると，

$$_SS^{\oplus n} \simeq \mathrm{Hom}_R(M, {}_SM)^{\oplus n} \simeq \mathrm{Hom}_R(M^{\oplus n}, {}_SM)$$
$$\simeq \mathrm{Hom}_R(R \oplus M', {}_SM) \simeq \mathrm{Hom}_R(R, {}_SM) \oplus \mathrm{Hom}_R(M', {}_SM)$$
$$\simeq M \oplus M''$$

となるから，${}_SM$ は有限生成射影加群である．

逆に ${}_SM$ は有限生成射影加群ならば，${}_SS^{\oplus n} \simeq M \oplus M''$ なる分解が存在する．ゆえに，

$$M_R^{\oplus n} \simeq \mathrm{Hom}_S(S, M_R)^{\oplus n} \simeq \mathrm{Hom}_S(S^{\oplus n}, M_R)$$
$$\simeq \mathrm{Hom}_S(M \oplus M', M_R) \simeq \mathrm{Hom}_S(M, M_R) \oplus \mathrm{Hom}_S(M', M_R)$$
$$\simeq R \oplus M'''$$

となり，命題 4.1.26 により M_R は生成子である． （補題の証明終わり） $\square$

補題により P_R は生成子であり，有限生成射影加群とわかる．

次に，圏同値により $N \in S\text{-}Mod$ に対して

$$\mathrm{Hom}_R(R, G(N)) \xrightarrow{\sim} \mathrm{Hom}_S(F(R), N) = \mathrm{Hom}_S(P, N)$$

を得る．すなわち $G(N) \simeq \mathrm{Hom}_S(P, N)$ であり，関手性も確かめられるので，$G \simeq \mathrm{Hom}_S(P, \text{-})$ がわかる．同様に，$G({}_SS) = {}_RQ$ とおいて，$F \simeq \mathrm{Hom}_R(Q, \text{-})$ が得られる．ところで P は忠実平衡だから，

$$_RQ_S \simeq \mathrm{Hom}_S(P, S) \simeq \mathrm{Hom}_S(P, \mathrm{Hom}_R(P, P))$$
$$\simeq \mathrm{Hom}_R(P, \mathrm{Hom}_S(P, P)) \simeq \mathrm{Hom}_R(P, R)$$

が得られる．$M \in R\text{-}Mod$ に対して

$$\mathrm{Hom}_R(Q, M) \simeq \mathrm{Hom}_R(\mathrm{Hom}_R(P, R), M)$$
$$\simeq P \otimes \mathrm{Hom}_R(R, M) \simeq P \otimes M$$

となる．

定理の逆を示す．そこで P を条件 i), ii) をみたす両側加群とする．

$$\mathrm{Hom}_S(P, P \otimes_R M) \simeq \mathrm{Hom}_S(P, P) \otimes_R M \simeq R \otimes_R M \simeq M$$

$$P \otimes_R \mathrm{Hom}_S(P, N) \simeq \mathrm{Hom}_S(\mathrm{Hom}_R(P, P), N) \simeq \mathrm{Hom}_S(S, N) \simeq N$$

となり，F と G が互いに逆の同値であることが示せた． （定理の証明終わり） $\square$

この定理は，(筑波大学の前身である) 東京教育大学の理学部紀要に 1958 年掲載された論文に載っている．

例 4.5.4 環 R に対して $R\text{-}Mod$ と $\mathrm{M}_n(R)\text{-}Mod$ は同値である．実際，$P = R^{\oplus n}$ ととれば，$S = \mathrm{End}(P_R) \simeq \mathrm{M}_n(R)$ となり，$P \otimes_R - : R\text{-}Mod \to S\text{-}Mod$ は圏同値である．

問 4.5.5 環 R に対して，上半三角の行列環 $T = \begin{pmatrix} R & R \\ 0 & R \end{pmatrix}$ を考える．右 T 加群の圏 $Mod\text{-}T$ は，圏 $Mor(Mod\text{-}R)$ と同値であることを示せ．ここで $Mor(Mod\text{-}R)$ は右 R 加群の準同型 $f : M_1 \to M_2$ を対象として，$f : M_1 \to M_2, g : N_1 \to N_2$ に対して R 準同型の組 (ϕ_1, ϕ_2) で $g \circ \phi_1 = \phi_2 \circ f$ を射とする圏であった (例 3.1.26)．

アーベル圏 $\mathcal{C}$ の対象 P に対して，環 $A = \mathcal{C}(P, P) = \mathrm{Hom}_{\mathcal{C}}(P, P)$ を考えると，アーベル群 $h_P(X) = \mathcal{C}(P, X)$ には環 A が右からの合成により作用して，$h_P(X)$ は右 A 加群となる．そこで，関手

$$h_P : \mathcal{C} \to Mod\text{-}A; \quad X \mapsto \mathcal{C}(P, X)$$

が考えられる．

定理 4.5.6 (ガブリエル–ミッチェル (**Gabriel–Mitchell**) の定理)　アーベル圏 $\mathcal{C}$ は余完備で，コンパクトな射影的生成子 P をもつとする．環 $A = \mathcal{C}(P, P)$ を考えると，(完全) 関手 $h_P : \mathcal{C} \to Mod\text{-}A; \ X \mapsto \mathcal{C}(P, X)$ は圏同値である．

証明　$h = h_P$ と略記する．$h(P) = A$ である．

$$h_{X,Y} : (X, Y) \to \mathrm{Hom}_A(h(X), h(Y))$$

が任意の $X, Y \in \mathcal{C}$ について同型であること，をまず示したい．そこで Y を固定して，$k_X = h_{X,Y}$ が同型であるような対象 X からなる $\mathcal{C}$ の充満部分圏を $\mathcal{S}$ として，命題 3.3.29, 2) を適用して $\mathcal{S} = \mathcal{C}$ を示す．

$k_P = h_{P,Y} : h(Y) = \mathcal{C}(P, Y) \to \mathrm{Hom}_A(h(P), h(Y)) = \mathrm{Hom}_A(A, h(Y)) \simeq h(Y)$ は標準同型であるから，$\mathcal{S}$ は生成子 P を含む．

また，$h^Y(X) = \mathcal{C}(X, Y)$ は余積を積に移す．一方，P はコンパクト (定義

3.2.41) なので, $h(X)$ は余積を保ち, したがって $T(X) := \mathrm{Hom}_A(h(X), h(Y))$ は余積を積に移す. ゆえに, $\mathcal{S}$ は余積で閉じている.

次に, h^Y は左完全 (命題 5.3.2) で, P が射影的ゆえ $h = h_P$ は完全で, T も左完全である. そこで, 完全列 $X \to Y \to Z \to 0$ で $X, Y \in \mathcal{S}$ としたとき, h^Y, T で移すと,

$$
\begin{array}{ccccc}
0 \to h^Y(Z) & \to & h^Y(Y) & \to & h^Y(X) \\
\downarrow k_Z & & \downarrow k_Y & & \downarrow k_X \\
0 \to T(Z) & \to & T(Y) & \to & T(X)
\end{array}
$$

を得るが, k_X, k_Y が同型であれば, k_Z も同型である. 以上から, 命題 3.3.29 が適用できる.

次に, 本質的に全射であることを示すために, $M \in \textit{Mod-A}$ をとる. $M \simeq \mathrm{Coker}(A^{(J)} \xrightarrow{f} A^{(I)})$ と表示する. $A = h(P), A^{(I)} \simeq (h(P))^{(I)} = h(P^{(I)})$ 等に注意すると, $f = h(g)$ となる $g \in \mathrm{Hom}_A(h(P^{(J)}), h(P^{(I)}))$ が存在する. すると $M = \mathrm{Coker}\, f = \mathrm{Coker}\, h(g) = h(\mathrm{Coker}\, g)$ となる. 最後の等式は h が完全関手であることによる. $\square$

R を可換環とする.

定義 4.5.7 (環の作用する対象) A を R 代数, $\mathcal{C}$ を R 線形な圏 (定義 3.3.14) とする. $\mathcal{C}$ の対象 X と R 代数の準同型 $\xi_X : A \to \mathcal{C}(X, X)$ の組 (X, ξ_X) を対象として, このような一つの組 (Y, ξ_Y) について

$$
Mod(A, \mathcal{C})((X, \xi_X), (Y, \xi_Y))
$$
$$
= \{ f \in \mathcal{C}(X, Y) \mid f \circ \xi_X(a) = \xi_Y(a) \circ f \ (\forall\, a \in A) \}
$$

とおき, 圏 $Mod(A, \mathcal{C})$ を定める.

$Mod(A, \mathcal{C})$ は R 線形な圏であり, 忘却関手 $forget : Mod(A, \mathcal{C}) \to \mathcal{C}$; $(X, \xi_X) \mapsto X$ は R 線形な忠実関手である.

$(X, \xi_X) \in Mod(A, \mathcal{C}), Y \in \mathcal{C}$ に対して, 合成 $\mathcal{C}(Y, X) \times \mathcal{C}(X, X) \to \mathcal{C}(Y, X)$ により $\mathcal{C}(Y, X)$ は自然に左 A 加群であり, $\mathcal{C}(X, Y)$ は自然に右 A 加群となる.

命題 4.5.8 $\mathcal{C}$ を R 線形なアーベル圏, A を R 代数とする.

a) $\mathcal{C}$ が余完備であるとき, 次が成り立つ.

i) $X \in Mod(A, \mathcal{C}), N \in Mod\text{-}A$ に対し，関手 $Y \mapsto \mathrm{Hom}_{A^{op}}(N, \mathcal{C}(X, Y))$ は表現可能である．

ii) i) の関手を表現する対象を $N \otimes_A X$ とすると，双関手 $\text{-} \otimes_A \text{-} : Mod\text{-}A \times Mod(A, \mathcal{C}) \to \mathcal{C}$ は加法的で，両変数について右完全である．

b) $\mathcal{C}$ が完備であるとき，次が成り立つ．

i) $X \in Mod(A, \mathcal{C}), M \in A\text{-}Mod$ に対し，関手 $Y \mapsto \mathrm{Hom}_A(M, \mathcal{C}(Y, X))$ は表現可能である．

ii) i) の関手を表現する対象を $\mathrm{Hom}_A(M, X)$ とすると，双関手 $\mathrm{Hom}_A(\text{-},\text{-}) : A\text{-}Mod \times Mod(A, \mathcal{C}) \to \mathcal{C}$ は加法的で，両変数について左完全である．

証明 a) i) $N = A^{(I)}$ のとき，$\mathcal{C}$ が余完備だから

$$\mathrm{Hom}_{A^{op}}(A^{(I)}, \mathcal{C}(X, Y)) \simeq \mathcal{C}(X, Y)^I \simeq \mathcal{C}(X^{(I)}, Y)$$

なる同型がある．一般の場合，適当な完全列 $A^{(J)} \to A^{(I)} \to N \to 0$ を選べる．すると，完全列

$$0 \to \mathrm{Hom}_{A^{op}}(N, \mathcal{C}(X, Y)) \to \mathrm{Hom}_{A^{op}}(A^{(I)}, \mathcal{C}(X, Y))$$
$$\to \mathrm{Hom}_{A^{op}}(A^{(J)}, \mathcal{C}(X, Y))$$

があるので，$\mathrm{Coker}(X^{(J)} \to X^{(I)})$ が双関手を表現する．

a) ii) は明らか．b) は $\mathcal{C}^{op}$ に a) を適用すればよい．$\square$

アーベル圏 $\mathcal{C}$ をグロタンディーク圏，P を $\mathcal{C}$ の生成子とする．環 $A = \mathcal{C}(P, P)^{op}$ を考えると，$P \in Mod(A^{op}, \mathcal{C})$ である．

このとき次の関手を考える．

$$H : \mathcal{C} \to A\text{-}Mod : \ H(X) = \mathcal{C}(P, X)$$
$$T : A\text{-}Mod \to \mathcal{C} : \ T(M) = M \otimes_A P$$

定理 4.5.9 (ガブリエル–ポペスク (**Gabriel–Popescu**) の定理)　アーベル圏 $\mathcal{C}$ はグロタンディーク圏であり，P を生成子とする．環 $A = \mathcal{C}(P, P)^{op}$ とおくとき，上記の関手 H, T について次が成り立つ．

i) T は H の左随伴関手である．

ii) H は忠実充満関手であり，余ユニット $T \circ H \to id_{\mathcal{C}}$ は同型である．

iii) T は完全関手である．

218 4. 加群の圏と環

証明 i) は表現可能性の同型により示される.

$$\mathcal{C}(T(M), X) = \mathcal{C}(M \otimes_A P, X) \simeq \mathrm{Hom}_{A^{op}}(M, \mathcal{C}(P, X))$$

$$= \mathrm{Hom}_{A^{op}}(M, H(X))$$

ii), iii) を示すため，次の補題を用意する.

補題 4.5.10 $H(X)$ の部分 A 加群 M からの準同型 $f : M \to H(Y)$ を任意にとる．包含写像を $i : M \to H(X)$ とする.

 随伴対応により得られる $\psi = H(i) : T(M) \simeq P^{(M)} \to X, \phi = H(f) : P^{(M)} \to Y$ について，$\tilde{\phi} : \mathrm{Im}\,\psi \to Y$ が存在して $\phi = \tilde{\phi} \circ \psi'$ と分解する．ここで，ψ' は $\psi : P^{(M)} \to X$ の制限である.

 $i_m : P \to P^{(M)}$ を余積の標準単射とすると，$\psi i_m = m, \phi i_m = f(m)$ となっている．また，$p_m : P^{(M)} \to P$ を標準射影とする.

証明 $\mu : K = \mathrm{Ker}\,\psi \to P^{(M)}$ を考える．$\phi\mu = 0$ を示せばよい．$F \subset M$ を有限部分集合とし，引き戻しの図式を考える.

$$
\begin{array}{ccc}
K' & \xrightarrow{\mu'} & P^{(F)} \\
\lambda \downarrow & & \downarrow \sum_{m \in F} i_m p_m \\
K & \xrightarrow{\mu} & P^{(M)}
\end{array}
$$

グロタンディーク圏の条件から $K = \mathrm{colim}_F K'$ とみることができるので，$\phi\mu\lambda = 0$ を示せばよい．さらに P は生成子なので，$\forall\, \alpha \in \mathcal{C}(P, K')$ について $\phi\mu\lambda\alpha = 0$ を示せばよい．ところで

$$\phi\mu\lambda\alpha = \phi \sum_{m \in F} i_m p_m \mu' \alpha = \sum_{m \in F} f(m)(p_m \mu' \alpha) = \sum_{m \in F} f(m p_m \mu' \alpha)$$

$$= f\left(\sum_{m \in F} m p_m \mu' \alpha\right) = f\left(\sum_{m \in F} \psi i_m p_m \mu' \alpha\right) = f(\psi\mu\lambda\alpha) = f(0) = 0$$

となる． （補題の証明終わり）□

 ii) P は生成子だから，定義により H は忠実である．そこで H が充満的であることを示す．すると，余ユニットが同型であることが直ちに導かれる.

 補題において $M = H(X)$ ととると，ψ は全射，すなわち $\mathrm{Im}\,\psi = X$ だから，

ϕ は $\tilde{\phi}: X \to Y$ により $\phi = \tilde{\phi} \circ \psi'$ と分解する. すると, $f = H(\tilde{\phi})$ である.

iii) T は右完全であることはわかっている. そこで T が単射を保つことが示せればよい. T は右随伴関手 H をもつので, H が単射的対象を保つことを示せばよい.

そこで, $Y \in \mathcal{C}$ を単射的対象とする. 補題において $X = P$ ととり, $M \subset \mathcal{C}(P, P) = A$ を任意の右イデアルとする. すると, 補題の結論により, ϕ は $\tilde{\phi}: \mathrm{Im}\,\psi \to Y$ を経由する. ところが Y が単射的対象なので, $\tilde{\phi}$ は $(\mathrm{Im}\,\psi \subset)X$ に拡張し, ϕ は $\overline{\phi}: X \to Y$ を経由する. すると $H(\overline{\phi})$ が $f: M \to H(Y)$ を拡張することが示せた. $\square$

Tea Break　圏論, 数学の基礎と情報科学

森田同値の理論は圏論の考え方の代数学への応用から生まれている. 同様な考えで応用がされている分野に, 数学基礎論がある. 1.4 節の ETCS 公理系は正にそれで, 初等的トポスなる概念が導入されたことはすでに触れた.

基礎論と関係の深い情報科学への応用として, 21 世紀にはいってから Haskell などの関数型プログラミングが話題となっているようである. Haskell にはモナドと型という概念が導入されているという. モナドは本書には登場しないが, 例えばマックレーン[22] 第 VI 章で扱われている. 使用する文脈が異なる関数型プログラミングのモナドと圏論での概念は本質的には同じであるという. 型 (type) は, バートランド・ラッセルが集合論のパラドックスを解消するために導入した概念だが, Haskell での型も同じ使い方のようである.

数学自体でも, コンピュータによる証明ができることも目的の一つにして, ホモトピー型理論 (HTT) がヴォエヴォツキー (Voevodsky) らにより研究が進められている (https://homotopytypetheory.org/). 例えば, 2 次以上のホモトピー群が可換であることを形式化してコンピュータに証明させることができる. 情報科学ではプログラムの検証をコンピュータにさせられるようだ. Coq を利用した数学の証明支援システムが構築されている.

第5章

圏の局所化と応用

CHAPTER 5

圏における局所化の一般論を紹介し，アーベル圏の商圏に応用する．また，アーベル圏からアーベル群の圏への左完全関手のなす圏が，加法関手一般のなす圏の局所化とみられることを説明して，フライド–ミッチェルによるアーベル圏の埋め込み定理の一つの証明を与える．

5.1 圏 の 局 所 化

圏の局所化は環の局所化の一般化である．(乗法的に閉じている) 射を可逆にすることは，射の集合に同値関係を入れることに相当するので，アーベル圏の場合に商圏の構成が得られる．

最初に，圏の局所化の定義から始めよう．

定義 5.1.1 (圏の局所化) $\mathcal{C}$ を圏，$\mathcal{S}$ を射の族とする．$\mathcal{C}$ の $\mathcal{S}$ による局所化とは，圏 $\mathcal{C}_\mathcal{S}$ と関手 $Q : \mathcal{C} \to \mathcal{C}_\mathcal{S}$ の組 $(\mathcal{C}_\mathcal{S}, Q)$ であって，次の三つの条件をみたすものをいう．

lc1) $\forall s \in \mathcal{S}$ に対して，$Q(s)$ は同型である．

lc2) 圏 $\mathcal{A}$ と関手 $F : \mathcal{C} \to \mathcal{A}$ の組であって，$\forall s \in \mathcal{S}$ に対して，$F(s)$ が同型であるものが与えられたとき，関手 $F_\mathcal{S} : \mathcal{C}_\mathcal{S} \to \mathcal{A}$ と自然変換の間の同型 $F \simeq F_\mathcal{S} \circ Q$ が唯一つ存在する．

$$
\begin{array}{ccc}
\mathcal{C} & \xrightarrow{\;F\;} & \mathcal{A} \\
Q\downarrow & \nearrow_{F_\mathcal{S}} & \\
\mathcal{C}_\mathcal{S} & &
\end{array}
$$

lc3) Q により誘導される関手 $\circ Q : Fct(\mathcal{C}_\mathcal{S}, \mathcal{A}) \to Fct(\mathcal{C}, \mathcal{A})$ は，充満忠実

である. すなわち, $\forall G_1, G_2 \in Fct(\mathcal{C}_{\mathcal{S}}, \mathcal{A})$ に対して, 次は全単射である.

$$\circ Q : Fct(\mathcal{C}_{\mathcal{S}}, \mathcal{A})(G_1, G_2) \to Fct(\mathcal{C}, \mathcal{A})(G_1 \circ Q, G_2 \circ Q)$$

圏 $\mathcal{C}$ が前加法的圏のときは, 圏 $\mathcal{C}_{\mathcal{S}}$ も前加法的で $Q : \mathcal{C} \to \mathcal{C}_{\mathcal{S}}$ が加法的関手であるという条件, および lc2), lc3) において, 圏 $\mathcal{A}$ と関手 F の (前) 加法性を仮定して, 加法的な局所化を定義する.

注意 5.1.2 1) $\mathcal{C}_{\mathcal{S}}$ が存在すれば, 圏の同値を除いて一意的である. 実際, 上の条件 2) により $F_{\mathcal{S}}$ は (一意に決まる) 自然変換の同型を除き一意的である.
2) 圏 $\mathcal{C}$ が小さい圏, すなわち $Ob(\mathcal{C})$ が集合であるときは, 環の局所化の存在と同様の証明で, $\mathcal{C}$ の $\mathcal{S}$ による局所化は存在する.

例 5.1.3 (環の局所化) 環 R は, 唯一の対象をもつ前加法的圏に他ならなかった: $Ob(\mathcal{C}) = \{*\}, \mathcal{C}(*, *) = R$.
環の乗法的部分集合 $\mathcal{S} \subset R$ による局所化 $\mathcal{C}_{\mathcal{S}}$ は, $\mathcal{S}$ による環の局所化 $R\langle \mathcal{S}^{-1} \rangle$ と同一視できる. $R\langle \mathcal{S}^{-1} \rangle$ を $\mathcal{S}^{-1}R$ とも記すのであった. 実際, 関手 $F : \mathcal{C} \to \mathcal{A}$ は, 対象 $X = F(*) \in \mathcal{A}$ と環の準同型 $F : R = \mathcal{C}(*, *) \to \mathcal{A}(X, X)$ で決まる.
$Ob(\mathcal{A}_F) = \{X\}, \mathcal{A}_F(X, X) = \mathcal{A}(X, X)$ で決まる $\mathcal{A}$ の充満部分圏 $\mathcal{A}_F$ を考えると, 関手 F は $\mathcal{A}_F$ を経由する. この関手 $\mathcal{C} \to \mathcal{A}_F$ も同じ F で表すことにする. このとき, 条件 lc2) を $(\mathcal{A}_F, F)$ について示せばよいが, これは環の局所化の状況に他ならない.

例 5.1.4 R 加群の複体の圏 $C(R\text{-}Mod)$ においてホモトピー同値な射の族を $\mathcal{S}$ とするとき, $C(R\text{-}Mod)$ の $\mathcal{S}$ による局所化は存在する. それは, 複体のホモトピー圏と呼ばれるものである (Weibel[25] 参照).

定義 5.1.5 (射の乗法系) $\mathcal{S} \subset Mor(\mathcal{C})$ が次の 4 条件をみたすとき, $\mathcal{S}$ を射の右乗法系と呼ぶ.

ms1) 任意の $X \in \mathcal{C}$ に対して, $id_X \in \mathcal{S}$ である.

ms2) 任意の $f, g \in \mathcal{S}$ に対して, $gf \in \mathcal{S}$ である.

ms3) 任意の $f : X \to Y$ と $s : X \to X' \in \mathcal{S}$ に対して, $t : Y \to Y' \in \mathcal{S}$ と $f' : X' \to Y'$ であって, $f' \circ s = t \circ f$ が成立するものが存在する.

ms4) 2 つの射 $f, g : X \to Y$ および $s : X' \to X \in \mathcal{S}$ が $f \circ s = g \circ s$ をみたしているとする. このとき, $t : Y \to Y' \in \mathcal{S}$ であって $t \circ f = t \circ g$

が成立するものが存在する.

同様に, $\mathcal{S} \subset Mor(\mathcal{C})$ が 条件 ms1), ms2) と次の条件 ms3'), ms4') をみたすとき, $\mathcal{S}$ を射の左乗法系と呼ぶ.

ms3') 任意の $f : X \to Y$ と $t : Y' \to Y \in \mathcal{S}$ に対して, $s : X' \to X \in \mathcal{S}$ と $f' : X' \to Y'$ であって, $f \circ s = t \circ f'$ が成立するものが存在する.

ms4') 二つの射 $f, g : X \to Y$ および $t : Y \to Y' \in \mathcal{S}$ が $t \circ f = t \circ g$ をみたしているとする. このとき, $s : X' \to X \in \mathcal{S}$ であって $f \circ s = g \circ s$ が成立するものが存在する.

例 5.1.6 (環の分母集合) 環 R の右分母集合 $\mathcal{S}$ (定義 4.3.4) は環 R に対応する唯一つの対象をもつ前加法的圏の右乗法系となっている.

したがって, 右乗法系は (右) 分母集合の一般化に他ならない.

命題 5.1.7 $\mathcal{S}$ を圏 $\mathcal{C}$ の射の右乗法系, $X \in \mathcal{C}$ とする. このとき, $Ob(\mathcal{S} \backslash X) := \{s : X \to X' \in \mathcal{S}\}$ なる $\mathcal{C} \backslash X$ の充満部分圏 $\mathcal{S} \backslash X$ は有向である.

証明 $id_X \in \mathcal{S} \backslash X$ ゆえ $\mathcal{S} \backslash X \neq \emptyset$ である.

$s : X \to X', s' : X \to X'' \in \mathcal{S}$ に対して, 条件 ms3) により $t : X' \to X''', t' : X'' \to X''', (t \in \mathcal{S})$ であって $t \circ s = t' \circ s'$ なるものが存在する. ms2) により $t \circ s \in \mathcal{S}$ であり, $t \circ s : X \to X''' \in \mathcal{S} \backslash X$ である.

$s : X \to X' \in \mathcal{S}$ と $f, g : X' \to X''$ について, $f \circ s = g \circ s \in \mathcal{S}$ とすると, 条件 ms4) により $t : X'' \to W \in \mathcal{S}$ があり $t \circ f = t \circ g$ となる. $t \circ f \circ s \in \mathcal{S}$ ゆえ, 有向な圏 (定義 3.2.27) の条件 fil3) がみたされた. □

定理 5.1.8 (圏の局所化の存在定理) $\mathcal{S}$ を圏 $\mathcal{C}$ の射の右乗法系とする. このとき, $\mathcal{C}$ の $\mathcal{S}$ による局所化 $(\mathcal{C}_{\mathcal{S}}, Q : \mathcal{C} \to \mathcal{C}_{\mathcal{S}})$ が存在する. さらに, 圏 $\mathcal{C}$ が前加法圏のとき, $\mathcal{C}_{\mathcal{S}}$ も前加法圏であり, 局所化関手 $Q : \mathcal{C} \to \mathcal{C}_{\mathcal{S}}$ は加法的である.

局所化の構成についてだが, $Ob(\mathcal{C}_{\mathcal{S}}) := Ob(\mathcal{C})$ および $\mathcal{C}_{\mathcal{S}}$ での射を余極限

$$\mathcal{C}_{\mathcal{S}}(X, Y) := \varinjlim_{Y \to Y' \in \mathcal{S}} \mathcal{C}(X, Y')$$

とおき, 圏 $\mathcal{C}_{\mathcal{S}}$ を定め, $\mathcal{C} \ni X$ に対して $Q(X) = X \in \mathcal{C}_{\mathcal{S}}$ とおき, 標準写像

$$\mathcal{C}(X, Y) \longrightarrow \varinjlim_{Y \to Y' \in \mathcal{S}} \mathcal{C}(X, Y') = \mathcal{C}_{\mathcal{S}}(X, Y)$$

で関手 $Q : \mathcal{C} \to \mathcal{C}_{\mathcal{S}}$ を定める.

証明 まず，上に定義した圏 $\mathcal{C}_{\mathcal{S}}$ の $Q(X)$ から $Q(Y)$ への射は，組 $(h : X \to Y', s : Y \to Y')$ で代表される $(s \in \mathcal{S})$:

$$X \xrightarrow{\ h\ } Y' \xleftarrow{\ s\ } Y$$

そして，余極限の定義により $(h_1 : X \to Y_1, s_1 : Y \to Y_1)$ が代表する元と $(h_2 : X \to Y_2, s_2 : Y \to Y_2)$ が代表する元が等しいことは，

$$
\begin{array}{ccccc}
 & & Y_1 & & \\
 & \overset{h_1}{\nearrow} & \downarrow & \overset{s_1}{\nwarrow} & \\
X & \xrightarrow{\ h_3\ } & Y_3 & \xleftarrow{\ s_3\ } & Y \\
 & \underset{h_2}{\searrow} & \uparrow & \underset{s_2}{\nearrow} & \\
 & & Y_2 & &
\end{array}
$$

を可換にする $(h_3 : X \to Y_3, s_3 : Y \to Y_3)$ が存在することを意味する．

$(h : X \to Y', s : Y \to Y')$ が代表する $\mathcal{C}_{\mathcal{S}}$ の射は，$Q(s)^{-1}Q(h)$ に他ならない．これを $[(h, s)] = [(h : X \to Y', s : Y \to Y')]$ と記そう．

補題 5.1.9 $\mathcal{S}$ を圏 $\mathcal{C}$ の射の右乗法系とする．$Y \in \mathcal{C}, s : X \to X' \in \mathcal{S}$ に対して，s の右合成は全単射 $\circ s : \mathcal{C}_{\mathcal{S}}(X', Y) \xrightarrow{\sim} \mathcal{C}_{\mathcal{S}}(X, Y)$ を誘導する．

証明 $\mathcal{C}_{\mathcal{S}}(X, Y)$ の元 $[(h : X \to Y', t : Y \to Y')]$ について，条件 ms3) により s, h に対して，$h' \circ s = t' \circ h$ なる $t' : Y' \to Y'' \in \mathcal{S}$ と $h' : X' \to Y''$ が存在する．

$(h' : X' \to Y', t't : Y \to Y'')$ で代表される $\mathcal{C}_{\mathcal{S}}(X', Y)$ の元の $\circ s$ による像は，$[(h's = t'h : X' \to Y'', t't : Y \to Y'')]$ となる．ところがこれは $[(h : X \to Y', t : Y \to Y')]$ に等しい．これで，$\circ s$ の全射性がいえた．

次に，$(f : X' \to Y', t' : Y \to Y')$ と $(g : X' \to Y'', t'' : Y \to Y'')$ で代表される元の $\circ s$ による像が等しいとする．必要ならば，Y', Y'' を取り替えて，$Y' = Y''$ かつ $f \circ s = g \circ s$ としてよい．条件 ms4) により $u : Y' \to Y''' \in \mathcal{S}$ があり $u \circ f = u \circ g$ となる．これは，$[(f : X \to Y''', ut' : Y \to Y''')] = [(g : X \to Y''', ut'' : Y \to Y''')]$ を意味する．(補題の証明終わり)

上の補題により，$\mathcal{C}_{\mathcal{S}}$ における射の合成

$$\mathcal{C}_{\mathcal{S}}(X, Y) \times \mathcal{C}_{\mathcal{S}}(Y, Z) \to \mathcal{C}_{\mathcal{S}}(X, Z)$$

を，次の合成として定めることができる．

$$\lim_{Y \to Y' \in \mathcal{S}} \mathcal{C}(X, Y') \times \lim_{Z \to Z' \in \mathcal{S}} \mathcal{C}(Y, Z')$$

$$\simeq \lim_{Y \to Y' \in \mathcal{S}} \left(\mathcal{C}(X, Y') \times \lim_{Z \to Z' \in \mathcal{S}} \mathcal{C}(Y, Z') \right)$$

$$\xleftarrow{\sim} \lim_{Y \to Y' \in \mathcal{S}} \left(\mathcal{C}(X, Y') \times \lim_{Z \to Z' \in \mathcal{S}} \mathcal{C}(Y', Z') \right)$$

$$\longrightarrow \lim_{Y \to Y' \in \mathcal{S}} \lim_{Z \to Z' \in \mathcal{S}} \mathcal{C}(X, Z')$$

$$\simeq \lim_{Z \to Z' \in \mathcal{S}} \mathcal{C}(X, Z')$$

$(f : X \to Y', s : Y \to Y')$ と $(g : Y \to Z', t : Z \to Z')$ で代表される射の合成は，$(g'f : X \to W, s't : Y \to W)$ で代表される射に他ならない．ここで，$(g' : Y' \to W, s' : Z' \to W)$ は s, g に条件 ms3) を適用して得られる $g't = s'g$ なるものである．

　ところで，$\mathcal{C}_{\mathcal{S}}$ における射の合成が結合的であることの証明は略する．読者は証明を試みられよ．

　次に，$(\mathcal{C}_{\mathcal{S}}, Q : \mathcal{C} \to \mathcal{C}_{\mathcal{S}})$ が局所化であることを確かめる．

　条件 lc1) は，補題 5.1.9 により直ちにわかる: $s : X \to X' \in \mathcal{S}$ に対して，$\circ s : \mathcal{C}_{\mathcal{S}}(X', Y) \xrightarrow{\sim} \mathcal{C}_{\mathcal{S}}(X, Y)$ を $Y = X$ に対して適用する．

　条件 lc2) だが，$Ob(\mathcal{C}_{\mathcal{S}}) := Ob(\mathcal{C})$ とおくので，条件 $F \simeq F_{\mathcal{S}} \circ Q$ をみたすためには，

$$F_{\mathcal{S}}(\overline{X}) := F(X) \quad (\forall \, \overline{X} = Q(X) \in \mathcal{C}_{\mathcal{S}})$$

とおけばよい．すると，

$$\mathcal{C}_{\mathcal{S}}(X, Y) = \lim_{Y \to Y' \in \mathcal{S}} \mathcal{C}(X, Y') \to \lim_{Y \to Y' \in \mathcal{S}} \mathcal{A}(F(X), F(Y'))$$

$$\simeq \lim_{Y \to Y' \in \mathcal{S}} \mathcal{A}(F(X), F(Y)) = \mathcal{A}(F_{\mathcal{S}}(X), F_{\mathcal{S}}(Y))$$

(ここでは，$X = Q(X)$ と記号を濫用して簡潔な記述をした)．これで，関手 $F_{\mathcal{S}} : \mathcal{C}_{\mathcal{S}} \to \mathcal{A}$ が自然に定義できた．

　次に条件 lc3) だが，次の補題より従う．実際，$X = Q(Y_0) \in \mathcal{C}_{\mathcal{S}}$ に対して，$Y = Y_0 \in \mathcal{C}$，$s = id_X : X \to Q(Y_0)$ ととれば，補題の条件はみたされる．

補題 5.1.10　関手 $Q : \mathcal{C} \to \mathcal{C}'$, $G_2 = G : \mathcal{C}' \to \mathcal{A}$ が与えられたとき，任意の $X \in \mathcal{C}'$ に対して，$Y \in \mathcal{C}$ と $s : X \to Q(Y)$ が存在して次の条件をみたすとする．

　1) $G(s)$ は同型である．

2) 任意の $Y' \in \mathcal{C}$ と $t : X \to Q(Y')$ に対して，$Y'' \in \mathcal{C}$ と $s' : Y' \to Y''$，$t' : Y \to Y''$ であって，$G(Q(s'))$ が同型であり，次が可換となるものが存在する.

$$
\begin{array}{ccc}
X & \xrightarrow{\ s\ } & Q(Y) \\
t\downarrow & & \downarrow Q(t') \\
Q(Y') & \xrightarrow{Q(s')} & Q(Y'')
\end{array}
$$

このとき，任意の関手 $G_1 : \mathcal{C}' \to \mathcal{A}$ に対して，自然な写像

$$
\circ Q : Fct(\mathcal{C}', \mathcal{A})(G_1, G_2) \to Fct(\mathcal{C}, \mathcal{A})(G_1 \circ Q, G_2 \circ Q)
$$

は全単射である.

証明　（単射性）　$\theta_1, \theta_2 \in Fct(\mathcal{C}', \mathcal{A})(G_1, G_2)$ が $\theta_1(Q(Y)) = \theta_2(Q(Y))$ $(\forall Y \in \mathcal{C})$ をみたすとする．関手性により次の図式は可換:

$$
\begin{array}{ccc}
G_1(X) & \xrightarrow{\theta_i(X)} & G_2(X) \\
G_1(s)\downarrow & & \downarrow G_2(s) \qquad (i = 1, 2) \\
G_1(Q(Y)) & \xrightarrow{\theta_i(Q(Y))} & G_2(Q(Y))
\end{array}
$$

$G(s)$ が同型だから，

$$
\theta_1(X) = G(s)^{-1}\theta_1(Q(Y))G_1(s) = G(s)^{-1}\theta_2(Q(Y))G_1(s) = \theta_2(X)
$$

を得る.

（全射性）　$\eta \in Fct(\mathcal{C}, \mathcal{A})(G_1 \circ Q, G_2 \circ Q)$ を任意にとる．各 $X \in \mathcal{C}'$ に対して，補題の条件をみたす $s : X \to Q(Y)$ を選ぶ．$\theta : G_1 \to G_2$ を

$$
\theta(X) := G_2(s)^{-1}\eta(Y)G_1(s)
$$

で定義する．θ が自然変換であり，$s : X \to Q(Y)$ の選び方によらないことを示す.

　$\mathcal{C}'$ の射 $f : X_1 \to X_2$ をとり，$s_1 : X_1 \to Q(Y_1), s_2 : X_2 \to Q(Y_2)$ を選ぶ．s_1 に対する条件 2 を $Y' = Y_2, t = s_2 f$ に適用すると，$t_1 : Y_1 \to Y_3$，$t_2 : Y_2 \to Y_3$ であって，$G_2(Q(t_2))$ が同型であり，$Q(t_1)s_1 = Q(t_2)s_2 f$ が成立するものが存在する．これより，$G_i(Q(t_1))G_i(s_1) = G_i(Q(t_2))G_i(s_2)G_i(f)$ $(i = 1, 2)$ を得る.

　一方，η が自然変換であるから，$\eta(Y_3)G_1(Q(t_i)) = G_2(Q(t_i))\eta(Y_i)$ すなわち，$\eta(Y_i) = G_2(Q(t_i))^{-1}\eta(Y_3)G_1(Q(t_i))$. 以上から，

$$\theta(X_2)G_1(f) = G_2(s_2)^{-1}\eta(Y_2)G_1(s_2)G_1(f)$$
$$= G_2(s_2)^{-1}G_2(Q(t_2))^{-1}\eta(Y_3)G_1(Q(t_2))G_1(s_2)G_1(f)$$
$$= G_2(s_2)^{-1}G_2(Q(t_2))^{-1}\eta(Y_3)G_1(Q(t_1))G_1(s_1)$$
$$= G_2(s_2)^{-1}G_2(Q(t_2))^{-1}G_2(Q(t_1))\eta(Y_1)G_1(s_1)$$
$$= G_2(s_2)^{-1}G_2(Q(t_2))^{-1}G_2(Q(t_1))G_2(s_1)\theta(X_1)$$
$$= G_2(s_2)^{-1}G_2(Q(t_2))^{-1}G_2(Q(t_1)s_1)\theta(X_1)$$
$$= G_2(s_2)^{-1}G_2(Q(t_2))^{-1}G_2(Q(t_2)s_2f)\theta(X_1)$$
$$= G_2(f)\theta(X_1)$$

これで θ が自然変換であることがわかった. さらに, $X_1 = X_2 = X, f = id_X$ とすると, $Q(t_1)s_1 = Q(t_2)s_2$ となる. すると,

$$G_2(s_i)^{-1}\eta(Y_i)G_1(s_i) = G_2(s_i)^{-1}G_2(Q(t_i))^{-1}\eta(Y_3)G_1(Q(t_i))G_1(s_i)$$
$$= G_2(Q(t_i)s_i)^{-1}\eta(Y_3)G_1(Q(t_i)s_i)$$

ゆえ, $G_2(s_1)^{-1}\eta(Y_i)G_1(s_1) = G_2(s_2)^{-1}\eta(Y_i)G_1(s_2)$ がいえて, $\theta(X)$ が $s : X \to Q(Y)$ の選び方によらないことが示せた. (補題の証明終わり)

最後に, $\mathcal{C}$ が前加法圏であるとき, $\mathcal{C}_\mathcal{S}$ の射の加法を定めよう.

$\mathcal{C}_\mathcal{S}$ の元 $[(f : X \to Y', s : Y \to Y')]$ と $[(g : X \to Y'', t : Y \to Y'')]$ に対して, ms3) により, $s' : Y'' \to Y''', t' : Y' \to Y'''$ で $t' \in \mathcal{S}, t's = s't$ なるものがとれる. すると $[(f,s)] = [(t'f, t's)]$, $[(g,t)] = [(s'g, s't)]$ であり, $t's \in \mathcal{S}$ である. このとき

$$[(f,s)] + [(g,t)] = [t'f + s'g, t's]$$

とおく. この定義の整合性, $Q : \mathcal{C} \to \mathcal{C}_\mathcal{S}$ の加法性の証明は略す. $\square$

問 5.1.11 $\mathcal{C}$ が前加法圏であるとき, $\mathcal{C}_\mathcal{S}$ も前加法圏であることの証明を完了せよ.

命題 5.1.12 $Q : \mathcal{C} \to \mathcal{C}_\mathcal{S}$ は有限の余極限と交換する.

証明 実際,

$$\mathcal{C}_{\mathcal{S}}(\varinjlim X_i, Y) = \varinjlim_{Y \to Y' \in \mathcal{S}} \mathcal{C}(\operatorname{colim} X_i, Y') = \varinjlim_{Y \to Y' \in \mathcal{S}} \varprojlim_i \mathcal{C}(X_i, Y')$$

$$= \varprojlim_i \varinjlim_{Y \to Y' \in \mathcal{S}} \mathcal{C}(X_i, Y') = \varprojlim_i \mathcal{C}_{\mathcal{S}}(X_i, Y) \quad \square$$

系 5.1.13 $\mathcal{C}$ が加法圏で,$\mathcal{S}$ を射の右乗法系とするとき,$\mathcal{C}_{\mathcal{S}}$ も加法圏であり,局所化関手 $Q : \mathcal{C} \to \mathcal{C}_{\mathcal{S}}$ は加法的である.

さて,圏の局所化の構成をアーベル圏の充満部分圏による商に適用しよう.

定義 5.1.14 (濃密部分圏) $\mathcal{C}$ をアーベル圏,$\mathcal{A}$ をその (空でない) 充満部分圏とする.任意の $\mathcal{C}$ の短完全列

$$0 \to X' \to X \to X'' \to 0$$

において,$X \in \mathcal{A}$ と $X', X'' \in \mathcal{A}$ が同値であるとき,$\mathcal{A}$ は $\mathcal{A}$ は濃密 (thick) であるという.濃密部分圏をセール (Serre) 部分圏と呼ぶこともある.

言い換えると,部分,商,および拡大をとる操作で閉じているとき,$\mathcal{A}$ は濃密である (thick はもともとフランス語の épaisse の訳であり,dense と英訳されることもある).

ここで,$\mathcal{A}$ が部分をとる操作で閉じているとは「$f : X \to Y$ が単射で $Y \in \mathcal{A}$ であるならば,必ず $X \in \mathcal{A}$ であること」を意味する.同様に,商をとる操作で閉じているとは「$f : X \to Y$ が全射で $X \in \mathcal{A}$ であるならば,必ず $Y \in \mathcal{A}$ であること」を意味する.また,$\mathcal{A}$ が拡大をとる操作で閉じているとは,任意の $\mathcal{C}$ の短完全列 $0 \to X' \to X \to X'' \to 0$ において,「$X', X'' \in \mathcal{A} \implies X \in \mathcal{A}$」であることを意味する.

問 5.1.15 アーベル圏 $\mathcal{C}$ の (空でない) 充満部分圏 $\mathcal{A}$ についての次の 3 条件について,1) と 2) は同値であり,それらは 3) を導くことを確かめよ.

1) $\mathcal{A}$ は,部分,商,そして拡大をとる操作で閉じている.
2) $\mathcal{A}$ は,部分商,および拡大をとる操作で閉じている.
3) $\mathcal{A}$ は,核,余核,および拡大をとる操作で閉じている.

ここで,$\mathcal{A}$ が核をとる操作で閉じているとは「$f : X \to Y, X, Y \in \mathcal{A} \implies \operatorname{Ker} f \in \mathcal{A}$」を意味する.余核をとる操作で閉じていることも同様の意味である.

例 5.1.16 1) 左 R 加群の圏 $R\text{-}Mod$ の捩れ加群からなる充満部分圏 $R\text{-}Mod_{tors}$ は濃密部分圏である.

2) 素数 p に対して p 群であり，かつアーベル群である群からなるアーベル群の圏 Ab の充満部分圏は濃密部分圏である．これが，セールがホモトピー群の計算に利用した濃密部分圏である．

命題 5.1.17 $\mathcal{A}$ をアーベル圏 $\mathcal{C}$ の濃密部分圏とする．$\mathcal{S} = \mathcal{S}_{\mathcal{A}}$ を圏 $\mathcal{C}$ の射 s であって，$\mathrm{Ker}\, s, \mathrm{Coker}\, s \in \mathcal{A}$ なる射の全体とするとき，$\mathcal{S}_{\mathcal{A}}$ は右乗法系かつ左乗法系である．

証明 ms1) は明らか．$X \xrightarrow{f} Y \xrightarrow{g} Z$ に対して次の完全列が存在する．

$$0 \to \mathrm{Ker}\, f \to \mathrm{Ker}(gf) \to \mathrm{Im}\, f \cap \mathrm{Ker}\, g \to 0$$

$$0 \to Y/(\mathrm{Im}\, f + \mathrm{Ker}\, g) \to \mathrm{Coker}(gf) \to \mathrm{Coker}\, g \to 0$$

$$0 \to \mathrm{Ker}\, g/(\mathrm{Ker}\, g \cap \mathrm{Im}\, f) \to \mathrm{Coker}\, g \to Y/(\mathrm{Im}\, f + \mathrm{Ker}\, g) \to 0$$

これより，$f, g \in \mathcal{S}_{\mathcal{A}}$ から $gf \in \mathcal{S}_{\mathcal{A}}$ がいえ，ms2) が示せた.

次に，任意の $f : X \to Y$ と $s : X \to X' \in \mathcal{S}$ に対して，アマルガム和

$$
\begin{array}{ccc}
X & \xrightarrow{f} & Y \\
s \downarrow & & \downarrow \exists\, t \\
X' & \xrightarrow{\exists\, f'} & Y' = X' \sqcup_X Y
\end{array}
$$

を考えると，$\mathrm{Coker}\, t \simeq \mathrm{Coker}\, s$, $\mathrm{Ker}\, s \twoheadrightarrow \mathrm{Ker}\, t$ であるので，$t \in \mathcal{S}_{\mathcal{A}}$ が示せた.

最後に，二つの射 $f, g : X \to Y$ および $s : X' \to X \in \mathcal{S}$ が $f \circ s = g \circ s$ をみたしているとする．$h = f - g$ とおけば $h \circ s = 0$ であり，このとき $t \circ h = 0$ となる $t : Y \to Y' \in \mathcal{S}$ の存在をいえばよい．$\mathrm{Ker}\, h \supset \mathrm{Im}\, s$ であるから，$\mathrm{Coker}\, s \twoheadrightarrow \mathrm{Im}\, h$ で $\mathrm{Im}\, h \in \mathcal{S}_{\mathcal{A}}$ となる．すると完全列 $0 \to \mathrm{Im}\, h \to Y \xrightarrow{t} \mathrm{Coker}\, h \to 0$ により t を定めると，$t \circ h = 0$ かつ $t \in \mathcal{S}_{\mathcal{A}}$ となり，ms4) が示せた.

ms3'), ms4') も双対的な議論で示せる． $\square$

定理 5.1.8 により次の定理の前半が導かれる．

定理 5.1.18 (商圏の存在定理) $\mathcal{A}$ をアーベル圏 $\mathcal{C}$ の濃密部分圏とする．このとき，$\mathcal{C}$ の $\mathcal{S}_{\mathcal{A}}$ による局所化 $\mathcal{C}_{\mathcal{S}_{\mathcal{A}}}$ が存在し，$\mathcal{C}_{\mathcal{S}_{\mathcal{A}}}$ もアーベル圏である．

5.1 圏の局所化

定義 5.1.19 (アーベル圏の商圏)　局所化 $\mathcal{C}_{\mathcal{S}_{\mathcal{A}}}$ をアーベル圏 $\mathcal{C}$ の濃密部分圏 $\mathcal{A}$ に関する商圏と呼び, $\mathcal{C}/\mathcal{A}$ と記す. また, 標準的な関手 $Q : \mathcal{C} \to \mathcal{C}_{\mathcal{S}_{\mathcal{A}}}$ を $T : \mathcal{C} \to \mathcal{C}/\mathcal{A}$ と記す.

定理 5.1.18 の証明　系 5.1.13 により, $\mathcal{C}_{\mathcal{S}_{\mathcal{A}}}$ は加法圏である. 後は, 次の補題より従う.

補題 5.1.20　$\mathcal{A}$ をアーベル圏とする.

1) $\mathcal{S}$ が左乗法系のとき, $\mathcal{C}_{\mathcal{S}}$ は余核をとる操作で閉じていて, 関手 $Q : \mathcal{C} \to \mathcal{C}_{\mathcal{S}}$ は余核と交換する.

2) $\mathcal{S}$ が右乗法系のとき, $\mathcal{C}_{\mathcal{S}}$ は核をとる操作で閉じていて, 関手 $Q : \mathcal{C} \to \mathcal{C}_{\mathcal{S}}$ は核と交換する.

3) $\mathcal{S}$ が左乗法系かつ右乗法系のとき, $\mathcal{C}_{\mathcal{S}}$ はアーベル圏であり, 関手 $Q : \mathcal{C} \to \mathcal{C}_{\mathcal{S}}$ は完全関手である.

証明　1) $\mathcal{C}_{\mathcal{S}}$ の射を $[(f : X \to Y', s : Y \to Y')]$ $(s \in \mathcal{S})$ とする. $Q(s)$ が同型であるから, $Q(f)$ の余核が存在することを示せばよい. ところで射 u の余核は u と 0 の余等化子 (例 3.2.32) であり, 余等化子は余極限の一種であるから, 命題 5.1.12 により $\operatorname{Coker} Q(f) = Q(\operatorname{Coker} f)$ となる.

2) は 1) の双対的命題であるから, 1) に帰着する.

3) 1) と同様に, 射 $f : X \to Y \in Mor(\mathcal{C})$ について, 標準射 $\operatorname{Coim} Q(f) \to \operatorname{Im} Q(f)$ が同型であることを示せばよい. しかし, 1),2) より, 射の像をとる操作と Q は交換することがわかり, $Q(\operatorname{Coim} f) \to Q(\operatorname{Im} f)$ が同型であることを示せばよい. しかし $\operatorname{Coim} f \to \operatorname{Im} f$ は同型であることから従う. そして, 完全列は核と像を用いて定義されるから, Q は完全関手であることがわかる. (補題の証明終わり)

以上で, 定理 5.1.18 の証明が終わった. □

$\mathcal{C}$ の射 f から得られる商圏 $\mathcal{C}/\mathcal{A}$ の射 $T(f)$ がどのようなものか, 定理 5.1.8 の証明に従ってみておこう.

命題 5.1.21　$\mathcal{C}$ の射 $f : X \to Y$ について, 次が成り立つ.

1) $T(f) = 0$　$\Leftrightarrow$　$\operatorname{Im} f \in \mathcal{A}$

2) $T(f)$ は単射である $\Leftrightarrow$ $\operatorname{Ker} f \in \mathcal{A}$

3) $T(f)$ は全射である $\Leftrightarrow$ $\operatorname{Coker} f \in \mathcal{A}$

証明 1) $\operatorname{Im} f \in \mathcal{A}$ なら $\operatorname{Ker} f \xrightarrow{s} X \in \mathcal{S}_\mathcal{A}$ である. $T(0) = T(f \circ s) = T(f) \circ T(s) = 0$ かつ $T(s)$ は可逆ゆえ $T(f) = 0$ である.

逆に $T(f) = 0$ とする. 局所化の射の定義から, ある $s \in \mathcal{S}_\mathcal{A}$ について $sf = 0$ となる. $\mathcal{A} \ni \operatorname{Ker} s \supset \operatorname{Im} f$ ゆえ, $\operatorname{Im} f \in \mathcal{A}$ が従う.

2) $\operatorname{Ker} f \in \mathcal{A}$ として, $T(f) \circ \alpha = 0$ だったとする. $\alpha = T(g)$ と $g : Z \to X$ と表すと, $T(fg) = 0$ ゆえ, 1) により $\operatorname{Im} fg \in \mathcal{A}$ となる.

$$0 \to \operatorname{Ker}(fg)/\operatorname{Ker} g \to Z/\operatorname{Ker} g \to Z/\operatorname{Ker}(fg) \to 0$$

$$\operatorname{Ker}(fg)/\operatorname{Ker} g \simeq \operatorname{Im} g \cap \operatorname{Ker} f, \quad Z/\operatorname{Ker}(fg) \simeq \operatorname{Im}(fg)$$

より, $Z/\operatorname{Ker} g \simeq \operatorname{Im} g \in \mathcal{A}$ となる. 1) により $\alpha = T(g) = 0$ がいえた.

逆に $T(f)$ が単射とする. $u : \operatorname{Ker} f \to X$ を f の核とすると, $T(f)T(u) = 0$ より, $T(u) = 0$ が導かれ, 1) より $\operatorname{Im} u = \operatorname{Ker} f \in \mathcal{A}$ が示された.

3) は 2) と同様に示せる. $\square$

命題 5.1.22 アーベル圏 $\mathcal{C}$ の濃密部分圏 $\mathcal{A}$ について, 関手 $T : \mathcal{C} \to \mathcal{C}/\mathcal{A}$ は完全関手である.

証明 これは補題 5.1.20, 3) に他ならない. $\square$

定義 5.1.23 (局所化的部分圏) アーベル圏 $\mathcal{C}$ の濃密部分圏 $\mathcal{A}$ について, 標準的な関手 $T : \mathcal{C} \to \mathcal{C}/\mathcal{A}$ が右随伴関手をもつとき, $\mathcal{A}$ は局所化的 (localizing) であるという.

このとき, 右随伴関手を $S : \mathcal{C}/\mathcal{A} \to \mathcal{C}$ と記し, 断面 (section) 関手と呼ぶ. また, $S \circ T : \mathcal{C} \to \mathcal{C}$ を局所化 (localization) 関手と呼ぶ. このとき, 次の標準的な同型が存在する.

$$\mathcal{C}/\mathcal{A}(T(X), Z) \xrightarrow{\sim} \mathcal{C}(X, S(Z)) \quad (X \in \mathcal{C},\ Z \in \mathcal{C}/\mathcal{A})$$

これから $T \circ S = \operatorname{id}_{\mathcal{C}/\mathcal{A}}$ が従う.

定理 5.1.24 グロタンディーク圏 $\mathcal{C}$ と局所化的部分圏 $\mathcal{A}$ に対して, 商圏 $\mathcal{C}/\mathcal{A}$ はグロタンディーク圏である.

証明 $\mathcal{C}/\mathcal{A}$ での帰納系は S により $\mathcal{C}$ の帰納系に移る．命題 3.2.51 により，T は余極限と交換するので，$\mathcal{C}$ で存在する余極限は $\mathcal{C}/\mathcal{A}$ での余極限に移り，$\mathcal{C}/\mathcal{A}$ での余極限が存在する．

また，P を $\mathcal{C}$ の生成子とする．$u \in \mathcal{C}/\mathcal{A}(Z, W)$, $u \neq 0$ に対して，$S(u) \in \mathcal{C}(S(Z), S(W))$ を考えて，$v : P \to S(Z)$ を $S(u) \circ v \neq 0$ と選ぶ．すると $u \circ T(v) \neq 0$ がいえるので，補題 3.3.28 により $T(P)$ は $\mathcal{C}/\mathcal{A}$ の生成子である． $\square$

定理 5.1.25 $F : \mathcal{C} \to \mathcal{C}'$ をアーベル圏の間の完全関手として，その忠実充満な右随伴関手 G が存在したとする．

$F(X) = 0$ なる対象 X の全体を対象のクラスとする $\mathcal{C}$ の充満部分圏を $\operatorname{Ker} F$ と記すとき，$\operatorname{Ker} F$ は局所化的部分圏であり，$T \circ G : \mathcal{C}' \to \mathcal{C}/\operatorname{Ker} F$ は圏同値である．

証明 最初に，$\operatorname{Ker} F$ が濃密部分圏であることに注意する．実際，$\mathcal{C}$ の短完全列 $0 \to X' \to X \to X'' \to 0$ が与えられると，F が完全だから，$0 \to F(X') \to F(X) \to F(X'') \to 0$ も短完全列であり，$X \in \operatorname{Ker} F$ と $X', X'' \in \operatorname{Ker} F$ が同値であることは明らか．

次に，$\mathcal{S}_F = \mathcal{S}_{\operatorname{Ker} F} \ni f$ について，定義から $F(\operatorname{Ker} f) = F(\operatorname{Coker} f) = 0$ だが，F の完全性により $\operatorname{Ker} F(f) \simeq F(\operatorname{Ker} f), \operatorname{Coker} F(f) \simeq F(\operatorname{Coker} f)$ ゆえ，$F(f)$ は $\mathcal{C}'$ の同型となる．$T : \mathcal{C} \to \mathcal{C}/\operatorname{Ker} F$ を自然な関手として，商圏の普遍性から $R : \mathcal{C}/\operatorname{Ker} F \to \mathcal{C}'$ を $F = R \circ T$ なる関手が誘導される．ところで命題 5.1.21 により，$f \in \mathcal{S}_F$ は $T(f)$ が商圏 $\mathcal{C}/\operatorname{Ker} F =: \overline{\mathcal{C}}$ で同型であることと同値である．上記の議論と合わせて，$F(f)$ が同型であることと，$T(f)$ が同型であることは同値であることに注意する．

F と G の随伴性から，$F \xrightarrow{F\eta} FGF \xrightarrow{\epsilon F} F$ は恒等的自然変換であり，G の忠実充満性から，余ユニット $\epsilon : FG \to id_{\mathcal{C}'}$ は同型である．ゆえに $F\eta : F \to FGF$ も同型である．上記の注意から，$X \in \mathcal{C}$ に対して $F(\eta_X) : F(X) \to FGF(X)$ が同型であることは $T(\eta_X) : T(X) \to TGF(X)$ が同型であることと同値である．$TGF(X) = TGRT(X)$ だから，$T(X) \to TGRT(X)$ が同型となり，商圏 $\mathcal{C}/\operatorname{Ker} F = \overline{\mathcal{C}}$ の任意の対象は $T(X)$ という形であるから，$id_{\overline{\mathcal{C}}} \xrightarrow{\sim} (TG)R$ が同型な自然変換となる．

他方, $F = R \circ T$ より $FG \xrightarrow{\sim} RTG$ が同型となり, $\epsilon : FG \xrightarrow{\sim} id_{\mathcal{C}'}$ と合わせて, $id_{\mathcal{C}'} \xrightarrow{\sim} R(TG)$ が得られる. これで, $T \circ G : \mathcal{C}' \to \mathcal{C}/\operatorname{Ker} F$ が圏同値であることが示せた.

最後に, 関手 R による準同型

$$r : \overline{\mathcal{C}}(T(X), T(X')) \to \mathcal{C}'(RT(X), RT(X')) = \mathcal{C}'(F(X), F(X'))$$

が同型であることを示す. $f \in \mathcal{C}(X, X')$ について $r(T(f)) = 0$ とすると, $\operatorname{Im} F(f) = 0$ となるが, F の完全性により $F(\operatorname{Im} f) = 0$ となり, $\operatorname{Im} f \in \operatorname{Ker} F$ を得る. したがって, $0 = T(\operatorname{Im} f) = \operatorname{Im} T(f)$ ゆえ, $T(f) = 0$ となる. また, $\epsilon : FG \xrightarrow{\sim} id_{\mathcal{C}'}$ より $g \in \mathcal{C}'(F(X), F(X'))$ は $g = F(G(g))$ と表せるから, r は全射でもある. そして, 任意の $\mathcal{C}/\operatorname{Ker} F \ni T(X')$ について

$$\overline{\mathcal{C}}(T(X), T(X')) \xrightarrow{\sim} \mathcal{C}'(F(X), F(X'))$$
$$\simeq \mathcal{C}'(X, GF(X')) = \mathcal{C}'(X, GRT(X'))$$

は同型となるので, $G \circ R$ は T の右随伴関手であり, $\operatorname{Ker} F$ は局所化的部分圏である. □

系 5.1.26 グロタンディーク圏 $\mathcal{C}$ に対して, $\mathcal{C}$ と $Mod\text{-}R/\mathcal{A}$ が圏同値となるような環 R と $Mod\text{-}R$ の局所化的部分圏 $\mathcal{A}$ が存在する.

証明 ガブリエル–ポペスクの定理 (定理 4.5.9) により, 環 R と完全関手 $T : Mod\text{-}R \to \mathcal{C}$ で忠実充満な右随伴関手 H をもつものが存在する. この状況に上の定理を適用すればよい. □

5.2 アーベル圏の左完全関手

アーベル圏 $\mathcal{C}$ から $\mathcal{D}$ への加法関手のなす圏を $Fct_{ad}(\mathcal{C}, \mathcal{D})$ と記した. これはいくつものよい性質をみたす. 特に, アーベル圏 $\mathcal{C}$ に対して $Fct_{ad}(\mathcal{C}^{op}, Ab)$ は一種の $\mathcal{C}$ の拡大とみることができる.

アーベル圏 $\mathcal{C}$ から $\mathcal{D}$ への左完全関手のなす $Fct_{ad}(\mathcal{C}, \mathcal{D})$ の充満部分圏を $Fct_{lex}(\mathcal{C}, \mathcal{D})$ と記す. グロタンディーク圏とは, 余完備なアーベル圏であって, 有向な余極限が (関手として) 完全であるものと定義した (定義 3.3.44).

定理 5.2.1 $\mathcal{D}$ をグロタンディーク圏とする.

加法関手 $F : \mathcal{C} \to \mathcal{D}$ に対して，左完全関手 $R^0 F : \mathcal{C} \to \mathcal{D}$ と自然変換 $\rho : F \to R^0 F$ が存在して次の条件をみたす.

> $\sigma : F \to G$ を左完全関手 G への自然変換とするとき，自然変換 $\tau : R^0 F \to G$ であって $\sigma = \tau \circ \rho$ なるものが唯一つ存在する.

注意 5.2.2 この事実は，$\mathcal{C}$ が十分に単射的対象をもつときは，導来関手が構成できることから示せるが，上の定理では $\mathcal{C}$ は一般のアーベル圏としている.

上の定理の証明のためにいくつか準備する.

$X \in \mathcal{C}$ に対して，短完全列

$$E : \ 0 \to X \xrightarrow{u} X_0 \xrightarrow{v} X_1 \to 0$$

を対象として，次を可換図式にする

$$
\begin{array}{ccccccccc}
E : & 0 \to X & \xrightarrow{u} & X_0 & \xrightarrow{v} & X_1 \to 0 \\
& id_X \downarrow & & \downarrow f_0 & & \downarrow f_1 \\
E' : & 0 \to X & \xrightarrow{u'} & X_0' & \xrightarrow{v'} & X_1' \to 0
\end{array}
$$

$\mathcal{C}$ の射の組 (id_X, f_0, f_1) (あるいは (f_0, f_1)) を射 $E \to E'$ とする圏を考え，$\mathcal{E}_X$ と記す.

補題 5.2.3 圏 $\mathcal{E}_X$ は有向である.

証明 実際，$E, E' \in \mathcal{E}_X$ についてアマルガム和による短完全列

$$E'' : \ 0 \to X \xrightarrow{j_1 \circ u} X_0 \sqcup_X X_0' \to \mathrm{Coker}(j_1 \circ u) \to 0$$

を考えると，射 $E \to E''$, $E' \to E''$ が存在する. $\square$

関手 $\widetilde{F}_X : \mathcal{E}_X \to \mathcal{D}$ を

$$\widetilde{F}_X(E) := \mathrm{Ker}(F(v) : F(X_0) \to F(X_1))$$

$$\widetilde{F}_X(f) : \widetilde{F}_X(E) = \mathrm{Ker}\, F(v) \to \mathrm{Ker}\, F(v') = \widetilde{F}_X(E')$$

と定める. この $\widetilde{F}_X(f)$ は $f = (f_0, f_1) : E \to E'$ が誘導する次の可換図式から誘導される.

$$\begin{array}{ccccc}
F(X) & \xrightarrow{F(u)} & F(X_0) & \xrightarrow{F(v)} & F(X_1) \\
id_{F(X)} \downarrow & & \downarrow F(f_0) & & \downarrow F(f_1) \\
F(X) & \xrightarrow{F(u')} & F(X_0') & \xrightarrow{F(v')} & F(X_1')
\end{array}$$

注意 5.2.4 実は，$\widetilde{F}_X(f)$ は f_0, f_1 のとり方によらない．すなわち，f_0', f_1' を $u' = f_0' \circ u$，$f_1' \circ v = v' \circ f_0'$ をみたす射の組とする．$(f_0' - f_0) \circ u = 0$ より射 $w : X_1 \to X_0'$ であって $f_0' - f_0 = w \circ v$ をみたすものが存在する．すると，$F(f_0') = F(f_0) + F(w) \circ F(v)$ を得る．$F(w) \circ F(v)|_{\mathrm{Ker}\,F(v)} = 0$ ゆえ，$F(f_0') = F(f_0)$ を得る．

以上の状況で余極限として定める．

$$RF(X) = \mathrm{colim}\,\widetilde{F}_X$$

また射 $g : X \to X'$ と $E = (0 \to X \to X_0 \to X_1 \to 0) \in \mathcal{E}_X$ に対して，

$$gE : \ 0 \to X' \xrightarrow{u'} X' \sqcup_X X_0 \xrightarrow{v'} X_1 \to 0 \ (\in \mathcal{E}_{X'})$$

とおく．可換図式

$$\begin{array}{ccccccc}
E : & 0 \to X & \xrightarrow{u} & X_0 & \xrightarrow{v} & X_1 \to 0 \\
& g \downarrow & & \downarrow & & \downarrow id_{X_1} \\
gE : & 0 \to X' & \xrightarrow{u'} & X' \sqcup_X X_0 & \xrightarrow{v'} & X_1 \to 0
\end{array}$$

から誘導される $F(g)|_{\mathrm{Ker}\,F(v)} : \widetilde{F}_X(E) \to \widetilde{F}_{X'}(gE)$ と標準射 $\widetilde{F}_{X'}(gE) \to RF(X')$ の合成 $\widetilde{F}_X(E) \to RF(X')$ は，自然変換 $\widetilde{F}_X \to \Delta(RF(X'))$ を定める．これから余極限に移行して得られる射を

$$RF(g) : RF(X) \to RF(X')$$

と記す．

命題 5.2.5 上に構成した $RF(X), RF(g)$ により，関手 $RF : \mathcal{C} \to \mathcal{D}$ が定まる．

証明 $g : X \to X', g' : X' \to X''$ について $RF(g') \circ RF(g) = RF(g' \circ g)$ を確かめるためには，次の可換図式に注意すればよい．

$$\begin{array}{ccccc}
\widetilde{F}_X(E) & \to \widetilde{F}_{X'}(gE) \to & \widetilde{F}_{X''}(g'gE) \\
\downarrow & \downarrow & \downarrow \\
RF(X) & \to RF(X') \to & RF(X'')
\end{array}$$ □

また，関手性から $\mathrm{Im}(F(X) \to F(X_0)) \subset \mathrm{Ker}\, F(v) = \widetilde{F}_X(E)$ だから，$F(X) \to RF(X)$ が得られて，自然変換 $\rho_F : F \to RF$ が定まる．

$F, G \in Fct_{ad}(\mathcal{C}, \mathcal{D})$ の間の自然変換 $\varphi : F \to G$ が与えられたとする．$X \in \mathcal{C}$ を固定し，$E = (0 \to X \xrightarrow{u} X_0 \xrightarrow{v} X_1 \to 0) \in \mathcal{E}_X$ に対して，可換図式

$$
\begin{array}{ccccc}
0 \to F(X) & \xrightarrow{F(u)} & F(X_0) & \xrightarrow{F(v)} & F(X_1) \to 0 \\
\varphi(X) \downarrow & & \downarrow \varphi(X_0) & & \downarrow \varphi(X_1) \\
0 \to G(X) & \xrightarrow{G(u)} & G(X_0) & \xrightarrow{G(v)} & G(X_1) \to 0
\end{array}
$$

から，射 $\varphi(X)|_{\mathrm{Ker}\, F(v)} : \widetilde{F}_X(E) \to \widetilde{G}_X(E)$ が得られ，自然変換 $\widetilde{\varphi} : \widetilde{F}_X \to \widetilde{G}_X$ が誘導される．余極限に移行して，$R\varphi(X) : RF(X) \to RG(X)$ が得られ，これから $R\varphi : RF \to RG$ が誘導される．

命題 5.2.6 関手 $R : Fct_{ad}(\mathcal{C}, \mathcal{D}) \to Fct_{ad}(\mathcal{C}, \mathcal{D})$ は左完全関手である．また，R は余極限と交換する．

証明 $0 \to F' \xrightarrow{\varphi} F \xrightarrow{\psi} F'' \to 0$ を $Fct_{ad}(\mathcal{C}, \mathcal{D})$ の短完全列とする．$X \in \mathcal{C}$ と $E = (0 \to X \xrightarrow{u} X_0 \xrightarrow{v} X_1 \to 0) \in \mathcal{E}_X$ に対して，次は可換図式となる．

$$
\begin{array}{ccccc}
0 \to F'(X_0) & \xrightarrow{\varphi(X_0)} & F(X_0) & \xrightarrow{\psi(X_0)} & F''(X_0) \to 0 \\
F'(v) \downarrow & & \downarrow F(v) & & \downarrow F''(v) \\
0 \to F'(X_1) & \xrightarrow{\varphi(X_1)} & F(X_1) & \xrightarrow{\psi(X_1)} & F''(X_1) \to 0
\end{array}
$$

これから，完全列 $0 \to F'(E) \to F(E) \to F''(E)$ が得られる．余極限に移行して，完全列 $0 \to RF' \xrightarrow{R\varphi} RF \xrightarrow{R\psi} RF''$ が得られる．

また，2 重の余極限は順番を交換できるので，R は余極限と交換する．$\square$

補題 5.2.7 i) 次の条件は，$RF = 0$ であるための必要十分条件である．

$\forall\, X \in \mathcal{C}$ について $F(X) = \sup \mathrm{Ker}\, F(i)$ （単射 $i : X \to Y$ にわたって sup をとる）

ii) 自然変換 $\varphi : F \to G$ について $R(\mathrm{Coker}\,\varphi) = 0$ ならば，$R(\mathrm{Coker}\, R\varphi) = 0$ である．

証明 i) は，余極限の定義から直ちに従う．

ii)（$\mathcal{D} = Ab$ として示す．）条件 $R(\mathrm{Coker}\,\varphi) = 0$ は，$\forall\, X \in \mathcal{C}$, $\forall\, x \in G(X)$

について，単射 $i : X \to Y$ と $y \in G(Y)$ であって $G(i)(x) = \varphi(Y)(y)$ なるものが存在することを意味する．

$x \in RG(X)$ に対して，$E = (0 \to X \xrightarrow{u} X_0 \xrightarrow{v} X_1 \to 0)$ $x' \in \widetilde{G}(E)$ の標準写像 $\widetilde{G}_X(E) \to RG(X)$ による像が x となるものを選ぶ．すると上でみた通り単射 $j : X_0 \to Y$ と $y' \in G(Y)$ であって $G(j)(x') = \varphi(Y)(y')$ なるものが存在する．y が代表する $RG(Y)$ の類を y とし，$i = j \circ u$ とすると，$RG(i)(x) = (R\varphi)(Y)(y)$ が成り立つ．これで $R(\mathrm{Coker}\, R\varphi) = 0$ が示せた．□

補題 5.2.8　単射 $g : X' \to X$ に対して，$RF(g) : RF(X') \to RF(X)$ も単射である．

証明　$E = (0 \to X \to X_0 \to X_1 \to 0) \in \mathcal{E}_X$ に対して，次の図式を考える．

$$
\begin{array}{ccccc}
0 \to X & \xrightarrow{u} & X_0 & \xrightarrow{v} & X_1 \to 0 \\
g \uparrow & & \uparrow id_{X_0} & & \uparrow \\
0 \to X' & \xrightarrow{u \circ g} & X_0 & \xrightarrow{p} & \mathrm{Coker}(u \circ g) \to 0
\end{array}
$$

ここで $p : X_0 \to \mathrm{Coker}(u \circ g)$ は標準全射である．下の短完全列を $g^{-1}E$ と呼ぶことにする．$g^{-1}E$ の形の短完全列は $\mathcal{E}_X$ の中で共終である（定義 3.2.38）ことに注意する．したがって $RF(X') = \mathrm{colim}\, \widetilde{F}_{X'}(g^{-1}E)$ であり，$RF(g)$ は標準単射 $\widetilde{F}_{X'}(g^{-1}E) \to \widetilde{F}_X(E)$ の余極限として得られるから単射である．□

補題 5.2.9　任意の単射 g に対して，$F(g)$ も単射であると仮定する．すると，$f = (f_0, f_1) : E \to E'$ に対する標準射 $\widetilde{F}(f)$ は単射であり，RF は左完全関手である．

証明　$E = (0 \to X \xrightarrow{u} X_0 \xrightarrow{v} X_1 \to 0), E' = (0 \to X \xrightarrow{u} X'_0 \xrightarrow{v} X'_1 \to 0)$ として，$j : X_0 \to X_0 \sqcup_X X'_0$ を標準単射として

$$
E'' = (0 \to X \xrightarrow{j \circ u} X_0 \sqcup_X X'_0 \to \mathrm{Coker}(j \circ u) \to 0)
$$

を考えると，$i : E \to E'', i' : E' \to E''$ が存在して $i' \circ f = i$ となる．

$\widetilde{F}_X(i)$ は $F(j)$ により誘導されるが，仮定により $F(j)$ は単射である．$\widetilde{F}_X(i') \circ \widetilde{F}_X(f) = \widetilde{F}_X(i)$ だから，$\widetilde{F}_X(f)$ も単射である．

$\mathcal{C}$ の短完全列 $0 \to X' \to X \to X'' \to 0$ と $E = (0 \to X \xrightarrow{u} X_0 \xrightarrow{v} X_1 \to 0) \in \mathcal{E}_X$ に対して，次の可換図式を考える．

$$
\begin{array}{ccc}
& 0 & 0 \\
& \downarrow & \downarrow \\
0 \to X' \xrightarrow{\ f\ } & X \xrightarrow{\ g\ } & X'' \to 0 \\
id_{X'} \downarrow \quad & u \downarrow & \downarrow \\
0 \to X' \xrightarrow{\ u \circ f\ } & X_0 \xrightarrow{\ j\ } & X_0 \sqcup_X X'' \to 0 \\
v \downarrow & & \downarrow \\
& X_1 \xrightarrow{\ id_{X_1}\ } & X_1 \quad \to \quad 0 \\
& \downarrow & \downarrow \\
& 0 & 0
\end{array}
$$

これから，横が完全列である次の図式が得られる.

$$
\begin{array}{ccccc}
0 \to \widetilde{F}_{X'}(f^{-1}E) & \to & \widetilde{F}_X(E) & \to & \widetilde{F}_{X''}(gE) \\
\downarrow & & \downarrow & & \downarrow \\
0 \to \widetilde{F}_{X'}(f^{-1}E) & \to & F(X_0) & \to & F(X_0 \sqcup_X X'')
\end{array}
$$

1 行目の余極限をとって，完全列

$$
0 \to RF(X') \to RF(X) \to \operatorname{colim}_{E \in \mathcal{E}_X} \widetilde{F}_{X''}(gE)
$$

を得る. 前半部分より標準射 $\operatorname{colim}_{E \in \mathcal{E}_X} \widetilde{F}_{X''}(gE) \to RF(X'')$ は単射だから，$0 \to RF(X') \to RF(X) \to RF(X'')$ は完全列である. $\square$

定理 5.2.1 の証明 $\sigma : F \to G$ を左完全関手 G への自然変換とする. 完全列 $E = (0 \to X \xrightarrow{u} X_0 \xrightarrow{v} X_1 \to 0) \in \mathcal{E}_X$ に対して，次の可換図式が考えられる.

$$
\begin{array}{ccccc}
0 \to \widetilde{F}_X(E) & \xrightarrow{\ i\ } & F(X_0) & \xrightarrow{\ F(v)\ } & F(X_1) \\
& & \sigma(X_0) \downarrow & & \downarrow \sigma(X_1) \\
0 \to \quad G(X) & \xrightarrow{\ G(u)\ } & G(X_0) & \xrightarrow{\ G(v)\ } & G(X_1)
\end{array}
$$

ここで，横は完全列である. $\rho(E) : F(X) \to \widetilde{F}_X(E)$ を $F(u) = i \circ \rho(E)$ なる単射とすると，$\sigma(X_0) \circ F(u) = G(u) \circ \sigma(X)$ ゆえ，$\sigma(X) = \sigma(E) \circ \rho(E)$ なる $\tau(E) : \widetilde{F}_X(E) \to G(X)$ が定まる. 余極限をとって，$\operatorname{colim} \tau(E) = \tau(X) : RF(X) \to G(X)$ が得られる. また，$\rho_F = \operatorname{colim} \rho(E) : F(X) \to RF(X)$ とおくと，$\tau(X)$ は $\tau(X) \circ \rho_F = \sigma(X)$ となる唯一の自然変換である.

$R^0F = R(RF)$ とおく. 補題 5.2.8, 5.2.9 により R^0F は必ず左完全関手である. そして，$\rho = \rho_{RF} \circ \rho_F$ とおくと，$\sigma = \tau \circ \rho$ が成り立つ. $\square$

238　　　　　　　　　　　　5.　圏の局所化と応用

アーベル圏 $\mathcal{C}$ からグロタンディーク圏 $\mathcal{D}$ への左完全関手のなす圏を $Fct_{lex}(\mathcal{C},\mathcal{D})$ と記すと，定理 5.2.1 により，関手

$$R^0 : Fct_{ad}(\mathcal{C},\mathcal{D}) \to Fct_{lex}(\mathcal{C},\mathcal{D});\ F \mapsto R^0 F = R(RF)$$

が定まり，次の随伴関係が成り立つ．$(F \in Fct_{ad}(\mathcal{C},\mathcal{D}), G \in Fct_{lex}(\mathcal{C},\mathcal{D}))$

$$Fct_{ad}(\mathcal{C},\mathcal{D})(F,G) \overset{\sim}{\longrightarrow} Fct_{lex}(\mathcal{C},\mathcal{D})(R^0 F, G)$$

これから，F が左完全のときユニット $F \overset{\sim}{\longrightarrow} R^0 F$ は同型となることに注意する．

命題 5.2.10 $\mathcal{C}$ を アーベル圏，$\mathcal{D}$ をグロタンディーク圏とする．このとき，左完全関手のなす圏 $Fct_{lex}(\mathcal{C},\mathcal{D})$ は余完備なアーベル圏で，余極限は完全関手である．

証明 まず，$Fct_{lex}(\mathcal{C},\mathcal{D})$ がアーベル圏であることを示す．左完全関手の間の射 $\varphi : F \to G$ に対して，$Fct_{ad}(\mathcal{C},\mathcal{D})$ における核 $\mathrm{Ker}\,\varphi$ は左完全関手であることがわかる．$Fct_{ad}(\mathcal{C},\mathcal{D})$ における余核 $H = \mathrm{Coker}\,\varphi$ は左完全関手とは限らないが，$R^0 H$ は $Fct_{lex}(\mathcal{C},\mathcal{D})$ における余核の条件をみたす．

次に，$K(X) = \mathrm{Coim}\,\varphi(X), L(X) = \mathrm{Im}\,\varphi(X)$ をおくと，K, L は $Fct_{ad}(\mathcal{C},\mathcal{D})$ における φ の余像，像であり，標準射 $\theta : K \overset{\sim}{\longrightarrow} L$ は同型である．そして，

$$0 \to \mathrm{Ker}\,\varphi \to F \to K \to 0, \qquad 0 \to L \to G \to H \to 0$$

は $Fct_{ad}(\mathcal{C},\mathcal{D})$ における完全列である．R^0 は左完全なので

$$0 \to \mathrm{Ker}\,\varphi \to F \to R^0 K, \qquad 0 \to R^0 L \to G \to R^0 H$$

は完全である．上でみた $Fct_{lex}(\mathcal{C},\mathcal{D})$ における余核の記述は $R^0 K = \mathrm{Coim}\,\varphi$ を意味し，二つ目の完全列から $R^0 L = \mathrm{Im}\,\varphi$ がわかる．ところで $R^0 \theta : R^0 K \overset{\sim}{\longrightarrow} R^0 L$ は同型であるから，$\mathrm{Coim}\,\varphi \overset{\sim}{\longrightarrow} \mathrm{Im}\,\varphi$ が示せた．□

系 5.2.11 $R^0 : Fct_{ad}(\mathcal{C},\mathcal{D}) \to Fct_{lex}(\mathcal{C},\mathcal{D});\ F \mapsto R^0 F$ は完全関手である．

証明 命題 5.2.6 により R^0 は左完全だから，$Fct_{ad}(\mathcal{C},\mathcal{D})$ の全射 u について $R^0 u$ が全射であることを示せばよい．補題 5.2.7, ii) により，$\mathrm{Coker}\,u = 0$ から $R(\mathrm{Coker}\,Ru) = 0$ であり，さらに $R(\mathrm{Coker}\,R(Ru)) = 0$ となるが，$R(\mathrm{Coker}\,R^0 u)$ は $R^0 u$ の $Fct_{lex}(\mathcal{C},\mathcal{D})$ における余核だから，$R^0 u$ が全射であることが示せた．□

5.3 アーベル圏の埋め込み

この節の目標は次の定理の証明である.

定理 5.3.1 (フライド–ミッチェル (**Freyd–Mitchell**) の定理) $\mathcal{C}$ を小さなアーベル圏とするとき, 環 R と忠実充満な完全関手 $\mathcal{C} \to R\text{-}Mod$ が存在する.

これを示すために, 米田の補題をもとにする.

命題 5.3.2 $\mathcal{C}$ をアーベル圏とするとき, $X \in \mathcal{C}$ について, $h_X = \mathcal{C}(X, \ )$ を加法関手 $\mathcal{C} \to Ab$ とみられるが, これは左完全である.

同様に, $h^X = \mathcal{C}(\ , X) : \mathcal{C}^{op} \to Ab$ も左完全である.

証明 $0 \to Y' \xrightarrow{f} Y \xrightarrow{g} Y'' \to 0$ を $\mathcal{C}$ における短完全列として, 導かれる列 $0 \to h_X(Y') \xrightarrow{f_*} h_X(Y) \xrightarrow{g_*} h_X(Y'')$ を調べる.

$f_*(u) = 0$ $(u \in h_X(Y') = \mathcal{C}(X, Y'))$ とすると, f は単射ゆえ $f \circ u = 0$ より $u = 0$ が得られる. 次に, 関手性より $g_* \circ f_* = (g \circ f)_* = 0$ である.

$g_*(v) = 0$ $(v \in h_X(Y) = \mathcal{C}(X, Y))$ とすると, $g \circ v = 0$ すなわち $\operatorname{Im} v \subset \operatorname{Ker} g$ だが, $\operatorname{Ker} g = \operatorname{Im} f$ ゆえ, v は $v = f \circ u_0$ とある $u_0 : X \to Y'$ を経由する. $\square$

この証明は, 本質的に加群の準同型加群の関手としての左完全性の証明と同じである.

アーベル圏 $\mathcal{C}$ から Ab への左完全関手のなす圏を $Fct_{lex}(\mathcal{C}, Ab)$ と記すと, 上の命題により

$$h : \mathcal{C}^{op} \to Fct_{lex}(\mathcal{C}, Ab); \ X \mapsto h_X$$

なる関手が定まり, 定理 3.2.9 (米田の補題) により忠実充満である. 同様に, $\mathcal{C}$ から Ab への左完全反変関手のなす圏を $Fct_{lex}(\mathcal{C}^{op}, Ab)$ と記すと,

$$h : \mathcal{C} \to Fct_{lex}(\mathcal{C}^{op}, Ab); \ X \mapsto h^X$$

なる関手が定まり, 忠実充満である. 残念ながらどちらの h も完全関手ではない.

定義 5.3.3 (弱消失的関手) 関手 $F \in Fct_{ad}(\mathcal{C}, Ab)$ について, 任意の $X \in \mathcal{C}$ と $x \in F(X)$ に対して単射 $f : X \to Y$ が存在して $F(f)(x) = 0$ となるとき,

240   5. 圏の局所化と応用

F を弱消失的 (weakly effaceable) という.また,反変関手 $F \in Fct_{ad}(\mathcal{C}^{op}, Ab)$ について,任意の $X \in \mathcal{C}$ と $x \in F(X)$ に対して全射 $f : Y \to X$ が存在して $F(f)(x) = 0$ となるとき,F を弱消失的という.

$Fct_{ad}(\mathcal{C}^{op}, Ab)$ のおける弱消失的関手のなす充満部分圏を $\mathcal{W}$ と記すことにする.

前節の $R^0 : Fct_{ad}(\mathcal{C}, \mathcal{D}) \to Fct_{lex}(\mathcal{C}, \mathcal{D})$ を $\mathcal{D} = Ab$ の場合に考える.

補題 5.3.4 $\operatorname{Ker} R^0 = \mathcal{W}$ が成り立つ.

証明   補題 5.2.7, i) により,$R^0 F = R(RF) = 0$ となる条件は,「$\forall X \in \mathcal{C}$ について $RF(X) = \sup \operatorname{Ker} RF(i)$ (単射 $i : X \to Y$ にわたって sup をとる)」であるが,補題 5.2.8 により,$RF(i)$ は単射なので,$R^0 F = 0 \Leftrightarrow RF = 0$ となる.すると再び補題 5.2.7, i) により,$R^0 F = 0 \Leftrightarrow$「$\forall X \in \mathcal{C}$ について $F(X) = \sup \operatorname{Ker} F(i)$ (単射 $i : X \to Y$ にわたって sup をとる)」となるが,これは F が弱消失的であることに他ならない.$\square$

定理 5.2.1 により R^0 は,忘却関手 $U : Fct_{lex}(\mathcal{C}, \mathcal{D}) \to Fct_{ad}(\mathcal{C}, \mathcal{D})$ の左随伴関手であり,U は忠実充満であるから,定理 5.1.25 により次が得られる.

系 5.3.5 $\mathcal{W}$ は $\mathcal{F}$ の局所化部分圏であり,商圏 $\mathcal{F}/\mathcal{W}$ は $Fct_{lex}(\mathcal{C}, \mathcal{D})$ に圏同値である.

補題 5.3.6 $0 \to X' \xrightarrow{f} X \xrightarrow{g} X'' \to 0$ を $\mathcal{C}$ における短完全列とするとき,射 $f^* : h_X \to h_{X'}$ の $Fct_{ad}(\mathcal{C}, Ab)$ における余核 $\operatorname{Coker} f^*$ は弱消失的である.

証明 $Q = \operatorname{Coker} f^*$ とおく.$x \in Q(Y)$ の持ち上げ $\tilde{x} \in h_{X'}(Y)$ を選ぶ. $\tilde{x} : X' \to Y$ とみて,次のアマルガム和 $Z = X \sqcup_{X'} Y$ と図式を考える.

$$
\begin{array}{ccccc}
0 \to X' & \xrightarrow{f} & X & \xrightarrow{g} & X'' \to 0 \\
\tilde{x} \downarrow & & \downarrow j & & \downarrow \\
0 \to Y & \xrightarrow{j} & X \sqcup_{X'} Y & \longrightarrow & X'' \to 0
\end{array}
$$

$Q(j) : Q(Y) \to Q(Z)$ による像 $Q(j)(x)$ を考える.可換図式

$$\begin{array}{ccccc}
h_X(Y) & \xrightarrow{f^*} & h_{X'}(Y) & \longrightarrow & Q(Y) \\
h_X(j) \downarrow & & \downarrow h_{X'}(j) & & \downarrow Q(j) \\
h_X(Z) & \xrightarrow{f^*} & h_{X'}(Z) & \longrightarrow & Q(Z)
\end{array}$$

から，$Q(j)(x)$ は $h_{X'}(j)(\tilde{x}) = j \circ \tilde{x}$ の像である．$j \circ \tilde{x} = i \circ f = f^*(i)$ ゆえ，$Q(j)(x)$ は $Q(Z) = (\operatorname{Coker} f^*)(Z)$ の元として 0 となる．□

命題 5.3.7 $\overline{h} = R^0 \circ h : \mathcal{C}^{op} \to Fct_{lex}(\mathcal{C}, Ab)$; $X \mapsto R^0(h_X) = h_X$ は完全関手である．また，$\bigoplus_{X \in \mathcal{A}} h_X$ は $Fct_{lex}(\mathcal{C}, Ab)$ の生成子をなす．

証明 $\mathcal{C}$ における短完全列 $0 \to X' \xrightarrow{f} X \xrightarrow{g} X'' \to 0$ に対して，

$$0 \to h_{X''} \xrightarrow{g^*} h_X \xrightarrow{f^*} h_{X'} \to \operatorname{Coker} f^* \to 0$$

は $Fct_{ad}(\mathcal{C}, Ab)$ において完全である．完全関手 $R^0 : Fct_{ad}(\mathcal{C}, Ab) \to Fct_{lex}(\mathcal{C}, Ab)$ を施すと，

$$0 \to R^0 h_{X''} \xrightarrow{g^*} R^0 h_X \xrightarrow{f^*} R^0 h_{X'} \to R^0 \operatorname{Coker} f^* \to 0$$

は $Fct_{lex}(\mathcal{C}, Ab)$ において完全列である．補題 5.3.6 により余核 $\operatorname{Coker} f^*$ は弱消失的だから，補題 5.3.4 により $R^0 \operatorname{Coker} f^* = 0$ ゆえ，$\overline{h}$ は完全関手である．

また，命題 3.3.47 の証明でみた通り，$G = \oplus_{X \in \mathcal{C}} h_X$ が $Fct_{ad}(\mathcal{C}, Ab)$ の (射影的) 生成子である．随伴関係

$$Fct_{ad}(\mathcal{C}, Ab)(G, F) \simeq Fct_{lex}(\mathcal{C}, Ab)(R^0 G, F)$$

により $F \mapsto Fct_{lex}(\mathcal{C}, Ab)(R^0 G, F)$ は忠実関手だから，$R^0 G$ は $Fct_{lex}(\mathcal{C}, Ab)$ の生成子である．□

この命題と命題 5.2.10 により次の系が得られる．

系 5.3.8 アーベル圏 $\mathcal{C}$ に対して $Fct_{lex}(\mathcal{C}, Ab)$ はグロタンディーク圏である．

系 5.3.9 アーベル圏 $Fct_{lex}(\mathcal{C}, Ab)$ の対象 F が単射的であるならば，F は完全関手である．

証明 F が単射的とすると，$G \mapsto Fct_{lex}(\mathcal{C}, Ab)(G, F)$ は完全関手である．また，$\overline{h} : X \mapsto h_X$ も完全だから，米田の補題により $X \mapsto Fct_{lex}(\mathcal{C}, Ab)(h_X, F) \xrightarrow{\sim} F(X)$ も完全である．□

242   5. 圏の局所化と応用

以上から次の命題が得られる.

命題 5.3.10　アーベル圏 $\mathcal{C}$ に対して, 余生成子をもち, 十分に射影的対象をもつ余完備なアーベル圏 $\mathcal{B}$ と忠実充満な完全関手 $H : \mathcal{C} \to \mathcal{B}$ が存在する.

証明　$H = \overline{h}^{op} : \mathcal{C} \to Fct_{lex}(\mathcal{C}, Ab)^{op} = \mathcal{B}$ とおけばよい. $\square$

補題 5.3.11　上の命題の状況で, 圏 $\mathcal{B}$ に射影的生成子が存在する.

証明　$\mathcal{B}$ の余生成子を C とし, $\{C_\alpha\}_{\alpha \in A}$ を C の部分対象の全体 (A は集合) とする. $\mathcal{B}$ は余完備ゆえ, $\oplus_{\alpha \in A} C_\alpha$ が $\mathcal{B}$ に存在する. $\mathcal{B}$ は十分に射影的対象をもつので, 全射 $f : P \to \oplus_{\alpha \in A} C_\alpha$ が存在する.

P が生成子であること, すなわち h_P が忠実関手であることを示す. h_P は完全関手であることに注意する. 次の補題により, $0 \neq B \in \mathcal{B}$ に対して $h_P(B) \neq 0$ を示せばよい.

C が余生成子であるから, 0 でない射 $g : B \to C$ が存在する. $0 \neq \operatorname{Im} g \subset C$ ゆえ, $C_\alpha = \operatorname{Im} g$ なる α 成分への射影を考えれば, 全射 $P \to \operatorname{Im} g$ が得られる. g から得られる全射 $B \to \operatorname{Im} g$ に対して P が射影的ゆえ,

$$
\begin{array}{ccccc}
 & & P & & \\
 & h \swarrow & \downarrow & & \\
B & \to & \operatorname{Im} g & \to & C
\end{array}
$$

を可換にする $h : P \to B$ が存在する. $\operatorname{Im} g \neq 0$ ゆえ, $h \neq 0$ でなければならない. $h \in h_P(B)$ ゆえ示せた. $\square$

補題 5.3.12　アーベル圏の間の完全関手 $T : \mathcal{A} \to \mathcal{D}$ について, T が忠実関手であるために,「$T(A) = 0$ ならば $A = 0$ が成り立つ」ことが必要十分である.

証明　$T(A) = 0$ ならば $0 = id_{T(A)} = T(id_A)$ となるが, T が忠実関手ならば $id_A = 0$ が従い $A = 0$ である.

逆に, 条件が成り立つとする. T が加法関手だから,「$T(f) = 0$ ならば $f = 0$」を示せばよい. 完全関手 T は核・余核を保つので, $T(\operatorname{Im} f) = \operatorname{Im} T(f)$ となる. $T(f) = 0$ は $\operatorname{Im} T(f) = 0$ を意味し, $T(\operatorname{Im} f) = 0$ となるが, 仮定より $\operatorname{Im} f = 0$ だから, $f = 0$ が示せた. $\square$

フライド–ミッチェルの定理の証明 補題 5.3.11 の状況で $\mathcal{B}$ は余完備なアーベル圏で，射影的生成子をもつ．ガブリエル–ミッチェルの定理 (定理 4.5.6) により，環 A と完全関手である圏同値 $U : \mathcal{B} \xrightarrow{\sim} Mod\text{-}A$ が存在する．

命題 5.3.10 により，関手 $\overline{h} : \mathcal{C} \to \mathcal{B}$ は完全で忠実充満である．したがって，$U \circ \overline{h} : \mathcal{C} \to Mod\text{-}A$ が求めるアーベル圏への埋め込みである．$\square$

注意 5.3.13 アーベル圏は，その任意の充満でアーベルである (小さな) 部分圏の包含関手が完全関手であるとき，充満アーベル的 (fully abelian) であるという．この言葉を使うと，フライド–ミッチェルの定理は，「$\mathcal{C}$ が完備なアーベル圏で射影的生成子をもつとすると，充満アーベル的である」ということができる．

注意 5.3.14 (埋め込み定理) ホモロジー代数を一般のアーベル圏に拡張するときに問題となるのが，diagram chasing の手法で証明する完全列に関連した一群の補題である．元を使わない証明をするのがかなり困難である．そこで，適当な条件のもとで，アーベル圏を加群の圏に完全関手により埋め込むことが問題となる．そのために埋め込み定理が証明されている．

Freyd[13] では単射的本質的拡大に基づく議論がされている．Kashiwara-Schapira[27] では，ind object に基づく方法をとっている．ここでは，Swan の方法に従いながら，左完全関手の圏を前面に出して，局所化の応用という形で証明を与えた．

Tea Break ホモロジー代数から高次圏論へ

準同型加群 $\mathrm{Hom}_A(\ ,\ )$，テンソル積 $-\otimes_A-$ はどちらの変数についても完全関手ではなく，その完全関手からのずれである高次の導来関手 $\mathrm{Ext}^i_A(\ ,\ ), \mathrm{Tor}^A_i(\ ,\ )$ の研究がホモロジー代数の始まりであった．導来関手の理論的扱いのため単射的 (移入的) 対象，射影的対象，そしてアーベル圏が導入された．それをより体系的に扱うのが導来圏の理論であり，グロタンディークの指導の下ヴェルディエ (Verdier) が基礎理論を最初に与えた．

導来圏の典型は加群の複体のなす圏で，複体のシフト関手をデータの一部とする三角圏の言葉で書かれる．アーベル圏から導来圏をつくることの逆方向が，ベイリンソン (Beilinson)，ベルンシュタイン (Bernstein)，ドゥリーニュ (Deligne) らの三角圏の t 構造として考えられている．導来圏間の関手をより自然に扱うことを目的の一つとして，ボンダル–カプラノフ (Bondal-Kapranov) により微分次数圏が導入された．アルチン環の表現論の用途でケラー (Keller) により安定圏が導入さ

れ，21 世紀に入ると代数幾何でホモトピー代数を本格的に組み込むことが始まり，ルーリー (Lurie)，トーエン (Toën) らが ∞ 圏を理論の基礎においた．ホモトピー論に加えて，これらが高次圏論を使う数学の中心といってよいだろう．

圏 $\mathcal{C}$ の射の集合 $\mathcal{C}(X, Y)$ に位相空間の構造などを与えるのが，高次圏の考えである．圏論の初期からある問い「圏のなす圏とは何か」の最初の解答として (2 次圏とでも訳すべき) 2-category があったが，その自然な拡張が n-category であり，∞ 圏につながる．高次圏を学ぶうえの基礎を固めて，ホモロジー代数の入口の手前まで到達するのが本書のゴールといえよう．

文 献 紹 介

本書で扱えたトピックは，環論・加群の理論，圏論の基礎理論のすべてではない．例えば，イデアルの扱い，ネーター環での準素分解，ホモロジー代数，圏におけるモナドの理論等である．

代数系については，現代基礎数学のシリーズの他書でもいくつか取り上げられる．「線形代数と正多面体」では群論の基礎的な言葉と重要な例が述べられている．また「群論と幾何学」でより進んだ話題について解説される予定である．可換環については，「多項式と計算代数」において多項式の割り算アルゴリズムについて述べられることになっている．「有限体と代数曲線」では体論の基本が展開される予定である．

代数学に関しては，良書が多数ある．その一部をあげると，代数学全般については森田[5]，桂[8] を，可換環論については永田[4]，松村[6]，堀田[2] を，非可換環論については谷崎[3] を，ホモロジー代数については岩永・佐藤[7]，志甫[10] をあげておこう．外国語では Bourbaki[17,18], Atiyah and MacDonald[15], Matsumura[16], Anderson and Fuller[26], Weibel[25], Lam[19] などがある．

圏論に関しては，本書が企画された時点では MacLane[22] しかなかったが，幸い近年に Awodey[21], Leinster[14], 中岡[9] が出版された．英語では，導来圏も含め丁寧に書かれている Kashiwara and Schapira[27] がお勧めである．

文　　　献

1) 彌永昌吉・小平邦彦, 現代数学概説 I, 岩波書店, 1961.
2) 堀田良之, 環と体 1, 現代数学の基礎 15, 岩波書店, 1997 (『可換環と体』として単行本化, 2006).
3) 谷崎俊之, 環と体 3, 現代数学の基礎 17, 岩波書店, 1998 (『非可換環』として単行本化, 2006).
4) 永田雅宜, 可換環論, 紀伊國屋書店, 1974.
5) 森田康夫, 代数概論 (数学選書 9), 裳華房, 1987.
6) 松村英之, 可換環論, 共立出版, 1980.
7) 岩永恭雄・佐藤真久, 環と加群のホモロジー代数的理論, 日本評論社, 2002.
8) 桂 利行, 代数学 I 群と環, 東京大学出版会, 2004. 代数学 II 環上の加群, 東京大学出版会, 2007. 代数学 III 体とガロア理論, 東京大学出版会, 2005.

文 献 紹 介

9) 中岡宏行, 圏論の技法, 日本評論社, 2015.
10) 志甫 淳, 層とホモロジー代数 (共立講座 数学の魅力), 共立出版, 2016.
11) H. Cartan and S. Eilenberg, *Homological Algebra* (Princeton Mathematical Series 19), Princeton University Press, 1956.
12) A. Grothendieck, Sur quelques points d'algèbre homologique. *Tohoku Math. J.*, Vol.9, No.2, No.3 (1957) 119–221.
13) P. Freyd, *Abelian Categories*, Harper & Row, 1964.
14) T. Leinster, *Basic Category Theory* (Cambridge Studies in Advanced Mathematics 143), Cambridge University Press, 2014 (邦訳：土岡俊介訳, ベーシック圏論, 丸善出版, 2017).
15) M. F. Atiyah and I. G. MacDonald, *Introduction to Commutative Algebra*, Addison-Wesley Pub. Co., 1969. (邦訳：新妻 弘訳, Atiyah-MacDonald 可換代数入門, 共立出版, 2006).
16) H. Matsumura; translated by M. Reid, *Commutative Ring Theory* (Cambridge Studies in Advanced Mathematics 8), Cambridge University Press, 1986.
17) N. Bourbaki, *Algèbre*, Chapitres 1–7, 8, 9, 10, Éléments de mathématique, Hermann, Paris, 1942; 1962; 1958; 1950; 1952; 1980.
18) N. Bourbaki, *Algèbre Commutative*, Chapitres 1–7, 8–9, Éléments de mathématique, Hermann, Paris, 1961; 1961; 1964; 1965; 1983.
19) T. Y. Lam, *A First Course in Noncommutative Rings* (Graduate Texts in Mathematics 131), 2nd ed., Springer, 2001.
20) N. Popescu, *Abelian Categories with Applications to Rings and Modules* (London Mathematical Society Monographs 3), Academic Press, 1973, xii+467 pp.
21) S. Awodey, *Category Theory*, 2nd ed., Oxford University Press, 2010. (邦訳：前原和寿訳, 圏論 原著第 2 版, 共立出版, 2015)
22) S. MacLane, *Categories for the Working Mathematician* (Graduate Texts in Mathematics 5), 2nd ed,. Springer, 1998. xii+314 pp. (邦訳：三好博之・高木 理訳, 圏論の基礎, シュプリンガー・フェアラーク東京, 2005, 丸善出版より 2012 年に再版).
23) S. MacLane and I. Moerdijk, *Sheaves in Geometry and Logic*, Springer, 1992.
24) A. Neeman, *Triangulated Categories* (Annals of Mathematics Studies 148), Princeton University Press, 2001.
25) C. Weibel, *An Introduction to Homological Algebra* (Cambridge Studies in Advanced Mathematics 38), Cambridge University Press, 1994.
26) F. W. Anderson and K. R. Fuller, *Rings and Categories of Modules* (Graduate Texts in Mathematics 13), 2nd ed., Springer, 1992.
27) M. Kashiwara and P. Schapira, *Categories and Sheaves* (Grundlehren der Mathematischen Wissenschaften 332), Springer, 2006.

歴史に関する資料
28) N. ブルバキ著, 村田 全・清水達雄訳, 数学史, 東京図書, 1970.
29) C. Weibel, A History of Homological Algebra, a 40-page DVI file. http://www.math.rutgers.edu/weibel/
30) C. Weibel, The Development of Algebraic K-theory before 1980, a 28-page PDF file. http://www.math.rutgers.edu/weibel/

文 献 紹 介　　　　　　　247

31) C. Houzel, A Short History: Les débuts de la théorie des faisceaux, in Masaki Kashi-
wara and Pierre Schapira, Sheaves on Manifolds, 9–22, Grundlehren der Mathema-
tischen Wissenschaften 292, Springer, 1994.

32) H. Flenner, Emmy Noether and the development of commutative algebra, *Israel
Mathematical Conference Proceedings*, Vol.12 (1999) 23–38.

33) W. Scharlau, Emmy Noether's contribution to the theory of algebras, *Israel Math-
ematical Conference Proceedings*, Vol.12 (1999) 39–55.

索　引

欧　文

1 元集合　40
1 次独立　74
1 対 1　13
2 項演算　23
2 次代数　208
5 項補題　70

A 平衡　184

ETCS 公理系　39

G 集合　32

p-シロー群　34

R 準同型　63
R 線型な圏　149

ZFC 集合論　43
ZF 集合論　43

ア　行

アーベル化　138
アーベル群　61
アーベル圏　152
　──の商圏　229
アルチン加群　80
アルチン環　82
アルチン圏　158
アルチン的対象　158

位数　24

一意分解整域　87
イデアル　50
　極大イデアル　53
　主イデアル　62
　素イデアル　53
　左イデアル　50
　両側イデアル　50
　零化イデアル　73
移入加群　180
因子　86

ウェッダーバーン-アルチ
　ンの定理　105
ウェッダーバーンの定理
　58
上への　14
宇宙　43
埋め込み定理　243

カ　行

外延性公理　42
階数　75, 79
外積代数　206
ガウスの補題　90
可換　23
可換環　46
可逆元　47
核　30, 64, 151
加群　24, 60
　──の局所化　200
　──の直和　61
　アルチン加群　80
　移入加群　180
　環上の加群　60

射影加群　180
射影生成加群　212
自由加群　63
商加群　64
双対加群　177
単純加群　76
長さ有限の加群　76
捻れ加群　92
捻れなし加群　92
ネーター加群　79
半単純加群　100
左加群　60
部分加群　62
平坦加群　191
右加群　60
有限生成加群　74
有限表示加群　74
両側加群　61
下限　37
合併　11
ガブリエル-ポペスクの定
　理　217
ガブリエル-ミッチェルの
　定理　215
加法　24, 46
加法関手　148
加法圏　147
環　45
　──の局所化　197
　──の作用する対象
　216
　アルチン環　82
　可換環　46
　環準同型　51

索　引

形式べき級数環　48
三角環　66
主イデアル環　88
剰余環　51
多項式環　48
単純環　99
ネーター環　82
左半単純環　102
部分環　49
右オーレ整環　202
ローラン多項式のなす
　環　200
関係　19
　——のグラフ　19
関手　115
　——のなす圏　121
加法関手　148
完全関手　155
共終な関手　135
恒等関手　115
充満な関手　118
随伴関手　137
双関手　117
対象が表現する関手
　117
忠実な関手　118
反変関手　116
左完全関手　155
表現可能関手　123
忘却関手　116
右完全関手　155
関手性　174, 187
関手的射　119
環準同型　51
環上の加群　60
関数　13
完全可約　100
完全関手　155
完全ペアリング　179
完全列　67, 155
環の局所化　197
環の作用する対象　216
完備化　4
完備な圏　134

カンマ圏　118

基底　74
　——の対等性　79
軌道　32
帰納極限　132
帰納系　128
帰納的　37
既約　76
逆極限　130
既約元　86
逆元　23
逆射　112
逆写像　15
逆像　15, 41, 52
逆対応　13
狭義性定理　167
狭義のモノイド圏　160
共終な関手　135
共通部分　11, 17
共変　116
共役　33
共役類　33
行列環　48
極限　129
　帰納極限　132
　逆極限　130
　射影極限　130
　順極限　132
　余極限　132
極小元　37
局所化　200
局所化的部分圏　230
極大イデアル　53
極大元　37

空集合　12
組み紐モノイド圏　170
クラス　43
グロタンディーク圏　158
群　23
　——の直積　26
　アーベル群　61
　群環　56

交代群　25
自己同型群　25
巡回群　28
商群　30
対称群　25
中心化群　33
部分群　27
有限群　24
群環　56
群準同型射　169
群対象　169

形式べき級数環　48
係数環の拡大　195
係数環の制限　194
下界　37
結合則制約　160
圏　109
　——の局所化　220
　アーベル圏　152
　アルチン圏　158
　加法圏　147
　関手のなす圏　121
　完備な圏　134
　カンマ圏　118
　グロタンディーク圏
　　158
　十分に単射的対象をも
　　つ圏　156
　充満部分圏　113
　スライス圏　114
　前加法圏　146
　添え字圏　128
　小さな圏　110
　ネーター圏　158
　有向な圏　132
　余完備な圏　134
　離散的な圏　110
元　11
原始多項式　90
減少フィルター　209
圏図式　128
圏同値　120

索　　引　　251

降鎖律　80
合成　14, 110
構造定数　56
交代群　25
合同　6
恒等関手　115
合同式　6
恒等射　110
恒等写像　14
公倍元　87
公約元　87
五角形公理　160
固定化部分群　32
コンパクトな対象　136

サ　行

最小元　37
最小公倍元　87
再双対　180
最大元　37
最大公約元　87
作用　32
三角環　66

四元数　5, 57
次元定理　31
自己準同型　63
自己同型　63
自己同型群　25
始集合　12
次数　8
次数イデアル　204
次数加群　203
　付随する次数加群
　　211
次数環　203
次数付け　203
次数部分　209
次数部分加群　204
自然数　2
自然数体系　41
自然変換　119
始対象　123
実数　4

シフト　204
射　110
　――の乗法系　221
　逆射　112
　恒等射　110
　全射　111
　単射　111
　同型　112
射影　16, 18
射影加群　180
射影極限　130
射影系　128
射影子　73
射影生成加群　212
射影的対象　156
弱消失的関手　239
写像　13
　逆写像　15
　恒等写像　14
　双加法的写像　178
　双線形写像　178
　対角写像　16
　同型写像　27
シューアの補題　100
主イデアル　62
主イデアル環　88
自由加群　63
集合　10
　――の族　17
　部分集合　11
　補集合　12
　和集合　17
終集合　12
終対象　123
十分に単射的対象をもつ
　圏　156
充満的　209
充満な関手　118
充満部分圏　113
巡回（的）　62
巡回群　28
順極限　132
順序　35
　順序集合　36

線形順序　36
　全順序　36
準同型　27, 63, 205
　誘導される準同型
　　174
準同型加群　173
　――の左完全性　176
準同型写像　26
準同型定理　30, 53, 64
準同型のテンソル積　187
商　112
上界　37
商加群　64
商群　30
上限　37
昇鎖律　79
商集合　20
小数　4
商体　49
商対象　112
乗法　46
乗法的単位元　46
乗法的部分集合　197
剰余環　51
剰余定理　9
ジョルダン–ヘルダーの定
　理　78

錐　129
推移的　32
随伴関手　137
随伴関手定理　144
スカラー作用　60
スライス圏　114

整域　46, 47
整環　47
正規部分群　29
整合性定理　167
整数　2
生成系　27, 62
生成子　154
正則性公理　42
正多面体群　26

索　引

整列集合　38
整列定理　38
積　24, 117, 126
セール部分圏　227
ゼロ元　23
ゼロ対象　146
前加法圏　146
線形形式　177
線形順序　36
全射　14, 111
選出公理　18
全順序　36
前層　121
選択公理　18, 38
全単射　14

素イデアル　53
像　15, 30, 64, 151
増加フィルター　209
双加法的写像　178
双関手　117
双線形写像　178
双対加群　177
双対圏　112
双対準同型　178
添え字圏　128
素元　86
素数　3
組成因子　76
組成列　76
素体　55
素な　17

タ　行

体　46
　商体　49
　素体　55
　有限体　47
対応　12
　逆対応　13
対角写像　16
対象　110
　――が表現する関手
　　117

アルチン的対象　158
環の作用する対象
　　216
群対象　169
コンパクトな対象
　　136
始対象　123
射影的対象　156
終対象　123
商対象　112
ゼロ対象　146
単位元対象　160
単射的対象　156
単体的対象　122
ネーター的対象　158
部分対象　112
対称群　25
対称代数　206
対称モノイド圏　171
代数　56
　外積代数　206
　対称代数　206
　テンソル代数　190
　ワイル代数　210
対等　22
多項式　8
多項式環　48
単位元　23
　乗法の単位元　46
単位元対象　160
短完全列　67, 155
単元　86
単射　13, 111
単射的対象　156
単純加群　76
単純環　99
単数　86
単数群　86
単体的対象　122
断面　41

値域　12
小さな圏　110
置換　25

置換群　25
置換公理　42, 43
中国式剰余定理　7, 53
忠実な関手　118
忠実平衡　213
中心　49
中心化群　33
直既約　72
直積　12, 17, 48, 63,
　112
直積因子　17
直和　63, 204
直和因子　72
直交部分加群　179

ツェルメロ–フレンケルの
　公理系　42
ツォルンの補題　38

定義域　12
添数　17
テンソル積　184
　――の結合性　190
　――の右完全性　188
　準同型のテンソル積
　　187
テンソル代数　190

等化子　127
同型　27, 63, 112
同型写像　27
同値　119
同値関係　19
同値類　20
同伴　86
トポス　44
ド・モルガンの法則　12

ナ　行

長さ　76
長さ有限の加群　76

捩れ加群　92
捩れ元　73

捩れなし加群　92
捩れ部分　92
ネーター加群　79
ネーター環　82
ネーター圏　158
ネーター的対象　158

濃度　22
濃密部分圏　227

ハ　行

倍元　86
倍数　86
半群　24
半単純加群　100
半直積　35
反変関手　116

引き戻し　130
非退化　179
左イデアル　50
左加群　60
左完全関手　155
左剰余類　29
左半単純環　102
被約　47
表現　123
表現可能関手　123
標準全射　64
標数　55
ヒルベルトの基底定理
　　83

ファイバー積　130
フィルター　209
　　――を保つ準同型
　　　211
　　減少フィルター　209
　　増加フィルター　209
フィルター加群　210
フィルター環　210
複素数　4
複体　205
　　――の準同型　206

付随する次数加群　211
部分　112
部分加群　62
部分環　49
部分群　27
　　正規部分群　29
部分圏　113
　　局所化的部分圏　230
　　セール部分圏　227
　　濃密部分圏　227
部分集合　11
部分対象　112
部分分類子　41
普遍元　124
普遍射　124
普遍写像問題　124
フライド–ミッチェルの定
　　理　239
分離的　209
分裂した　73

ベーアの判定法　182
ペアリング　178
　　完全ペアリング　179
平衡的　178
平坦加群　191
平方剰余の相互法則　8
べき集合　12
べき零元　47
ベクトル空間　61
　　――の基底の存在　75
蛇の図式　68

包括原理　42
忘却関手　116
補集合　12
ホモトピー　206
ホモトピー同値　206
本質的に全射　118

マ　行

右オーレ整環　202
右加群　60
右完全関手　155

右剰余類　29
右分母集合　198

無限群　24

モノイド　24
モノイド関手　164
モノイド圏　160
　　狭義のモノイド圏
　　　160
　　組み紐モノイド圏
　　　170
　　対称モノイド圏　171
モノイド構造　160
モノイド対象　170
森田同値　213

ヤ　行

約元　86
約数　86

有限群　24
有限生成　28
有限生成アーベル群の基
　　本定理　98
有限生成加群　74
有限体　47
有限表示加群　74
有向な圏　132
誘導される準同型　174
有理数　4
ユニット　139

要素　11
容量　90
余核　31, 65, 151
余完備な圏　134
余極限　132
余錐　132
余生成子　154
余積　133
余像　31, 151
余等化子　133
米田の埋め込み　126

米田の補題　125
余ユニット　139
余離散的　209

ラ 行

ラグランジュの定理　33

離散的　209
　——な圏　110

両側イデアル　50
両側加群　61
両立する　186, 210

類等式　33

零因子　47
零化イデアル　73
連結準同型　68

六角形公理　164
ローラン多項式のなす環
　200

ワ 行

和　66
ワイル代数　210
和集合　17

著者略歴

清水勇二
1958 年　東京都に生まれる
1984 年　東京大学大学院理学系研究科修士課程修了
現　在　国際基督教大学教養学部教授
　　　　博士（理学）
著　書　『複素構造の変形と周期―共形場理論への応用―』
　　　　（共著，岩波書店）など

現代基礎数学 16
圏 と 加 群　　　　　　　　　　　　定価はカバーに表示

2018 年 3 月 15 日　初版第 1 刷
2022 年 6 月 25 日　　　第 3 刷

著　者　清　水　勇　二
発行者　朝　倉　誠　造
発行所　株式会社　朝　倉　書　店

東京都新宿区新小川町6-29
郵 便 番 号　　162-8707
電　話　03(3260)0141
Ｆ Ａ Ｘ　03(3260)0180
https://www.asakura.co.jp

〈検印省略〉

© 2018 〈無断複写・転載を禁ず〉　　　　　中央印刷・渡辺製本

ISBN 978-4-254-11766-0　C 3341　　　Printed in Japan

|JCOPY| ＜出版者著作権管理機構 委託出版物＞

本書の無断複写は著作権法上での例外を除き禁じられています．複写される場合は，
そのつど事前に，出版者著作権管理機構（電話 03-5244-5088，FAX 03-5244-5089,
e-mail: info@jcopy.or.jp）の許諾を得てください．

好評の事典・辞典・ハンドブック

数学オリンピック事典	野口　廣 監修 Ｂ５判 864頁
コンピュータ代数ハンドブック	山本　慎ほか 訳 Ａ５判 1040頁
和算の事典	山司勝則ほか 編 Ａ５判 544頁
朝倉　数学ハンドブック［基礎編］	飯高　茂ほか 編 Ａ５判 816頁
数学定数事典	一松　信 監訳 Ａ５判 608頁
素数全書	和田秀男 監訳 Ａ５判 640頁
数論＜未解決問題＞の事典	金光　滋 訳 Ａ５判 448頁
数理統計学ハンドブック	豊田秀樹 監訳 Ａ５判 784頁
統計データ科学事典	杉山高一ほか 編 Ｂ５判 788頁
統計分布ハンドブック（増補版）	蓑谷千凰彦 著 Ａ５判 864頁
複雑系の事典	複雑系の事典編集委員会 編 Ａ５判 448頁
医学統計学ハンドブック	宮原英夫ほか 編 Ａ５判 720頁
応用数理計画ハンドブック	久保幹雄ほか 編 Ａ５判 1376頁
医学統計学の事典	丹後俊郎ほか 編 Ａ５判 472頁
現代物理数学ハンドブック	新井朝雄 著 Ａ５判 736頁
図説ウェーブレット変換ハンドブック	新　誠一ほか 監訳 Ａ５判 408頁
生産管理の事典	圓川隆夫ほか 編 Ｂ５判 752頁
サプライ・チェイン最適化ハンドブック	久保幹雄 著 Ｂ５判 520頁
計量経済学ハンドブック	蓑谷千凰彦ほか 編 Ａ５判 1048頁
金融工学事典	木島正明ほか 編 Ａ５判 1028頁
応用計量経済学ハンドブック	蓑谷千凰彦ほか 編 Ａ５判 672頁

価格・概要等は小社ホームページをご覧ください.